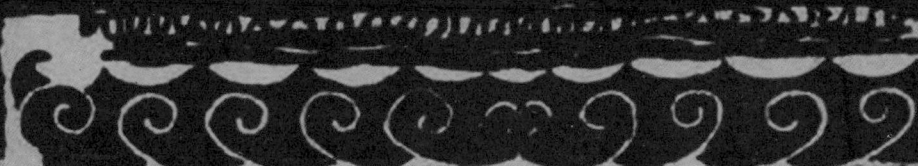

中國度量衡史

吳承洛著

民國滬上初版書·復制版

中國度量衡史

吴承洛 著

上海三聯書店

图书在版编目(CIP)数据
中国度量衡史 / 吴承洛著. ——上海：上海三联书店，2014.3
(民国沪上初版书·复制版)
ISBN 978-7-5426-4609-5
Ⅰ.①中… Ⅱ.①吴… Ⅲ.①计量单位制—历史—中国 Ⅳ.①TB912-092
中国版本图书馆 CIP 数据核字(2014)第 033704 号

中国度量衡史
著　　者 / 吴承洛
责任编辑 / 陈启甸 王倩怡
封面设计 / 清风
策　　划 / 赵炬
执　　行 / 取映文化
加工整理 / 嘎拉 江岩 牵牛 莉娜
监　　制 / 吴昊
责任校对 / 笑然
出版发行 / 上海三联书店
(201199)中国上海市闵行区都市路 4855 号 2 座 10 楼
网　　址 / http://www.sjpc1932.com
邮购电话 / 021-24175971
印刷装订 / 常熟市人民印刷厂

版　　次 / 2014 年 3 月第 1 版
印　　次 / 2014 年 3 月第 1 次印刷
开　　本 / 650×900 1/16
字　　数 / 320 千字
印　　张 / 28
书　　号 / ISBN 978-7-5426-4609-5/T·33
定　　价 / 128.00 元

民国沪上初版书·复制版

出版人的话

如今的沪上，也只有上海三联书店还会使人联想起民国时期的沪上出版。因为那时活跃在沪上的新知书店、生活书店和读书出版社，以至后来结合成为的三联书店，始终是中国进步出版的代表。我们有责任将那时沪上的出版做些梳理，使曾经推动和影响了那个时代中国文化的书籍拂尘再现。出版“民国沪上初版书·复制版”，便是其中的实践。

民国的“初版书”或称“初版本”，体现了民国时期中国新文化的兴起与前行的创作倾向，表现了出版者选题的与时俱进。

民国的某一时段出现了春秋战国以后的又一次百家争鸣的盛况，这使得社会的各种思想、思潮、主义、主张、学科、学术等等得以充分地著书立说并传播。那时的许多初版书是中国现代学科和学术的开山之作，乃至今天仍是中国学科和学术发展的基本命题。重温那一时期的初版书，对应现时相关的研究与探讨，真是会有许多联想和启示。再现初版书的意义在于温故而知新。

初版之后的重版、再版、修订版等等，尽管会使作品的内容及形式趋于完善，但却不是原创的初始形态，再受到社会变动施加的某些影响，多少会有别于最初的表达。这也是选定初版书的原因。

民国版的图书大多为纸皮书，精装（洋装）书不多，而且初版的印量不大，一般在两三千册之间，加之那时印制技术和纸张条件的局限，几十年过来，得以留存下来的有不少成为了善本甚或孤本，能保存完好无损的就更稀缺了。因而在编制这套书时，只能依据辗转找到的初版书复制，尽可能保持初版时的面貌。对于原书的破损和字迹不清之处，尽可能加以技术修复，使之达到不影响阅读的效果。还需说明的是，复制出版的效果，必然会受所用底本的情形所限，不易达到现今书籍制作的某些水准。

民国时期初版的各种图书大约十余万种，并且以沪上最为集中。文化的创作与出版是一个不断筛选、淘汰、积累的过程，我们将尽力使那时初版的精品佳作得以重现。

我们将严格依照《著作权法》的规则，妥善处理出版的相关事务。

感谢上海图书馆和版本收藏者提供了珍贵的版本文献，使“民国沪上初版书·复制版”得以与公众见面。

相信民国初版书的复制出版，不仅可以满足社会阅读与研究的需要，还可以使民国初版书的内容与形态得以更持久地留存。

2014 年 1 月 1 日

中國度量衡史

吳承洛著

中華民國二十六年二月初版

目錄

第七章 第三時期中國度量衡……一八二

第十四章　劃一度量衡行政之經過……三七五

附圖目錄

附表目錄

中國度量衡史

上編　中國歷代度量衡

第一章　總說

第一節　研究中國度量衡史之途徑

考古之學，最要有二端：一須有史籍之紀載，然後始能根據，求有所得；二須有實物之佐證，然後考據之功，始有把握。究研中國度量衡史，於此二端，均有困難。

一　中國度量衡史籍之缺乏

自來我國言度量衡者，概託始於黃鍾，黃鍾爲六律之首。自度量衡之事既興，黃帝始爲度量衡之制，其定制之始，一出於數，定制之準，一本於律。玆引數則如下：

（一）通鑑『黃帝命隸首作數，以率其羨，要其會，而律度量衡由是而成焉。』

（二）孔傳『律者候氣之管，度量衡三者法制皆出於律。』

（三）史記律書『王者制事、立法、物度、軌則，壹稟於六律，六律爲萬事根本焉。』

（四）漢書律歷志『數者……夫推歷、生律、制器、規圜、矩方、權重、衡平、準繩、嘉量、探賾、索隱、鉤深、致遠、莫不用焉。』

（五）後漢書律歷志『古人之論數也，曰「物生而後有象，象而後有滋，滋而後有數。」然則天地初形，人物既著，則算數之事生矣。記稱大撓作甲子，隸首作數，二者既立，以比日表，以管萬事。夫一、十、百、千、萬，所同用也；律、度、量、衡、歷，其同用也。』

蓋我國史籍之言度量衡者，不外二種：

其一，由律以及度量衡者，此爲歷朝正史之所傳。開其首者，爲史記律書；成其說者，爲漢書律歷志；而其後則如後漢書律歷志，晉書律歷志，宋書律志，魏書律歷志，隋書律歷志，及宋史律歷志等是。

漢書律歷志，隋書律歷志，及宋史律歷志，足稱爲中國度量衡之三大正史。又爲音律家之所記，如宋蔡元定律呂新書，明朱載堉律呂精史，清康熙律呂正史等是。

其二，由數以及度量衡者，此爲算家之所記。如孫子算術、劉徽九章算術注、甄鸞算術、沈括筆談、及清康熙數理精蘊等是。

然詳細檢閱史籍，或事近渺茫，或紀述鱗爪，欲求一有系統之材料，亦不可得。蓋我國往古未嘗分度量衡之學，爲專門之撰記，不過隨音律算數之學而並存。此中國度量衡見於史籍之記載者如此，研究之困難，此其一。

二　中國度量衡品物之喪沒

史籍記載，既屬片斷；實物考證，又非可能。

(一)據籍載中國最古度量衡之制，本於黃鍾律，度本於黃鍾之長，量本於黃鍾之龠，權衡本於黃鍾之重；故黃鍾之器蓋爲中國最古之度量衡原器。而黃鍾之實長實量若干，因古黃鍾律不傳，已不可作切實之論斷。

(二)度量衡之制成備於漢書律歷志，並詳及標準器之法制，今除新莽嘉量原器得存一隻尙完好可證外，餘均沒落失傳。

(三)歷代度量衡眞器均已喪沒，卽清初定制之營造尺，亦早已失傳。

度量衡乃實用之器，非若算數之學，憑之籍載可以無誤，音律之學，證以聲韻亦可強求者比；必須有實物以爲佐證，其法有二：一則、採取不易毀滅有永久不變性之物，取其分數以爲標準，若是雖度量衡之器不存，而立法之標準尙在，卽不難以再造；二則、製成度量衡標準器，妥愼永久保存之。第一、我人承認現在世界度量衡制之最佳者，爲國際間公認之萬國公制，乃本法之米突制（Metric System），其最初採用之標準，爲地球子午線之分數，意良法善。然近人早已發現最初之分數，與實器不準，而地球子午線，亦隨年代而有變遷。故取物爲標準，誠屬困難。我國度量衡之標準爲黃鐘，黃鐘乃人造物，保存不能無虞，故後之證者亦已慮及，而又參以秬黍之說。但黍有長圓大小，各不相齊，積黍實量，又有盈虧。再後又已知黍爲標準之不可靠，而曰「必求古雅之器以參校。」觀此，可知中國歷代度量衡所採取以爲標準物，早已失其信用。第二、進一步，故必求古雅之器，卽謂前代度量衡之實器，或他種足以證度量衡之實器。然此古雅之器，前代之能傳於後代者，每屬僅有。此中國度量衡由於實物之可傳者又如此，研究之困難，此其二。

然中國史事大多類是，若求十足之考證，必有待於古物之掘發，是又非僅度量衡之屬爲然。要之，考據之功，須能融會貫通，中國度量衡籍載雖屬片斷，並非不能作一大概之考證。

一、黄鐘秬黍之說，爲我國歷代度量衡定制之所本，研究中國度量衡史者，自必須於此中考之；然後參以他種足可爲度量衡之實證者驗證之。此爲中國度量衡史中制度傳統之標準，是爲第一途徑。

二、中國歷代度量衡既有傳統之性質，其單位量亦每有一定傳替之關係；將此種關係表出之，此爲中國度量衡史中單位量傳替之變遷，是爲第二途徑。

三、中國歷代度量衡單位量表出以後，卽進而考其各單位之命名命位，此爲中國度量衡史之第三途徑。

四、制度之標準，單位量之變遷，單位之命名，均經考證以後，次再研究歷代對於度量衡設施之

一般，此爲第四途徑，

今本史所輯纂者，卽在盡片斷之史料，作貫通之整理，參互驗證，以求中國度量衡興廢改革之關鍵，而作歷代度量衡定制變遷之研究。然後中國度量衡之史事，或可於此中得其梗概焉。

第二節　中國度量衡史之時代的區分

研究中國度量衡史之第四途徑，最好再依其在各時代中不同之性質，而分爲數時期，當更爲方便。

中國度量衡之制，創始於黃帝，下及三代，一稽於古，並無顯明之改革，亦無完全之制度。量器之制，發生最早，而亦莫先於周禮。且三代以前之歷史，籍載類多渺茫，或屬揣擬之詞。然而今世考三代以前之古史，固屬渺茫，在漢世，上古之事蹟，必尚多可考。中國度量衡制度，成備於漢書律歷志，當是之時，多有本於上古者。三代以前之度量衡，無整個系統，自爲意中之事；然後世定制，則又不可謂無前代之影響。故三代以前爲中國度量衡發生後尚未至闡明之時代，是爲中國度量衡史之第一時期。

周末文化大盛，一切已顯有進步，秦以商鞅變法，而度量衡之制亦受改革，是爲中國度量衡由渺茫而顯然爲第一次之改革，漢興以後，即承用秦制。及至漢之中葉，王莽依劉歆之五法，爲中國度量衡第二次之大改革。然五法號爲劉歆之著説，當時亦必參以前漢實際之情況，五法既定，中國度量衡制度，至是始稱初步完成。秦莽雖有兩次之改革，而兩次改革實有相互之關係：莽所改者，漢制實量之大小，非漢制之法；莽之法制承於漢，漢承於秦，不過其法制闡明於班固漢書律歷志之中。莽改革後，後漢即承莽之制。故新莽承秦漢之法，後漢承新莽之制，秦漢之間爲中國度量衡制度初步完備之時代，是爲中國度量衡史之第二時期。

自三國兩晉南北朝以迄於隋，爲中國度量衡變化最大之時代。其中尤以尺度之制最爲複雜，前後十四代，尺度十五等，均載於隋書律歷志。隋志爲中國度量衡之第二部史書，而自魏迄隋諸代之度量衡，均於此志中明之。又中國度量衡單位量之變遷，亦以本時代內爲最甚，度量衡之變遷，本時代佔整個中國度量衡史中變遷度二分之一以上，而衡之變遷，至此爲已極。自三國迄隋代，爲中國尺度最備，及度量衡實量大小變化空前絕後最紊亂之時代，是爲中國度量衡史之第三時期。

唐接承隋政之後，其度量衡之制，一本前時期變化中最後結果之遺制。自後沿五代、宋、元、明，均無顯明之改革。唐、宋、元、明、度量衡，既不見其繁複紊亂，亦不見其創制統一。又古今權衡之制，由銖絫而改爲釐毫，實爲中國度量衡史上之重要一大變遷，此改制之始，卽在唐世，而成於宋，載於中國度量衡史乘第三部之宋史律歷志。權衡既經改制，而天平法馬之器用以興。又置石爲量名，改斛爲五斗之進位，亦爲中國度量衡史上之一改革。此均爲與前時期特異之點。自唐迄明，爲中國度量衡變化最少，而衡量改制之時代，是爲中國度量衡史之第四時期。

清朝以前歷代度量衡之可考者，或其制度備而器物不存；又其歷史演進之情況，或偏於度，或明於量，或詳於衡，及至清代度量衡完全之制度備而可考，器具存而可證，劃一之政復興，歷歷皆可稽考。是故清朝一代，積中國前代度量衡制度之大成，爲中國度量衡制度進一步完備之時代，是爲中國度量衡史之第五時期。

清末重定度量權衡制度總說中云：『總而言之則量之制莫先於周禮，尺之制莫備於隋書，權衡與法馬之制莫詳於宋太宗及明洪武正德之時……」觀此，可以知中國度量衡史之狀況：以上區分中國度量衡史爲民國紀元前五個時期，實係就各該時代中度量衡史上固有之特徵，亦爲研究中國度量衡史之時代的自然區分。但非如普通史學上之分劃，自無精密之歷史意義。

民國以來，中國度量衡已至實施劃一之階段，今輯爲下編。然又可分爲三小階段：自民國元年前工商部繼續清末劃一度量衡之議，經民國三年採甲乙兩制並行之法，推行以後，以迄國民革命完成前，至十五年爲止，是爲第一階段；自民國十六年至十八年，爲中國度量衡統一前之籌備時期，所有制度之標準，實施之方案，推行之辦法，均在是時期內決定，是爲第二階段；自民國十九年度量衡法施行以後，全國度量衡已至最後實施劃一之階段。合民國紀元前之時代區分言之，民元後爲中國度量衡史完全系統之第六時期。

第二章 中國度量衡制度之標準

第一節 標準之種種

中國歷代所取以爲度量衡之標準者，大別之有二類。其一、取自然物以爲標準者，其法有三：一曰，以人體爲則，如云布指知寸，布手知尺；二曰，以絲毛爲則，如云十髮爲程，十程爲分；三曰，以穀子爲則，如云一粟爲一分，六粟爲一圭。其二、取人爲物以爲標準者，其法亦有三：一曰，以律管爲則，如云九十分黃鍾之長，一爲一分；二曰，以圭璧爲則，如云玉人璧羨度尺好三寸；三曰，以貨幣爲則，如云大泉徑一寸二分，重十二銖。考西國所取以爲度量衡標準之法，亦不外或取自然物，或取人爲物。如相傳英碼爲英皇亨利第一鼻端至大姆指尖之長，此取人體爲則者；又英以麥一粒之重爲一克冷(grain)，此取穀子爲則者；又法之米突制，以地球子午線之分數爲米突之長，此取自然物爲則者；清初有在天一度，在地二百里之標準，是亦以地球爲則；而法之米突，又鑄成原器，此又以人爲物爲則。顧取自然物以爲標準，其物之本體，已難齊同，雖如地球過某定點之子午線祇限於一，亦日久變差，而非復能爲當初之標準。取人爲物以爲標準。其物又慮其受外界侵蝕，既鑄造維艱，復隨時變化，而又慮其毀滅，慎哉，其爲標準乎！

上述標準之中，穀子與律管有極密切之關係，歷代均用以爲度量衡標準之參證。漢書律歷志曰：

「度者，本起黃鍾之長，以子穀秬黍中者，一黍之廣度之，九十分黃鍾之長，一爲一分，十分爲寸，……量者，本起黃鍾之龠，以子穀秬黍中者，千有二百實其龠，合龠爲合，……權者，本起黃鍾之重，一龠容千二百黍，重十二銖，兩之爲兩。……」

是故自然物之第三則，與人爲物之第一則，其間顯然有相關之理。自漢書成其說，歷代宗之爲圭臬，而較驗益詳，推演益明，實爲中國度量衡標準傳統之正法，卽爲中國度量衡史特有之家珍。故中國度量衡往古標準之法，不失爲有體統的二物一則之制也。其他之四物者，人體實非爲度量衡之標準，但以尺度之長短，可以證之於人體，以易於鑑別，考尺者識也，是尺之義，本如此。因一指之長近一寸，故曰布指知寸，一手之長近一尺，故曰布手知尺，兩手一伸之長近八尺，故曰舒肘知尋。史稱大禹以身爲度，後人尊前王之意，非禹之本制如是；宋徽宗以其指三節爲三寸之標準，徽宗意其爲帝王之身，妄自尊也。此均非定制之法。絲毛爲定小數起數之原，及進位之法，後人藉爲度制寸位以下之命名，（見第四章考證。）亦非爲度量衡定制之本法。由圭璧貨幣言度量衡者，爲定圭璧貨幣大小輕重之法，先有度量衡之制，而後其爲度量衡之數始定，非度量衡之制定於圭璧貨幣。然圭璧貨幣爲人造之物，反之度量衡之制，證之於圭璧貨幣，實亦一法。總之：體因人而異，絲則有粗細，均不足爲較驗之用；圭璧貨幣爲人造之物，雖有變化，不足爲精密標準，然大致去其實制當不過遠，可用以勘較，而與穀子律管之法，互爲參驗，以推求中國度量衡之概況可也。

第一表　中國度量衡標準物表解

- 標準物
  - 自然物
    - 人體——實用上以鑑別度量衡之大小——作爲度量衡實際使用之約數
    - 絲毛——小數起數進位之原——藉爲度量衡小單位命名之法
    - 穀子——以寓較黃鍾律之法制——度量衡標準之所在

人爲物——律管——以古黃鍾律爲度量衡之根本標準
　　　　——圭璧
　　　　——貨幣——以度量衡之數定其法制——以其法制驗度量衡之制

第二節　標準演進之停滯

中國度量衡制度發生於黃帝，下及三代增損其量，以爲實用，此制度成備之前期。至漢世命黃鍾爲度量衡之根本標準，取秬黍爲度量衡之參驗校證，至是度量衡制度始爲初步之完成。漢以後歷朝度量衡，每取漢志之說，或求於黃鍾之律，或專憑秬黍作法，或考律以定尺，或準尺以求律，足稱中國度量衡之大正史中之隋書律歷志及宋史律歷志，均本於漢書律歷志，即清初康熙親自定制，亦不離黃鍾與秬黍之說。故中國度量衡制度自漢代作初步完成後，歷代奉之，以致自後更無進展，而入整個停滯狀態中。

考度量衡雖屬實用之器，論其爲制之標準，則大有學術上之價值，但學術必求進步，中國度量衡最初之標準，命出於黃鍾律，參校以秬黍之法，此在古代文化方面立論，原不可厚非之。且也，聲出於大小一定之律管，由其波長之大小，可以決定其爲聲之高低。考中國律之數十二，音之數五，一律而生五音；黃鍾之律爲十二律之最長者，但製爲黃鍾律管，又取其爲五音之首一音，即宮音，宮音爲五音之最低者，以其波長最大。若是黃鍾之音律可以決定，即黃鍾律管之長亦有一定，故我國古代度量衡標準，實合於科學之理論。以中國五音加以音階之潤色與西國配音如左。

音階	音名	西名	西音	波長之比
（1）	宮	C	do	$\frac{1}{1}$
（2）	商	D	re	$\frac{8}{9}$
（3）	角	E	mi	$\frac{4}{5}$
（4）		F	fa	$\frac{3}{4}$
（5）	徵	G	sol	$\frac{2}{3}$
（6）	羽	A	la	$\frac{3}{5}$
（7）		B	si	$\frac{8}{15}$
（1）	宮	C	do	$\frac{1}{2}$

然若管徑之大小不定，則所發之波長即有差異。故中國歷代專求之於黃鍾律，以定其律管之長度，而律管非前後一律，管徑大小既無定論，又發聲之狀態前後亦非一律，由是歷代由黃鍾律以定尺度之長短，前後不能一律，以之定度量衡，前後自不能相準。以聲之音，定律之長，由是以定度量

衡，其理論雖極合科學，而前後律管不同，長短亦有差異。故及至後世已發現再求之黃鍾律難得其中，再憑之積秬黍不可爲信，而必求之古雅之器；夫此三者固爲考古上之所必求，然非後之定制者之所必準。何況古雅之器，亦已不可精求，則論制度之標準，必當另尋他法以爲精益求精，若是始有進步之表現。故近代中國度量衡標準，一革前代傳統之法，此卽學術進步精益求精之良途。

以上係言歷史的演進，今考我國歷代度量衡既均本黃鍾秬黍之說，則在考古方面言之，又必不可忽略。據之史籍，證之實物，仍須於黃鍾秬黍求根據，而後以實物爲實驗之證。

第三節　黃鍾爲度量衡之標準

一　黃鍾本義

黃鐘之鐘，亦作鍾，爲古十二律之一，十二律計爲：黃鍾，大簇，姑洗，蕤賓，夷則，無射，大呂，夾鍾，中呂，林鍾，南呂，應鍾；前六爲律，屬陽，後六爲呂，屬陰。其聲爲五音之宮。五音計爲：宮，商，角，徵，羽。共命名之本義，有下列各條之記載。

(一)禮記月令：『仲冬之月，其音羽，律中黃鍾。』注：黃鍾者，律之始也，正義按；元命色黃，鍾者始黃；注云，始萌黃泉中。

（二）國語：『六中之色，故名之曰黃鍾。』

（三）漢書律歷志：『黃鍾：黃者，中之色，君子服也；鍾，種也，天之中數五，五為聲，聲上宮，五聲莫大焉；地之中數六，六為律，律有形有色，色上黃，五色莫盛焉。』

（四）淮南子天文訓：『黃鍾之律九寸，而宮音調；黃者，土德之色也；鍾者，氣之所種也。日冬至，德氣為土，土色黃，故曰黃鍾。』

（五）杜佑通典：『黃鍾者，是陰陽之中，是六律之首，故以黃鍾為名。黃者，土之色，陽氣在地中，故以黃為稱；鍾者，動也，聚也；陽氣潛動於黃泉，聚養萬物，萌芽將出，故名黃鍾也。』

（六）黃佐樂典：『黃鍾者何？黃，中之色也；鍾，音之器也。』

然黃鍾究竟為何？再觀下條漢書律歷志之文，蓋為制黃鍾之本。

『黃帝使伶倫自大夏之西，昆侖之陰，取竹之解谷生，其竅厚均者，斷兩節間而吹之，以為黃鍾之宮；制十二筩以聽鳳之鳴，其雄鳴為六，雌鳴亦六，比黃鍾之宮，而皆可以生之，是為律本。』

呂氏春秋風俗志及各律書紀載均同。律呂精義曰『自呂不韋著書，始言伶倫解谷取則鳳鳴，雄鳴爲律，雌鳴爲呂，孰曾見聞？……後人撰前漢，晉，隋志皆採其說以爲實有解谷鳳鳴之事，蓋亦誤矣。』夫中國上古歷史紀載，本每多渺茫托辭，朱載堉之言，自亦有其理由，玆事之虛實，本編不具論究，但成爲中國歷來傳統之紀載，論黃鍾者，必宗之也。

竅者，孔也；厚均者孟康曰竹孔與肉厚薄等也；是故黃鍾之器，當可以竹之中有空而質均勻者爲之。

二　黃鍾數法

中國古時稱黃鍾爲萬事根本，凡寸、分、釐、毫、絲、亦由黃鍾定之，是曰黃鍾數法。以黃鍾長九寸，三爲一進，歷十二「辰」得一十七萬七千一百四十七，爲黃鍾之實；其十二辰所得之數，在子、寅、辰、午、申、戌、六陽辰，爲黃鍾寸、分、釐、毫、絲之數，在亥、酉、未、巳、卯、丑、六陰辰，爲黃鍾寸、分、釐、毫、絲之法。其寸、分、釐、毫、絲之法，皆用九數，故九絲爲毫，九毫爲釐，九釐爲分，九分爲寸，九寸爲黃鍾。玆表之於次。律呂新書，黃佑樂典，韓苑洛志樂，尚書通致，何瑭樂律管見，等書言之均同。

第二表　黃鍾數法表

子一	黃鍾之律	丑三	爲絲法
寅九	爲寸數	卯二七	爲毫法
辰八一	爲分數	巳二四三	爲氂法
午七二九	爲氂數	未二一八七	爲分法
申六五六一	爲毫數	酉一九六八三	爲寸法
戌五九〇四九	爲絲數	亥一七七一四七	黃鍾之實

三　黃鍾度數

黃鍾度數，謂黃鍾之長度及其容積之數，蓋爲所以生度量衡者。度本起黃鍾之長，量衡本起黃鍾之容積；而容積之數，又視黃鍾之長及圍徑黃鍾之管圍，有圍經之數。，自以定之。彭魯齋曰：「黃鍾律管有周，有徑，有面冪，有空圍內積，有從長。」沈括筆談曰：「律有實積之數，有長短之數，有周徑之數。」是故論度量衡者，不可不論黃鍾，而論黃鍾者，又不可不論其長圍徑積之數。惟圍徑之數，歷來論說歧異，蓋古者圓周率未有精密推算，求積之法又不確定；而圍之義，又有指爲圓周或圓面積之不同。然吾人考度量衡，祇論其長度及容積之數已可，其圍徑之數可不具論。

黃鍾之長有四說，如左：

(一)黃鍾之長爲一尺。史記律書謂生鍾分「子一分。」

「子一分」之說，朱載堉亦謂爲一尺凡百分，而其餘諸家均謂爲九寸凡八十一分，前所謂「黃鍾數法」之法，即第二說也。

(二)黃鍾之長爲九寸，一寸九分，計八十一分。淮南子天文訓謂：『黃鍾之律九寸，而宮音調，因而九之，九九、八十一，故黃鍾之數立焉。』

(三)黃鍾之長爲八寸一分，一寸爲十分，亦計八十一分。史記律書：『律數，九九、八十一，以爲宮，黃鍾長八寸十分一。』

司馬貞索隱註曰：『案上文云，「律九九八十一」，故云長八寸十分一，舊本多作七分蓋誤也』。蔡元定曰：『「八寸十分一」，本作七分一者誤也』。沈括曰：『此章七分當作十字』。史記原本作「七分一」，古今名家均謂爲「十分一」之誤，蓋未有以爲「七分一」者。

(四)黃鍾之長爲九寸，一寸十分，計九十分。漢書律歷志謂：『黃鍾爲天統律，長九寸；』又謂：『九十分黃鍾之長，一爲一分。』

除此四種說法之外，呂氏春秋仲夏適音篇言黃鍾之制成，則曰：『斷兩節間三寸九分而吹之，以爲黃鍾之宮。』明吳繼仕曰：『黃鍾長三寸九分，……爲聲氣之元，其時子半。』黃佐樂典謂『黃鍾之均，其數八十一，律九寸爲宮，子聲變數三十九，律四寸三分八釐強。約之九寸，歸之正度，則八十一分；約之四寸三分八釐強，歸之正度，則三十九分。黃帝命伶倫斷竹兩節間，聲出三寸九分，合其無聲者四十二分，則爲全律。三十九，子半數也，倍之七十八，合吹口三分，爲八十一。黃鍾律本九寸，爲管則八寸一分，（原本作八寸七分，七字蓋爲「一」字之誤也。）虛三分吹口，則其數七十八，含有聲無聲而計之也。』則呂氏謂三寸九分者，黃鍾宮聲之所出，黃鍾律長仍爲九寸，卽八十一分，是卽第二說也。

黃鍾之長爲九寸，卽九十分，自漢書律歷志著其說，後之史書律歷志均宗之；其爲九寸卽八十一分之說者，則爲各律家之所宗，卽前所謂「黃鍾數法」之數。歷來論律者，大多不出此二說也。然黃鍾之長究竟如何，是否有四種長度，引論如次：

（一）蔡氏律呂新書曰：『黃鍾之律九寸，一寸九分，凡八十一分；而又以十約之爲寸，故云八寸十分一。大要律書用相生，分數相生之法，以黃鍾爲八十一分，今以十爲寸法，故有八寸一分；漢前後志及諸家用審度分數審度之法，以黃鍾之長爲九十分，亦以十爲寸法，故有九寸。法雖不用，其長短則一，故隋志云寸數並同也。』

（二）韓苑洛志樂解黃鍾長九寸曰：『從長九寸，寸者十分；』解宮八十一曰：『以此管有八十一分也。』

（三）朱氏律呂精義曰：『古人算律有四種法：其一、以黃鍾爲十寸，每寸十分，共計百分，出太史公律書生鍾分子一分；其二、以黃鍾爲九寸，每寸十分，共計九十分，出京房律準及後漢志；其三、以黃鍾爲八寸一分，不作九寸，出史記、淮南子、及晉書、宋書；其四、以黃鍾爲九寸，每寸九分，共計八十一分，出後漢志註引禮運古註。禮運古註曰：『宮數八十一，黃鍾長九寸，九九八十一也』。古人算律之妙，二種而已。一以九寸爲黃鍾，凡八十一分，取象雒書之九自相乘之數此淮南子之所載；一以十寸爲黃鍾，凡一百分，取象河圖之十自相乘之數，此太史公之所記。二術雖異，其律則同。至於以九十分爲黃鍾，自京房始；以其布算頗煩，初學難曉，乃變九謂九分爲寸。而爲十。謂十分爲寸。雒書數九自相乘，得八十一，是爲陽數。十二天地之大數，百二十律呂之全數，除去三十九，則八十一，呂氏春秋曰：「斷兩節間之三寸九分，」八寸一分，三寸九分，合而爲十二寸，卽律呂全數。全數之內，斷去三寸九分，餘爲八寸一分，卽爲黃鍾之長。黃鍾無所改，而尺有不同。』

統觀上列三家之言；蔡氏宗第二說，黃鍾爲九寸，凡八十一分，而謂與第三說第四說者，其長短則一；韓氏解黃鍾九寸，爲九十分，亦爲八十一分；朱氏謂四說之黃鍾均無改，乃尺有不同。蓋黃鍾之長爲一定，而謂其長短之數不同者，爲尺之異，古黃鍾之長則無異也，（但後代所制之黃鍾，其長不可與此同論。）

黃鍾之容積，自漢書始著其說，爲八百一十立方分。後之論者，有謂古之圓周率數不精，（如謂圓三徑一之類）是以實積之數不可爲據，而另作詳密之推算者。有謂圓周率數不精，只在周徑之間有差誤，而實積之數不誤者。又有謂八百一十分者，指十分爲寸，九寸長計得之積；黃鍾長九寸，一寸九分，計之，只得七百二十九分者。說雖不同，歸納言之，周徑之誤，爲當初圓周率不精之所致。然容積係當時實計之數，故黃鍾之容積，仍爲八百一十立方分，惟此所謂分者，乃黃鍾長九十分之分也。至於以其餘三說黃鍾之長，以推其容積，卽可照比列算之。今依朱載堉『黃鍾無所改，而尺有不同』之言，命四說爲四種尺，則黃鍾度數，可表之如次：

第三表　黃鍾度數表

黃鍾度數		黃鍾之長等於	黃鍾容積等於
第一種尺	尺法	一尺	—
	寸法	一〇寸	—
	分法	一〇〇分	—
第二種尺	寸法	九寸	—
	分法	八一分	—
第三種尺	寸法	八寸一分	—
	分法	八一分	—
第四種尺	寸法	九寸	八一〇立方分
	分法	九〇分	

四　黃鍾生度量衡

古者以黃鍾爲萬事之根本，律度量衡皆由此始，故論度量衡者，必求於黃鍾。然黃鍾何以能生度量衡，推其源，實爲存聲樂之制以立之也。故曰：『黃鍾之長，用之以起五度，則樂器修廣之所資；黃鍾之容，用之以起五量，則樂器深闊之所賴；黃鍾之重，用之以起五權，則樂器輕重之所出；黃鍾之積，用之以起五數，則樂器多少之所差；黃鍾之氣，用之以起五聲，則樂器宮商之所祖。五法循環而相受，則天地陰陽之中聲，雖失於此，或存於彼。』又曰：『黃鍾者信，則度量權衡者得矣。』是故黃鍾爲度量衡之根本。明程大位算法統宗所論黃鍾百事根本圖，可爲代表，其義如下：

黃鍾生度　黃鍾之管，其長積秬黍中者九十粒，一粒爲一分，十分爲寸，十寸爲尺，十尺爲丈，十丈爲引。

黃鍾生量　黃鍾之管，其長廣容秬黍中者千二百粒爲一勺，十勺爲合，十合爲升，十升爲斗，十斗爲斛。

黃鍾生衡　黃鍾所容千二百黍爲勺，重十二銖，兩勺，則數二十四銖爲兩，十六兩爲斤，三十斤爲鈞，四鈞爲石。

此所引之文，只在表明黃鍾生度，量，衡之義，至於起度，起量，起衡，及命名進位等異同之說，待後一一考證之。

第四節　以黃鍾與秬黍考度量衡

觀前節「黃鍾生度量衡，」知仍不離以秬黍爲法之關係，故有曰：『造律者以黍自一黍之廣，積而爲分寸，一黍之多積而爲龠合，一黍之重積而爲銖兩。』又曰：『度量衡所以佐律而存法，後世器或壞亡，故載之於物，形之於物，黍者，自然之物，有常不變者也，故於此寓法。』是度量衡本生於黃鍾，而古黃鍾慮其失，又爲積黍之法，由積黍以明度量衡。故度量衡制起於黃鍾，法寓於積黍，由黃鍾及積黍以考度量衡，立法如此。故從此考之。

考積黍起度之法，原起於漢書律曆志，以廣爲分之說。至南北朝東後魏世，修正鍾律，有縱累、橫累、斜累三法之紛競，縱橫斜之歧異，蓋自是時始。其後北周武帝時，累黍造尺，縱橫不定，唐代又以黍廣爲分，五代後周王朴又以縱黍定尺；至宋代景德中劉承珪以廣十黍爲寸，後李照鄧保信等又縱累百黍成尺，阮逸胡瑗等則橫累百黍成尺；清康熙躬親累黍，以橫累百黍爲律尺，縱累百黍爲營造尺。以上爲中國歷代積黍起度歧異之歷史，可以表明之。

第四表　積黍起度之變遷表解

積黍起度之變遷

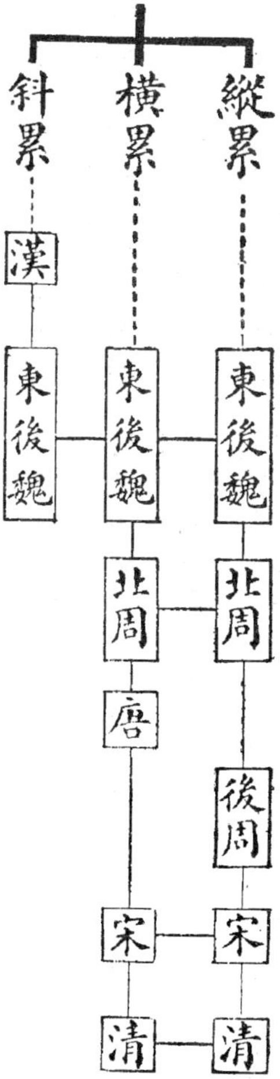

漢志本云黍廣，今列於「斜累」，參見下第六章第六節之三。

積黍爲度，已有縱橫斜累法之不同，而歷來言累黍者，必云「以子穀秬黍中者，」「子穀秬黍」係爲何種之黍？又所謂「中」者，其義又若何？今再從此二者觀察之。

第一，所謂「子穀秬黍，」孟康曰：『子，北方，北方黑，謂黑黍也。』顏師古曰：『此說非也，子穀猶言穀子，秬卽黑黍，無取北方爲號。』范景仁曰：『按詩「誕降嘉種，維秬維秠，」誕降，天降之；許愼云「秬一稃二米，」又云「一秬二米，」今秬黍皆一米，河東之人，謂之黑米。』朱載堉曰：『黑色黍有數種，粳黍堪釀酒者名秬，硬黍堪炊飯者名穄，一稃內二顆黍名秠；律家所用惟秬而已，穄與秠弗堪用。』吳大澂謂：『黑秬黍卽今之高粱米，以河南所產者爲最準。』是「子穀秬黍，」卽黑秬黍，類如今之高粱米。但後之秬黍，非可如古時所用之黍一例言之，自可斷論。且古者亦早已論之，如隋書律歷志：『黍有大小之差，年有豐耗之異；』宋史律歷志：『歲有豐儉，地有磽肥，就令一歲之中，一境之內，取以校驗，亦復不同，是蓋天物之生，理難均一；』是均其例也。

第二，所謂「中，」顏師古謂爲「不大不小。」韓苑洛曰：『以篩子篩之，去其大者小者，而用中者。』吳大澂謂『大小中者；』而朱載堉則曰：『古之秬黍中者，謂揀選中用之黍，非謂中號中等之黍，俗語選物曰，某物中，某物不中，此中亦非指中等。且秬之爲言巨細之巨，聞其名，其形可想見，謂頭等大號者爲佳。』是中字之義，亦有不同。而況黍之爲物，理難均一，卽用中式合用之黍，亦須先有勘校之器物而後可。故朱載堉又有言曰：『累黍一法，名爲最密，實爲最疎，苟無格式，大小幾何？惟云中式，猶非定論；若欲揀選中式之黍，須將格式預先議定，而後可選。上黨秬黍佳者，縱累八十一枚，斜累九十枚，橫累百枚，皆與大泉九枚相合；然此佳黍亦自難得，求得此等佳黍，然後可用，若或不滿九枚錢之徑，愼勿誤用；歷代造律，其失坐在黍不佳也。』是朱氏以縱黍橫黍斜黍均須求其合於錢徑一定之格式，其論實有至理。今將朱氏論累黍三法之關係，表明於次：

縱累81黍＝斜累90黍＝橫累100黍

是故累黍成尺有二種困難：一、黍爲標準根本之不可靠；二、累黍必求排列之嚴密整齊。吾人論積黍起度，固不能由黍之大小及排列之縱橫，以定尺之長短，前面引申詳論，亦卽在此。然吾人則可由累法標準之不同，以推其比例之數，證之以黃鍾之論，驗之以貨幣之實，亦爲必由之逕也。

前節已言算黃鍾律長，其法有四，而爲分之數則只有三：其一、黃鍾之長爲百分，其二、黃鍾之長爲八十一分，其三、黃鍾之長爲九十分；三數計分雖不同，全長則相等。本節又言：橫累百黍，縱累八十一黍，斜累九十黍，其長亦相等。二者均爲起度之標準，故朱載堉又合論之曰：『累黍造尺，不過三法，皆自古有之矣：曰橫黍者，一黍之廣爲一分；曰縱黍者，一黍之長爲一分；曰斜黍者，非縱非橫，而首尾相銜。黃鍾之律，其長以橫黍言之，則爲一百分，太史公所謂子一分是也；以縱黍言之，則爲八十一分，淮南子所謂其數八十一是也；以斜黍言之，則爲九十分，前後漢志所謂九寸是也。今人宗九寸，不宗餘法者，惑於漢志之偏見，苟能變通而不惑於一偏，則縱橫斜黍皆合黃鍾矣。』朱氏之論，可與一名，曰「三黍四律法」，表之如次：

第五表　三黍四律法表解

黃鍾律長
- 橫黍——一〇〇分……（一〇寸）
- 縱黍
  - 八一分……（九寸）
  - 八一分……（八寸一分）
- 斜黍——九〇分……（九寸）

更據朱氏言橫黍縱黍斜黍排列計分之法，如下圖。

第一圖

橫黍縱黍斜黍排列計分圖

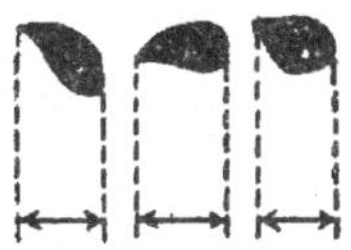

由三黍四律法以考歷代尺度，立論頗有精微，大要如次。

『歷代尺法皆本黃鍾而損益不同，有以黃鍾爲長，均作九寸，而寸皆九分者，黃帝命伶倫始造律之尺，名「古律尺」，又名「縱黍尺」，選中式之秬黍，一黍之縱長，命爲一分，九分爲一寸，九寸共計八十一分爲一尺。有以黃鍾之長均作十寸，而寸皆十分者，舜「同律度量衡」之尺，至夏后氏而未嘗改，（書稱：「舜同律度量衡」，堯，舜，禹，相禪，未嘗改制度，然則「禹以十寸爲尺」，卽舜取同之度尺也。）故名夏尺，傳曰『夏禹十寸爲尺，』蓋指此也，又名「古度尺」，又名「橫黍尺」，選中式之秬黍，一黍之積廣，命爲一分，十分爲一寸，十寸共計百分爲一尺。有以黄鍾之長，均作四段，加出一段，而爲尺，此商尺也，適當夏尺十二寸五分，傳曰「成湯十二寸爲尺，」蓋指此也。有以黄鍾之長，均作五段，減去一段，而爲尺，此周尺也，適當夏尺八寸，傳曰「武王八寸爲尺，」蓋指此也。有以黄鍾之長，均作九寸，外加一寸，爲尺，此漢尺也。有以黄鍾之長，均作八寸，外加二寸爲尺，此唐尺也。有以黄鍾之長，均作八十一分，外加十九分爲尺，此宋尺也。唐尺卽成湯尺，而唐人用之，故又名唐尺。宋尺卽黄帝尺，而宋人用之，故又名宋尺。七代尺共五種，互相考證，皆有補於律也。

「縱黍之尺，黄帝尺也，宋尺也；斜黍之尺，漢尺也；横黍之尺，夏尺也；商尺去二寸，爲夏尺；夏尺去二寸，爲周尺。唐尺復有二種：所謂黍尺者，卽夏尺；所謂大尺者，卽商尺。

「漢尺與黄帝尺，寸同而分不同；宋尺與黄帝尺，分同而寸不同；唐黍尺卽夏尺。與黄帝尺同，而寸及分不同。

「宋太府尺卽黄帝尺；今營造尺明工部營造尺。卽唐大尺。」

故虞夏之尺，横黍法，在律爲第一類；黄帝之尺，縱黍法，在律爲第二類；宋尺亦縱黍法，而在律爲第三類；漢尺斜黍法，在律爲第四類；商、周、唐、明四代之尺，導源於夏尺，而約横黍爲法，在律附屬於第一類。故上自黄帝，下迄明代，歷代主要尺度之法，可列如下表。

第六表　中國歷代尺度三黍四律法系統表

朝代	尺名	三黍四律法		以古黄鍾律之長比較其相等之值			以黍定分之法
		律法	黍法	尺法	寸法	分法	
黄帝	黄帝尺（古律尺、縱黍尺）	第二類	縱	一·〇〇尺	九·〇寸	八一分	縱黍一枚
虞	虞尺（古度尺、横黍尺）	第一類	横	一·〇〇尺	一〇·〇寸	一〇〇分	横黍一枚
夏	夏尺（古度尺、横黍尺）	第一類	横	一·〇〇尺	一〇·〇寸	一〇〇分	横黍一枚
商	商尺	（第一類）	横	〇·八〇尺	八·〇寸	八〇分	横黍約十爲八
周	周尺	（第一類）	横	一·二五尺	一二·五寸	一二五分	横黍約八爲十
漢	漢尺	第四類	斜	〇·九〇尺	九·〇寸	九〇分	斜黍一枚

唐	唐大尺	（第一類）	橫	〇・八〇尺	八・〇寸	八〇分	橫黍約十爲八
	唐黍尺（兼用）	第一類	橫	一・〇〇尺	一〇・〇寸	一〇〇分	橫黍一枚
宋	宋太府尺	第三類	縱	〇・八一尺	八・一寸	八一分	縱黍一枚
明	明工部營造尺	（第一類）	橫	〇・八〇尺	八・〇寸	八〇分	橫黍約十爲八

以上以黃鍾律論歷代尺度之關係，係以古黃鍾爲比較之標準，卽其比較之標準只爲一，並無變化。然黃鍾是隨時應聲而有變遷，則歷代之黃鍾並不相等。故朱氏曰：『漢劉歆，晉荀勖所造律管皆用貨泉尺，宋蔡元定著律呂新書大率宗此尺，則其黃鍾與歆勖之黃鍾大同小異，宋志謂後周王朴之黃鍾亦然，蓋四家比古律高三律。宋李照，范鎭，魏漢津所定律，大率依宋太府尺黃鍾長九寸比古黃鍾低二律。明初冷謙所定律，用明工部營造尺。黃鍾長九寸，比古黃鍾低三律。』以律定尺者，律有定，爲尺不過增減其長度，而標準不變；以尺定律者，律本無尺，又係隨時制作，則爲尺並無不變之標準。朱氏之「三黍四律法」論一本古之黃鍾，卽係以「有不變之標準」爲根據。今採用其說，以爲論度量衡之參考。

清康熙律呂正義謂『聖祖躬親累黍布算，』得次之結果，以爲定法：

『縱累百黍爲營造尺，橫累百黍爲律尺；營造尺八寸一分，當律尺十寸；營造尺七寸二分九釐，卽律尺九寸，爲黃鍾之長。』

此法可以表解明之：

第七表　清定黃鍾律長表解

清之黃鍾律長	
	橫黍九〇枚（清律尺九寸）
	縱黍七二·九枚（清營造尺七寸二分九釐）

是清康熙所累縱黍橫黍之比，與朱氏之論雖同，而黃鍾之律不同，是亦以尺定律之故。然細爲推算，仍可求出相等之關係，知清代尺度標準，仍由前代變遷而來。

清會典曰：『東漢嘉量度數中今太簇，仿其式，用今律度合黃鍾焉。』所謂東漢嘉量，卽新莽嘉量，在清初經一度發見。見下第六章第六節。嘉量本聲中黃鍾，但新莽嘉量，不合清之黃鍾，中清之太簇，故清初又仿其式，製造嘉量，聲中清之黃鍾。參見第九章。考新莽嘉量度數，斛積爲新莽尺一千六百二十六立方寸；清初仿造之嘉量度數，斛積爲清營造尺八百六十立方寸九百三十四立方分四百二十立方釐，即合清律尺千六百二十立方寸。斛積度數，本爲一千六百二十立方寸，由是新莽尺與清律尺之比數，可由黃鍾與太簇之關係中求之。考律之學，以黃鍾屬子，子數一，法云「子一分」，太簇律屬寅，寅數九，法云「九分之八，」即太簇律爲黃鍾律九分之八，是即爲新莽尺與清律尺之比率。由是推得：

$$新莽尺=\frac{8}{9}清律尺=\frac{8}{9}\times 0.81=0.72\ 清營造尺$$

$$古黃鍾律=0.72\times 1.08=0.7776清營造尺$$

$$清營造尺=\frac{10000}{72\times 108}=1.2846\ 古之黃鍾律度$$

是即清尺合古黃鍾律之度，而清尺實由新莽尺變遷而得者，新莽尺合清營造尺爲七寸二分。王國維據新莽嘉量，以驗新莽尺度，合清營造尺之數即同此。（新莽尺之度，及合古黃鍾律爲一・〇八，均見下節考證。）

以上爲就度而言，爲量爲衡之理，亦同。前人有曰：『古人謂子穀秬黍實其龠則是先得黃鍾，而後度之以黍，不足則易之以大，有餘則易之以小。』又有曰：『古人用黍以置量衡，非數而稱量之也，一龠之內容，必以千二百爲之準，有餘則易之以小，不足則益之以大，小大得，而後稱量之，是其多寡輕重，雖出於黍，而黍之大小，則制於律。』是故以黃鍾及積黍之法，考定量衡，仍須先求古之黃鍾。至於以黍求積，其法如何，則前人已言之：『至於准黃鍾之律爲量爲衡，則不可徑致，故必用容黍之法，黃鍾容千二百黍，亦當時偶然之數，使止容千黍，即准千黍爲量爲權亦可也。』然古黃鍾在漢時較量，適容一千二百黍，容黍之法，漢始有之，以漢較量黃鍾之度，度之，得黃鍾之容積爲八百一十立方分。即漢尺之分。

容黍之法，本不可靠，是故考量之法，當以由度求積爲宜。

考衡之法，本可準之以容量，而後驗之以物，以求其衡。今容量之數已得，惟所用之物爲秬黍，則不可以爲準也。

吳大澂以其所得之古玉律琯，較所容秬黍之輕重，以是得周兩之數，較法如左。

『今以黃鍾玉律琯所容大小適中之黑秬黍，原註：即今高粱米，河南產者爲最準。千二百顆平之，重今湘平八錢四分，若以爲十二銖，每銖應重七分，二十四銖應合今湘平一兩六錢八分，古兩大於今兩，不應如此之重，疑漢書所稱千二百黍重十二銖，必有誤也。兩之爲兩者，分而爲二，以象兩，此兩字本義，應得千二百黍之半，以六百黍爲一兩，應重湘平四錢二分，以此定周兩之輕重。』

考吳氏所得之玉律琯，原命之爲十二寸，內徑得七分半，今卽假設其爲古黃鍾律，應合漢尺九十分，原命一分，爲漢分四分之三，七分半合漢分五分六釐二毫二絲，其管之容積，計爲漢尺二千二百三十餘立方分，較八百一十立方分之數，大二倍以上，雖此管根本非古黃鍾律管，然大致相差並不過鉅，故吳氏以「千二百黍爲十二銖」爲誤，而以六百黍命爲一兩，與原義差之四倍，此實吳氏之誤。然以其計得之數，尙屬相近，見下節，故記之於此。

第五節　以貨幣考度量衡

何以貨幣可以考度量衡？貨幣者爲交易之媒介物，自古已然，幣有大小輕重之定法，度者權者有調劑適應之作用，彼此並行不悖，故由貨幣考度量衡，是亦一法。

據吳大澂較古幣之輕重，曰『古權名之見於泉幣者，曰兩、曰銖、曰爰、曰釿、爰卽鍰之古文，鋝與鍰一字，說文鍰、鋝也，鋝、十銖二十五分之十三。惟釿之輕重，古書無可考證，古幣之一釿二釿，今以古幣之輕重權之，當係二鍰爲一釿。』吳氏以其所較玉律琯容黍輕重，得周兩合湘平四錢二分，而較古之幣，輕重不同；今以古幣輕重之數，平均之，以定周兩之數，當較爲善。吳氏較驗古幣之輕重，並附其考證，歸納列於次表：

第八表　周代古幣重量實驗表

幣名	重量 吳氏較驗	重量 合公分重	吳氏之考證
「郢爰」金幣	湘平 一兩九錢六分	七〇・二九八〇	此幣當是十鍰之金餅，出安徽鳳台縣古郢都地，李申耆先生兆洛載入鳳台縣志。一爰爲十銖二十五分之十三。
「梁充釿五二十尙爰」布	八錢六分	三〇・八四五一	此幣當以五爰充五釿，故曰充釿五，五下注「二」「十」字者，言一幣五爰，二幣合十爰也。一爰爲十銖二十五分之十三。
「梁正尙金尙爰」布	三錢四分	一二・一九四六	此二爰幣也。一爰爲十銖二十五分之十三。
「虞一釿」布	三錢六分五釐（二個平均）	一三・〇九一二	一釿爲二爰，一爰爲十銖二十五分之十三。
「京一釿」布	二錢九分	一〇・四〇一二	同右
「柔一釿」布	二錢九分	一〇・四〇一二	同右

「安邑一釿」布	四錢	一四・三四六五	同右
「長垣一釿」錢	三錢九分	一三・九五九九	同右
「安邑二釿」布	八錢（二個同）	二八・六九三一	同右
「安邑二釿」布	七錢六分（二個平均）	二七・二五八四	同右
「[illegible]二釿」布	八錢五分	三〇・四八六四	同右
「重一兩十二銖」錢	三錢六分	一二・九一一九	
「[illegible]」貝	八分二釐（五個平均）	二・九四一〇	古貝俗蟻鼻錢，馬伯昂貨布文字考釋爲當六銖，以爲六銖則稍弱，今以爰幣較之，當以兩貝爲一爰。
「[illegible]」貝	八分四釐（五個平均）	三・〇一二八	古貝字作[illegible]，此卽貝之象形字。

吳氏較得重量數，係以湘平計之。更據吳氏云，湘平一兩〇四分，合庫平一兩，而庫平一兩合三七・三〇一公分，卽湘平一兩合三五・八六六三四六公分。表內重量合標準制公分數，卽係依此折算者。

設不同類各物表示小單位之數值，爲a，b，c，……共n個，如云「二十四銖爲兩」，則銖爲小單位，如云「一貝當六銖」，命爲A，則A爲六；又設小單位進位之數爲X，如二十四銖進爲兩，則X爲二十四；又設a，b，c，……亦共n個，分別爲A，B，C，……各物折合新制單位之數，如「郢爰」金幣合七〇·二九八〇公分重之類。如是，本編所用平均之法如左。

$$M=\frac{\frac{a}{A}+\frac{b}{B}+\frac{c}{C}+\cdots\cdots}{n}X$$

據此法將周代古幣平均之，求得周兩之值爲一四·九二八九四公分重。卽周一斤之值爲二三八·八六三〇四公分重。吳氏以今黍較得周兩爲湘平四錢二分。合一五·〇六三八七公分，相差並不算大。然以古幣較者，當比今黍較者較爲可靠，故卽以此求得之數爲準。

「重一兩十二銖」錢，「冬帀」貝，及「兕」貝三幣，其權重之數皆甚輕，約計一兩不過八至十一公分，較其他諸幣，一兩之重均在十四公分以上，相差過巨。於此可見周末度量衡幣之制皆不劃一。並未列入平均計算中。

秦統一天下之後，定幣制，銅錢重半兩，卽十二銖，文曰「半兩」。秦之「半兩」一泉，據吳氏實驗得八泉共重湘平一兩八錢，則，

秦之一兩＝湘平1.8÷($\frac{1}{2}$×8)兩＝0.45×35.866,346＝16.139,855,7公分重

秦之一斤＝16.139,855,7×16＝258.237,691,2公分重

漢興以秦錢重，不便使用，屢經改鑄三銖錢，八銖錢，四銖錢，不能一定，後武帝之時，更鑄五銖錢，當時輕重大小頗稱適中，直至隋朝爲止，凡七百餘年間，五銖錢成爲歷代鑄錢之標準。然後之歷代雖以五銖爲號，惟度衡不同，其大小輕重自不相同，而亦難以考驗。

前漢末王莽攝政，好遵古制，乃改革漢制，倣周錢子母相權之法，鑄造大泉、及契刀、錯刀，與五銖錢相並行，其後又屢經制作新貨幣多種。王莽所鑄各種貨幣，在漢時最爲精良，其大小輕重，見漢書食貨志及王莽列傳，均可按籍而稽，足爲當時度量衡之佐證。除契刀錯刀之長及重，漢志未載明不列入外，其餘各幣之徑或長，可據吳大澂所藏實比之圖測得之，然後以之推得莽時尺度之長短。更據吳氏較驗重量之數，亦可推得莽時斤兩之輕重。今先以表列明各幣徑長重量及考證於下：

第九表　新莽貨幣徑長重量實驗表

幣名	徑或長平均值合公釐數	重量 吳氏較驗 湘平	重量 合公分重	考證
大泉五十	二七·二	一錢九分（四個平均）	六·八一四六	徑一寸二分 重十二銖

壯泉四十	二三·〇	一錢	三·五八六六	徑一寸 重九銖
中泉三十	二一·〇	九分（三個平均）	三·二二八〇	徑九分 重七銖
幼泉二十	一八·七	七分	二·五一〇六	徑八分 重五銖
么泉一十	一六·七	七分	二·五一〇六	徑七分 重三銖
小泉直一	一四·六	二分六釐（十個平均）	〇·八七二五	徑六分 重一銖
貨泉	二三·〇	九分二釐	三·三九九七	徑一寸 重五銖
大布黃千	五五·〇	四錢（九個平均）	一四·三四六五	長二寸四分 重一兩
次布九百	五二·〇	三錢七分（三個平均）	一三·二七〇五	長二寸三分 重二十三銖
中布六百	四六·六	三錢	一〇·七五九九	長二寸 重二十銖

差布五百	四〇・八	二錢二分	七・八九〇六	長一寸九分重十九銖
厚布四百	三九・二	二錢	七・一七三三	長一寸八分重十八銖
幼布三百	三五・二	（損一足不計量）		長一寸七分重十七銖
小布一百	三四・四	一錢九分五釐（二個平均）	六・九九三九	長一寸五分重十五銖
貨布	五七・三	四錢七分七釐五毫（四個平均）	一七・一二七二	長二寸五分重二十五銖

以上各幣大小輕重，不能一一均與原定相符，宋史謂『當時盜鑄既多，不必能中法度，但當較其皆合正史者用之，則銅斛之尺，從可知矣，』（新莽銅斛尺，後面還要詳說。）固言之有理，但所謂合者，將如何判別之？今又不得考實。則其幣已經過長久年月，不無侵蝕之處，而當時製造未必精準，又爲其主因，現在仍用M法求其平均，以得其合中之數。

（一）長度之平均，命定以尺爲單位，得一尺等於二二八・一三四三公釐。

(二)重量之平均，命兩爲單位，再求斤之值，得一兩等於一三・六七四六四公分重，一斤等於二一八・七九四一八公分重。

由各幣測出之尺度最大最小間相差至八分之一，而重量則相差至於一倍，既差之若是之大，則雖求其平均之值，亦不可靠，然此處不過先求出一個相當數值。至新莽一代眞正度量衡實値，則有待於所謂銅斛實物以考證之，此處數值，將作爲參驗之證耳。

唐代鑄開元通寶錢，徑八分，重二銖四絫，（十絫爲銖。）積十錢重一兩。據吳大澂以其所藏唐開元錢，制作最精，輪廓完好者，平列十枚爲開元尺，今測其實比之圖，得唐開元尺，即開元錢十枚之長，合二四・六九公分，則唐以開元錢徑八分之尺，其長爲三〇・八六二五公分。$(2.469\times\frac{100}{8})$又據吳氏較得唐開元錢十枚，共重湘平一兩〇四分，應合三七・三〇一公分，據此，則唐之一斤已與清庫平一斤相等，或以爲當時衡制不應有如此之重，清古今圖書集成曰：『唐開元錢重二銖四絫，今一錢之重，』則唐之衡重，當已與清制相等。再觀唐代尺之長度，亦約與清之營造尺不相上下，此又爲一證。且此係依據實物較得者，自不致大誤。詳見下第八章第一二兩節之考證。

以錢較尺度之長短，實爲最密之法，故朱載堉之言求黍考定樣制，須將格式預先議定，朱氏所言之格式，卽錢法也。又古錢度數之最密者，以莽之大泉，唐之開元錢爲著稱。故朱氏又以大泉及開元錢之徑，以爲其三黍四律法論歷代尺度之參證。以下爲朱氏之言：

「黃帝尺，宋太府尺，皆以大泉之徑爲九分；（宋尺與黃帝尺，分同而寸不同，宋以十分爲寸，黃帝以九分爲寸。）漢尺以大泉之徑爲十分，（漢尺與黃帝尺，寸同而分不同，漢以十分爲一寸，卽黃帝九分之寸也。）夏尺，唐謂之黍尺，以開元錢之徑爲十分；（唐黍尺與黃帝尺同，而寸及分不同，唐以十分爲寸，十寸爲一尺，卽黃帝九分爲寸，九寸之尺也。）商尺，唐謂之大尺，以開元錢之徑爲八分。周尺以開元錢八枚爲十寸。

「故宋尺去一寸爲漢尺，漢尺去一寸爲唐黍尺，卽夏尺，夏尺加二寸半爲商尺，商尺去二寸爲周尺。

「王莽變漢制，造大錢徑寸二分，謂莽以漢尺之寸，爲其尺之寸二分也。

「寶鈔黑邊外齊作爲一尺，爲明工部營造尺，卽唐大尺，以開元錢之徑爲八分；宋尺之八寸一分，爲明尺之八寸。」

漢尺以大泉之徑爲一寸，唐黍尺以開元錢之徑爲一寸，而曰「漢尺去一寸爲唐黍尺，」則開元錢之徑，爲大泉之徑十分之九，卽大泉平列九枚之長，等於開元錢平列十枚之長。莽謂大泉之徑寸二分者，指新莽尺而言，新莽尺卽以莽幣較得之尺，或名爲貨泉尺，（莽幣之「貨泉」，徑一寸，十枚合整分一尺之長。）貨泉尺加二寸爲漢尺。又唐謂開元錢徑八分者，指唐大尺而言，唐大尺去二寸爲唐黍尺，卽吳大澂所謂唐開元尺。大泉之徑爲貨泉尺百分之十二，開元錢之徑爲開元尺百分之十，故

$$\text{大泉之徑} = \frac{12}{100} \times 228.1343 = 27.38 \text{公釐}$$

$$\text{開元錢之徑} = \frac{10}{100} \times 246.9 = 24.69 \text{公釐}$$

$$27.38 \times 9 = 246.4 \text{公釐}$$

$$24.69 \times 10 = 246.9 \text{公釐}$$

則所謂大泉九枚與開元錢十枚相等，彼此互相驗之，可證其爲不錯。

第一〇表　黍幣合古黃鐘律表解

古黃鐘律之長
- 橫黍……一〇〇枚之長
- 縱黍……八一枚之長
- 斜黍……九〇枚之長

- 大泉九枚之長
- 開元錢一〇枚之長

歷代尺度以貨幣考證，茲列表以明之：（歷代度制均以十爲進，惟黃帝則以九爲進，不要忘記。）

第一一表　中國歷代尺度以貨幣較驗系統表

朝代	尺名	三黍四律法之異名	以大泉九枚即開元錢十枚比較其相等之值	以幣爲較驗之法
黃帝	黃帝尺	古律尺・縱黍尺	一・〇〇尺	以大泉之徑爲九分
虞	虞尺	古度尺・橫黍尺	一・〇〇尺	以開元錢之徑爲十分
夏	夏尺	同右	一・〇〇尺	同右
商	商尺		〇・八〇尺	以開元錢之徑爲八分
周	周尺		一・二五尺	以開元錢八枚爲十寸
漢	漢尺		〇・九〇尺	以大泉之徑爲十分
新莽	貨泉尺		一・〇八尺	以大泉之徑爲寸二分
唐	唐大尺		〇・八〇尺	以開元錢之徑爲八分
	唐開元尺	唐黍尺	一・〇〇尺	以開元錢之徑爲十分
宋	宋太府尺		〇・八一尺	以大泉之徑爲九分
明	明鈔尺即工部營造尺		〇・八〇尺	以開元錢之徑爲八分

第二圖　中國歷代尺度以黍幣合古黃鐘律比較圖

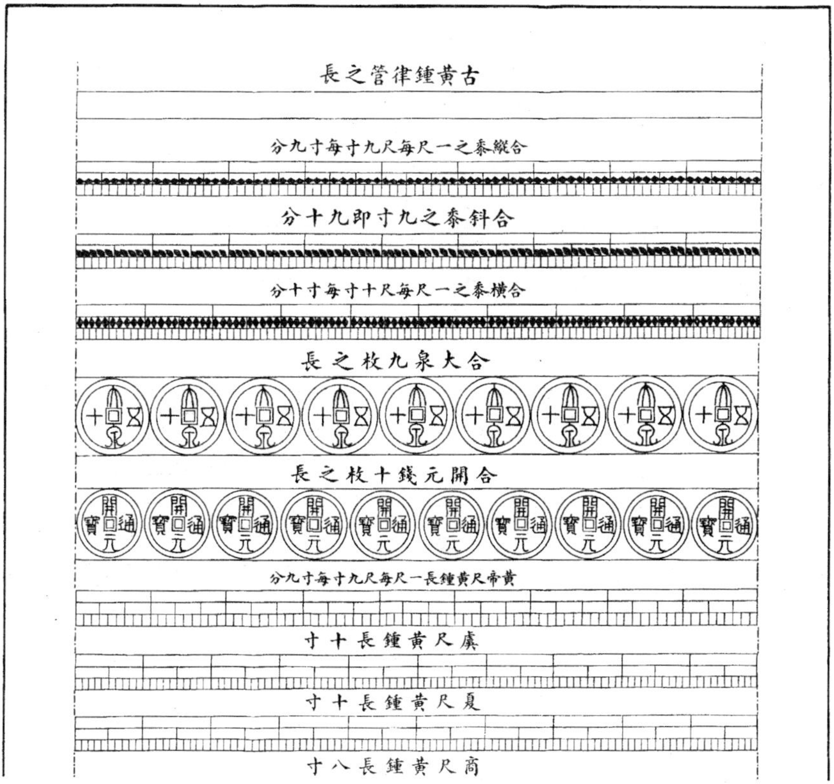

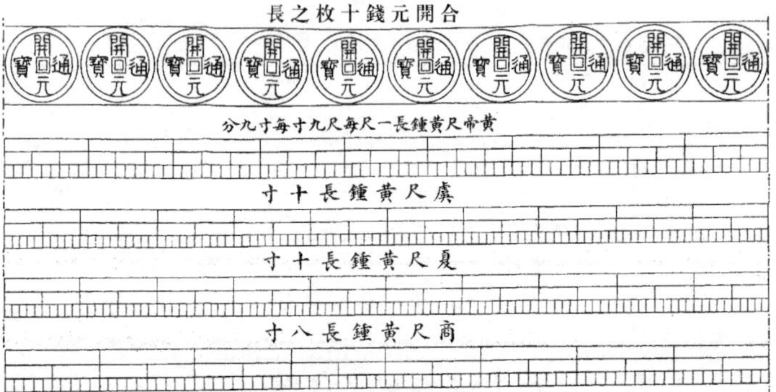
合開元錢十枚之長
開元通寶
黃帝黃鍾尺一長每尺九寸每寸九分
虞尺黃鍾長十寸
夏尺黃鍾長十寸
商尺黃鍾長八寸
周尺黃鍾長一尺二寸五分
漢尺黃鍾長九寸
新莽尺之一尺零八分合古黃鍾律管之長
唐大尺黃鍾長八寸
唐黍尺黃鍾長十寸
宋尺黃鍾長八寸一分
明尺黃鍾長八寸

現再將以貨幣較驗所得之重量，亦列一表如左：

第一二表　各朝斤兩以貨幣較驗實值表

朝代	一兩之值	一斤之值	以貨幣爲較驗之標準
周	一四·九二九公分	二三八·八六三公分	以古幣之重量平均計得
秦	一六·一四〇公分	二五八·二三八公分	以秦半兩泉之重量計得
新莽	一三·六七五公分	二一八·七九四公分	以莽幣之重量平均計得
唐	三七·三〇一公分	五九六·八一六公分	以唐開元錢之重量計得

第六節　以圭璧考度

圭與璧皆爲玉之名，朝廷以玉爲印信，謂之玉璽。國有大事，執玉圭以爲符信，通稱瑞玉。凡玉璽瑞玉均有一定之大小，註以尺寸，所以示信。故以圭璧考度之制，足爲更有力之證。惟以圭璧定度之制，周以後已不可考。此節本爲考周朝一代尺度之法，今列於總考中，亦所以爲彙證之一驗耳。

周禮：『典瑞璧羨以起度，玉人璧羨度尺，好三寸，以爲度。』爾雅曰：『肉倍好謂之璧。』典瑞玉人，周禮之官名。凡物之圓形而中有孔者，其外謂之肉，中謂之好。故好三寸，則肉六寸，爲璧共九寸。羨者、餘也，溢也，言以璧起度，須羨餘之，蓋璧本九寸，數以十爲盈，故益一寸，共十寸以爲度，是名「璧羨度尺。」可作圖明之。

第三圖

璧羨起度圖

（縮尺二分之一）

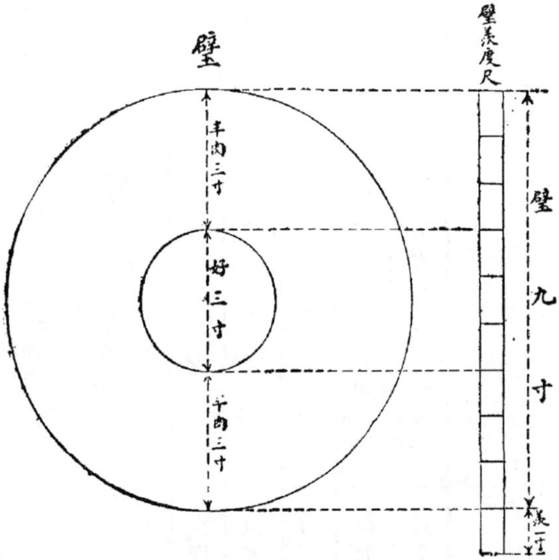

吳大澂藏有一璧，據其考證曰：『周禮考工記「璧羨度尺，好三寸，以爲度，」是璧好三寸，兩肉各三寸，適合九寸，加一寸爲一尺，故曰璧羨度尺。』惟吳氏命「璧羨度尺，」又曰「鎮圭尺，」蓋吳氏以周之鎮圭爲考證之主，因而名之，其實周以圭璧寓度，本起於璧，仍宜名爲「璧羨度尺，」或簡稱爲周尺。

吳氏以圭璧考周代度制，除此璧而外，有考據足爲證驗者，有六件，曰：鎮圭、桓圭、大琮、大琬、瑁、與琰。六圭爲度制之考證如左。

(一)鎮圭長一尺二寸，周禮『玉人鎮圭，尺有二寸。』

(二)桓圭長九寸，周禮『命圭九寸，謂之桓圭。』

(三)大琮長一尺二寸，周禮『玉人大琮，十有二寸。』

(四)大琬長一尺二寸，吳氏曰：『書顧命鄭注「大琬度尺二寸者。」』

(五)瑁長五寸，吳氏曰：『說文「瑁，諸侯執圭朝天子，天子執玉以冒之，似犂冠；」段注云：「爾雅注作犂館，謂耜也；」周禮「匠人耜廣五寸，二耜之伐廣尺；」是玉五寸，與犂冠之說合。』

（六）琰長六寸，吳氏曰：『周禮鄭注，引相玉書曰，琰玉六寸。』

以上六圭與璧關於度制考證之處，均一一相符，足爲周制璧羨度尺之驗證。惟實際測得之數，彼此亦微有出入，璧爲起度之本，此六圭可爲驗度之證，故應先求六圭爲尺之平均數，依M法求之爲一九八・五五七五公釐，再與璧平均以求中數，作爲璧羨度尺之長。

璧徑九寸，實測之長爲一七・七三公分。

$$一尺之長=\frac{100}{90}\times 177.3=197\ 公釐$$

$$故璧羨度尺=\frac{197+198.5575}{2}=197.77875\ 公釐=周尺之長$$

第七節　度量衡寓法於自然物之一般

除人爲物——黃鍾、貨幣、圭璧、足爲度量衡之考證，自然物僅秬黍佐黃鍾以存法外，其餘相傳爲中國度量衡制度起源之標準物，卽不外自然物之人體、絲毛、粟黍。雖其爲制之實長實容實重已不可考，不足以爲法制之準，考證之實；然亦頗足以代表中國社會文化發源之早，社會制度產生之複雜，蓋亦以表明中國度量衡制度之未得統一，而爲中國度量衡史之另一頁。

一、寓法於人體者，有如下各種說法：

史記夏本紀：『禹，聲爲律，身爲度，稱以出。』索隱曰：『一解云身爲律度，則權衡亦出於其身，故云稱以出也』。

家語孔子云：『布指知寸，布手知尺，舒肘知尋，大戴禮記所載同。斯不遠之則也。』蓋用手拇指與中指一叉相距，謂之一尺；兩臂引長剛得八尺，謂之一尋；中指中節上一紋，謂之一寸，蓋中指有二橫紋，准上一紋也。

淮南子：『人修八尺，尋自倍，故八尺而爲尋；有形則有聲，音之數五，以五乘八，五八、四十，故四丈而爲匹，匹者中人之度也。』

周制寸、咫、尺、丈、尋、常、仞，皆以人體爲法，說文：『寸，十分也，人手卻十分動脈爲寸口，十寸爲尺；』叉，『婦人手八寸謂之咫；』又『丈，丈夫也，周制八寸爲尺，十尺爲丈，人長八尺，故曰丈夫。』

孔叢子：『跬，一舉足也，倍跬謂之步，四尺謂之仞，倍仞謂之尋，尋，舒兩肱也，倍尋謂之常；以上爲度法。一手之盛謂之溢，兩手謂之掬。以上爲量法。』

公羊傳：『膚寸而合，』何休注曰：『側手爲膚，案指爲寸。』

投壺注：『鋪四指曰扶，一指案一寸。』

大晟樂書：『宋徽宗皇帝指三節爲三寸。』

度地論：『二尺爲一肘，四肘爲一弓。』

二、寓法於絲毛者，有如下各種說法：

易緯通掛驗：『十馬尾爲一分。』

孫子算術：『蠶所吐絲爲忽，十忽爲秒，十秒爲豪，十豪爲釐，十釐爲分。』

說文：『十髮爲程，十程爲分。』

孟康曰：『豪、兔豪也，十豪爲氂。』

宋史律歷志註：『毫者，毫毛也，自忽絲毫三者，皆斷驪尾爲之，氂者，氂牛尾毛也。』

三、寓法於粟黍（前論之秬黍除外）者，有如下各種說法：

淮南子：『秋分蔈定，蔈定而禾熟，律之數十二，故十二蔈而當一粟，十二粟而當一寸；其以爲重十二粟而當一分，十二分而當一銖，十二銖而當半兩。」

說苑：「度量權衡以粟生，一粟爲一分，一分爲一寸；千二百粟爲一籥，十籥爲一合，十粟重一圭，十圭重一銖，二十四銖重一兩。」又曰：「十六黍爲一豆，六豆爲一銖。」

孫子算術；「六粟爲一圭，十圭爲秒，十秒爲撮，十撮爲勺。」

說文：「十黍爲絫，十絫爲銖。」

孟康曰：「六十四黍爲圭，四圭曰撮。」

第三章　中國度量衡單量之變遷

第一節　變遷之增率

計算物體之數量有二部：一曰數，二曰量；量有小大，則計數有多寡，如云「人長十尺，」又曰「一丈，」尺之量小，爲丈之十分之一，云數則爲丈之十倍。尺丈之量，是爲單位，度量衡單位名稱雖有種種，但可歸納之於三類：一曰基本單位，二曰實用單位，三曰輔助單位，此爲古今中外所共同，基本單位爲法制之標準，所謂基本量者，每一類量中只有一；實用單位，爲計量時常用之單位，是爲實用之量；其餘所有單位，均爲計量時輔助之用，故名爲輔助單位。本章祇在考中國歷代度量衡基本量或實用量大小之變遷；至於單位整個命名命位之系統，則在下章詳之。

本章所考各類量大小之變遷：爲長度之尺，容量之升，重量之兩、斤，及地積之步、畝。

考中國度量衡單位之量，爲由小而大之演進；王國維曰：「嘗考尺度之制，由短而長，殆成定例』然不僅尺度之制，由短而長，量衡之制，均屬同然。研究中國度量衡史，在制度演進方面雖無精彩，然在量之大小變遷上研究之，則能十足表現其進步之情況。故研究單量之變遷，實較制度之標準，爲更有興趣。

量之大小變遷之情況，以變遷率表明之。變遷率係以最初之量爲標準，卽以其所變遷之量對於最初之量之比表之。如最初之量爲Q，變遷後之量爲Q′，則所變遷之量爲Q′－Q，故

$$變遷率=\frac{Q'-Q}{Q}$$

度量衡三量之變遷，同爲由小而大，卽其變遷率爲正，故曰增率。然三量增率之大小及變化，則又不相同：以量爲最，權衡次之，度又次之。

三代以前度量衡單位之量，據籍載有增有減，然三代以前歷史渺茫，多屬後人揣測之詞，尚未可作定論。而度量衡單位量之大小，當自新莽爲始，乃可作眞實之考證。自新莽始，中國度量衡增率之變化，可分爲三期：後漢一代度量衡之制，一本莽制，所有量之變化，乃由無形增替所致，是爲變化

第一期；南北朝之世，政尙貪汚，人習虛僞，每將前代器量任意增一倍或二倍，以致形成南北朝極度變化之紊亂情形，至隋爲中止，是爲變化第二期；唐以後定制，大約均相同，其所有變化，亦由實際增替所致，非必欲大其量，以多取於人，自唐迄清是爲變化第三期。

尺度之增率，在三量中尺爲最小，其原因，蓋以尺之長短易於識別，所謂尺者識也，布手而知尺。故尺之長度，雖代有增益，尙不過巨。其增率：在變化第一期中約爲百分之五，在變化第二期中約百分之二十五，在變化第三期中約爲百分之十；整個之增率，約爲百分之四十。

量之增率在三量中爲最大，蓋我國以農爲本，故納稅制祿之數，皆用斗斛之量，左傳言四量，孔孟言釜鍾，是卽爲計稅祿出納數所定之量。因量爲官民出納米粟之準，其奸弊之甚，自遠甚於尺度，此量之增率變化最大之第一原因。而尺可以目及手判驗其長度雖有所增，必不過巨；而量則難以判定，一升之量，視之固爲升，二升之量，亦視之爲升，極爲普遍之事，此量之爲量易於爲弊，是乃第二原因。量之增率：在變化第一期中尙無顯明之差異，約爲百分之三，在變化第二期中則由百分之百，以至百分之二百，在變化第三期中亦約爲百分之二百；整個之增率約爲百分之四百。

權衡之增率，在度量二量之間，因權衡之重，亦如量器不易視出其大小，故其增率大於度；而權衡之用，非爲官民出納上主要之量，至後代行金銀幣制，始以權衡計其重量，以爲出納之準，而計金銀之重量，又較計米粟之容量爲精求，故其增率又比量爲小。權衡之增率：在變化第一期中並不顯明，在變化第二期中則由百分之百，至百分之二百，在第三期中幾無變化；整個之增率，亦即約爲百分之二百。

度量衡總增率：在變化第一期約爲百分之三，第二期約爲百分之一百四十，第三期約爲百分之七十。

地畝之一量，歷代並無確定之制，或曰六尺爲步，百步爲畝；或曰五尺爲步，二百四十步爲畝，此爲歷代言畝量之詞。但歷代既全無土地丈量之舉辦，亦無土地計畝之實施，故言畝制，僅列歷代由尺計步，由步計畝之數，至其畝之單位實量大小之變化率，實不必作比較，亦無作比較之價值。

以上言度量衡增率之變化，乃係指朝廷定制變遷之標準而言。至於民間實際行用之度量衡器具，其大小之間變化更大：尺度之長短，有差至一倍半者；升量之大小，有差至十倍者，俗語謂：『南人適北，視升爲斗」，實有其事也。斤兩之輕重，有差至五倍者；又如計地畝之法，步有五尺、六尺、七尺、八尺等之不同，畝有二百四十方步，三百六十方步，七百二十方步等之差異。然此等之變化，均非標準之變遷，乃民間任意大小，本各不相謀，亦無從述其變化之率。

第一三表　度量衡變遷之增率表解

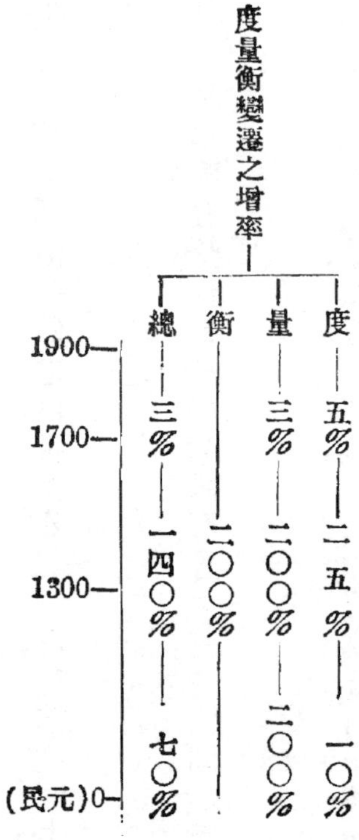

第二節　中國尺制之三系

中國度制以尺爲基本單位，及其爲用，則有三種分劃，卽尺之爲實用單位，有三個系統。其分制始自周代，分說於次。

(一)度之制，生於律，因考律而定尺，是爲歷朝定制，卽律用尺，可名爲法定尺。

(二)中國木工因農業而興起，周有「車人」之名，卽爲攻木之工，所以造車及農具者，木工用尺本卽爲律用尺，而周代建築事業發達，自是木工建造所用之尺，自成爲一個系統，曰木工尺。世稱周之公輸魯班(約在民國前二四〇〇年之世)爲木工之聖，故又稱魯班尺。

(三)周制裁縫王及后之衣服，爲「裁縫」一其所用尺亦本律用尺，而後人通稱衣之工曰裁縫，其所用之尺，因亦另爲一系統，曰衣工尺，俗稱裁尺。

以上三種實用尺度，均一本於律，制本無別；蓋自中周以後，度量衡之制已不統一，於是木工衣工，各依其事業之方便，各自傳其尺度之制，因而與各代傳替律用之法定尺，分成爲三個系統。

第一系統，爲中國歷代法定之制，其傳替變遷，大致尙有可考，亦卽本編所研究者。

第二系統，僅最初之標準，一本於虞夏古黃鍾律尺之制，其後幾全不受歷代定制之影響。考其因，蓋由於木工爲社會自由工業，而在中國，又係師傳徒受，代代相承，少受政治治亂之影響，木工尺之度，卽其相傳之制也。木工尺標準之變遷，自古以來蓋祇有一變。朱載堉曰：『夏尺一尺二寸五分，均作十寸，卽商尺也，商尺者，卽今木匠所用曲尺，蓋自魯班傳至於唐，唐人謂之大尺，由唐至今(明)用之名曰今尺又名營造尺。』韓苑洛志樂：『今尺，惟車工之尺最准，萬家不差毫釐，少不似則不利載，是孰使之然?古今相沿自然之度也。然今之尺，則古之尺二寸，所謂「尺二之軌，天下皆同。」昔魯公欲高大其宮室，而畏王制，乃增時尺，召班(公輸魯班。)授之，班知其意，乃增其尺，進於公曰：「臣家相傳之尺，乃舜時同度之尺，」乃以其尺爲之度。』木工尺本爲舜時同度之尺，卽夏橫黍百枚古黃鍾律度之制。至周時魯班增二寸以爲尺，乃合商十二寸爲尺之制，卽合夏尺之一尺二寸五分。韓氏云「尺二之軌」者，卽合「商十二寸爲尺」之旨，非謂一尺二寸。木工尺自是一變，相沿而下，從無變更。

此處言無變更者，亦指定度之標準而言。至于各地所用魯班尺，亦有長短之差，然其差之原因，蓋有製造不精，日久磨損，以致傳替之誤。考其長短之間相差並不過巨，卽其明證，而若第一系統尺度之差，則更紊亂，其因蓋爲朝代傳接，標準累有變更，以致各地民間用尺長短之差，非常之大是則非僅由製造磨損之一因，而標準變遷又係一因。均見下第十章。

第三系統，其初本於律度，但裁縫事業非代代相承不替，故日久則尺度並無標準，而後來民間通用之尺，亦與裁尺不分，故民俗凡通用尺均視爲裁尺，而反以朝廷法定之尺，名之爲官尺。此「非官尺」所以脫離法制，而不能列入朝廷法制之第一系統。其爲尺已無制，本不能成爲一系統，但爲與前二系區別起見，故以第三系統目之。又民間前代傳有之尺，後人用之，朝廷法定之尺，人民又用之，而其間增損訛替，毫無根據，紛亂之情況，亦無法以統計，此民間用尺所以紊亂參差，彼長此短，有及倍而過者。又清初有「裁尺之九寸爲營造尺一尺」之紀載，然此只爲當時定營造尺之度，合其所比裁尺九寸之數，非裁衣尺之標準。又清之營造尺，由于累黍較定者，木工所用之尺，並未受其改變之影響，此並非木工尺傳替之標準，不可列入第二系統中。

第一四表　中國尺制三系表解

中國尺制三系
- 法定尺—（標準變遷見前後各章）
- 木工尺—（尺度最准標準只有一變）—最初標準—古黃鍾律長橫黍百枚整分之度
- 衣工尺—（增損訛替變遷無標準）

第三節　長度之變遷

論尺度之變遷，必須先定變遷之標準，前述變遷率係以新莽制爲標準，此處應求證實，據前章之考證，可引爲度制考據之實者有三。

(一)大泉之徑與開元錢之徑，其比爲一〇與九，已屬確實，故新莽貨泉尺之長爲二二八·一三四三公釐，此爲實證之一。

(二)周尺卽璧羨度尺，其長爲一九七·七七八八公釐，此爲實證之二。

(三)度量衡標準，與其以他物爲證，不如以度量衡實器考之，更爲妥當。中國古代度量衡器中，惟新莽嘉量尙完整存至於今，據劉復由嘉量上較得新莽嘉量尺之長，爲二三〇·八八六四公釐，此爲實證之三。（詳見下第六章第六節。）

新莽貨泉尺，嘉量尺，均爲新莽一代之尺度，所以一以貨泉，一以嘉量爲之名者，乃後人以新莽制作之貨泉或嘉量考之之故，欲正其名，宜以「新莽尺」名之爲宜。新莽尺以貨泉及嘉量較得之結果，相差爲二·七五二一公釐。此差數，以當時製造上可能精密之度，及後人在較驗上以所取之準度與方法之不同，二者而論，並不過大，而況其數在一尺全長之度數內，不過將及百分之一耳。

再據朱氏之論，周尺與新莽尺之比，爲一〇八比一二五，卽可由周之璧羨度尺，推得新莽尺之度。

$$新莽尺 = \frac{125}{108} \times 197.7788 = 228.9023 \text{ 公釐}$$

故據周壁羨度尺，推得新莽尺之度，亦符以新莽貨幣及新莽嘉量二者較得之數。

於此更得一實際足爲周尺與新莽尺比數關係之佐證；周尺之比數，由黃鍾律推得者，新莽尺之比數，由貨幣推得者，故由黃鍾律與貨幣二者推得之比數又能相通。再如明丘濬曰：『明鈔尺六寸四分，當周尺一尺』，此與『明鈔尺之八寸及周尺一尺二寸五分，皆合古黃鍾律長』之說，二者比率亦正相符合。是亦爲由黃鍾律與由貨幣二者推法相通之證。

前言據新莽嘉量，較得新莽尺之長爲二三〇·八八六四公釐，此係一種較得之數。清朝定制，營造尺七寸二分，實合新莽尺一尺，而清營造尺定制於清初，至清末仍本清初之制，而重定其標準，清末之標準，卽清初之制度。（其詳見第九章之考證。）據清末之標準，營造尺一尺爲三二〇公釐，則是以新莽尺爲歷代尺度比較之標準，以清營造尺度爲新莽尺定度之準，實又爲最善之法。

$$0.72 \times 320 = 230.4 \text{ 公釐} = \text{新莽尺（定度之準）}$$

前依新莽貨泉，周壁羨度尺，及新莽嘉量，較得之數，均與此相符，計由貨泉壁羨較得者小，由嘉量較得者大。今依清營造尺爲準，以推新莽尺，實亦係由嘉量推得，一較一推，所差又屬至微，則新莽尺之長度，當不致有大誤矣。

今擇定新莽尺為中國歷代尺度變遷比較之標準，實為至善，前章言黍幣以推得歷代尺之比數，及隋書律歷志載南北朝諸代尺，均可以新莽之制為較驗。故中國尺度變遷標準，可作完全之考證，分列圖表如左，以表明之：

第一五表　中國歷代尺之長度標準變遷表

民國紀元前	朝代	百分比率		一尺合公分數	一尺合市尺數	備考
		以古黃鍾為準	以新莽尺為準			
四六〇八以後	黃帝	一〇〇		二四·八八	〇·七四六四	黃帝之度，以九為進退。
四一六六—四一一六	虞	一〇〇		二四·八八	〇·七四六四	
四一一六—三六七七	夏	一〇〇		二四·八八	〇·七四六四	
三六七七—三〇三三	商	一二五		三一·一〇	〇·九三三〇	
三〇三三—二一三六	周	八〇		一九·九一	〇·五九七三	

二二六一—二二一七	秦	〇·九分之一〇〇		二七·六五	〇·八二九五	秦以漢制計，參見下第六章。
二二一七—一九〇四	漢	〇·九分之一〇〇		二七·六五	〇·八二九五	
一九〇三—一八八八	新莽	一·〇八分之一〇〇	一〇〇	二三·〇四	〇·六九一二	
一八八七—一六九二	後漢		一〇〇	二三·〇四	〇·六九一二	後漢至隋諸代尺，以新莽尺爲比較之標準，詳見下六七兩章。
一八三一以後	後漢		一〇三·〇七	二三·七五	〇·七一二五	此乃漢章帝時奚景所造之尺度，見下第六章第九節之一。
一六九二—一六四七	魏		一〇四·七	二四·一二	〇·七二三六	
一六四七—一六三九	晉		一〇四·七	二四·一二	〇·七二三六	
一六三八—一五九六	晉		一〇〇	二三·〇四	〇·六九一二	
一五九五—一四八二	東晉		一〇六·二	二四·四五	〇·七三三五	
一三三一—一三〇六	隋		一二八·一	二九·五一	〇·八八五三	南北朝尺度詳細情形，見下第七章第一節。
一三〇五—一二九四	隋		一〇二·二一	二三·五五	〇·七〇六五	
一二九四—一〇〇五	唐	一二五		三一·一〇	〇·九三三〇	

一〇〇五—九五二	五代		一二五	三一・一〇	〇・九三三〇	五代以唐制計，參見下第八章。
九五二—六三三	宋	〇・八一分之一〇〇		三〇・七二	〇・九二一六	
六三三—五四四	元	〇・八一分之一〇〇		三〇・七二	〇・九二一六	元以宋制計，參見下第八章。
五四四—二六八	明	一二五		三一・一〇	〇・九三三〇	
二六八—民元止	清	〇・七七六分之一〇〇	〇・七二分之一〇〇	三二・〇〇	〇・九六〇〇	

木工尺標準變遷，及其長度之數，列表於左：

第一六表　中國木工尺之長度標準變遷表

民國紀元前	百分比率（以古黃鐘律爲準）	一尺合公分數	一尺合市尺數
約二四〇〇年以前	一〇〇	二四・八八	〇・七四六四
約二四〇〇年以後	一二五	三一・一〇	〇・九三三〇

第四節　容量之變遷

第四圖　中國歷代法定尺之長度標準變遷圖

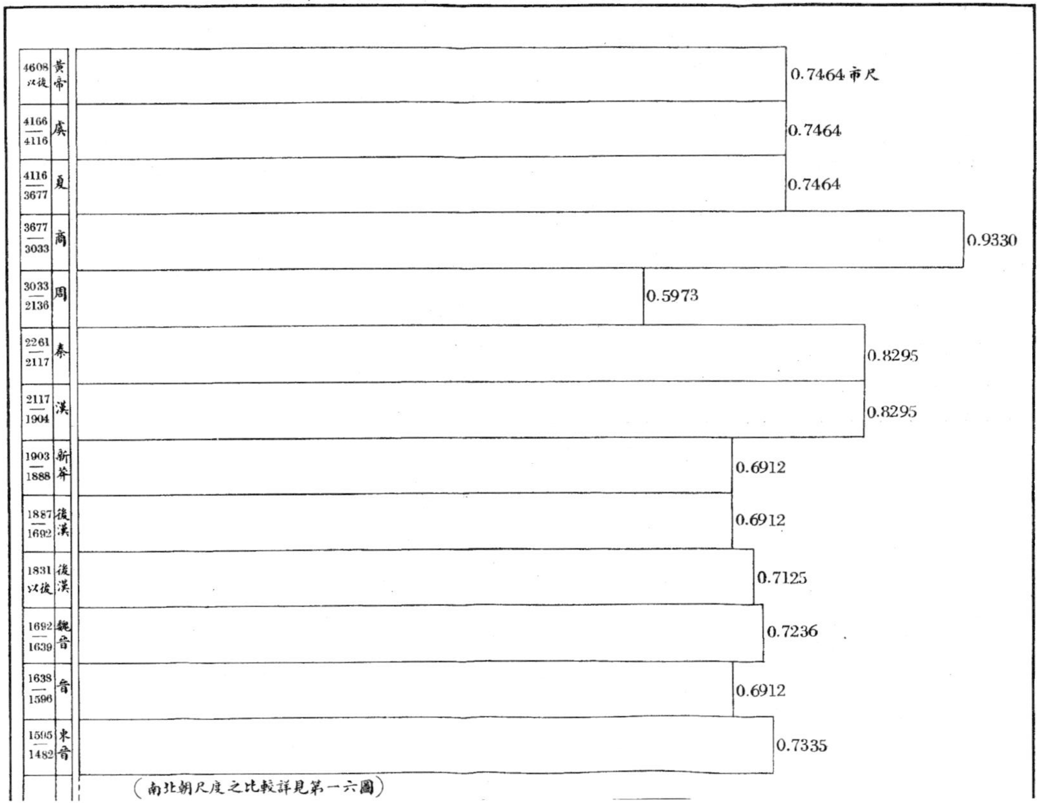
4608 以後 黃帝 0.7464市尺
4166—4116 虞 0.7464
4116—3677 夏 0.7464
3677—3033 商 0.9330
3033—2136 周 0.5973
2261—2117 秦 0.8295
2117—1904 漢 0.8295
1903—1888 新莽 0.6912
1887—1692 後漢 0.6912
1831 以後 後漢 0.7125
1692—1639 魏晉 0.7236
1638—1596 晉 0.6912
1595—1482 東晉 0.7335
（南北朝尺度之比較詳見第一六圖）

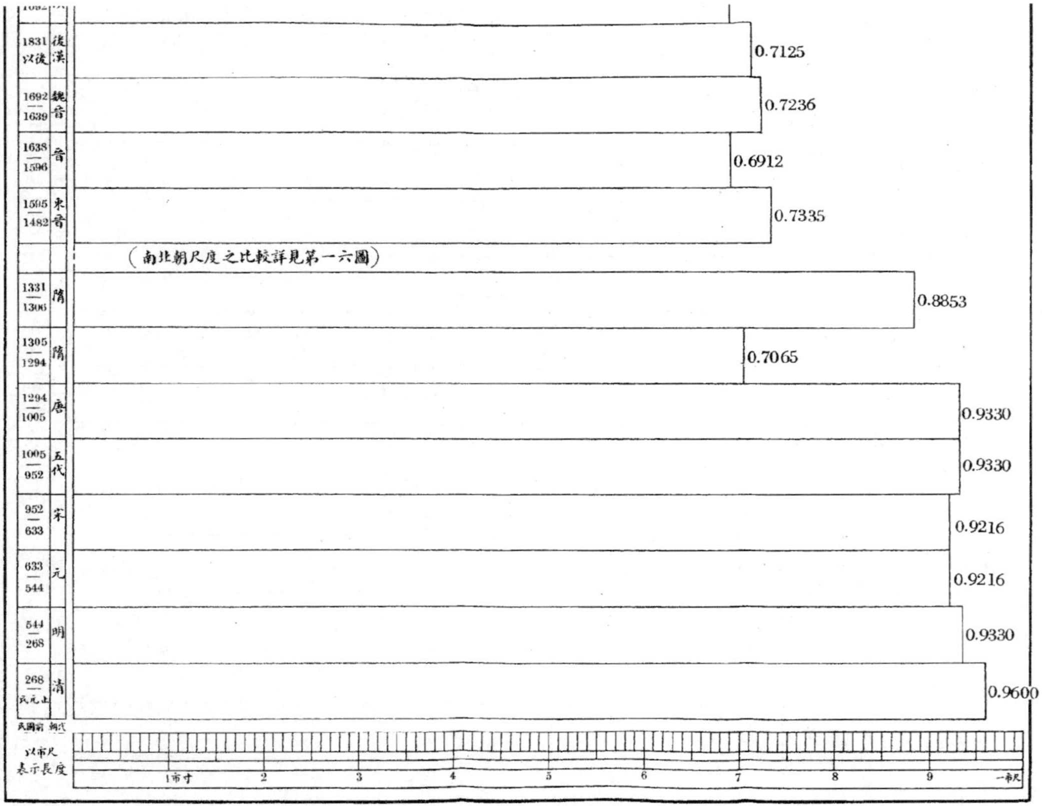
1831 以後 後漢 0.7125
1692—1639 魏晉 0.7236
1638—1596 晉 0.6912
1595—1482 東晉 0.7335
（南北朝尺度之比較詳見第一六圖）
1331—1306 隋 0.8853
1305—1294 隋 0.7065
1294—1005 唐 0.9330
1005—952 五代 0.9330
952—633 宋 0.9216
633—544 元 0.9216
544—268 明 0.9330
268—民元止 清 0.9600
民國前 朝代
以市尺表示長度
1市寸 2 3 4 5 6 7 8 9 一市尺

中國歷代度制，尙可作較詳之考證，於量及權衡之制，則不然，非輕於量衡，而重於度。蓋一代之興，必考律，律有度而度以定，此其一；量衡之制定於度，度制定，則量之大小，權衡之輕重，可由度數推定，如云『八百一十立方分爲一龠』，『黃金一立方寸之重爲一斤』。此其二。基是二因，吾人考量之制，卽須着重於度數之推定，次及各代量制容量大小之比數。

(甲)歷代量制標準，以度數爲定，可引爲量制考據之實者有七：

(一)周禮㮚氏爲量，鬴之制，深尺，內方尺而圜其外，由此計得鬴之容積爲一五七〇·八立方寸，升爲鬴六十四分之一，升之容積，應爲二四·五三七五立方寸，依周尺計得周一升之容量，爲一九三·七一一二公撮。

(二)古黃鍾龠之容積，依漢尺爲八百一十立方分，漢制合龠爲合，十合爲升，則漢一升之容積，爲一六·二立方寸，容量爲三四二·四五二六公撮。

(三)新莽嘉量，亦依漢制，惟新莽尺小，應依新莽尺計算，得新莽一升之容量，爲一九八·一三五六公撮。

據劉復依新莽嘉量較得升之容量爲二〇〇・六三四九公撮，劉氏以其較得嘉量尺之長爲計算之準度，又以實際較量之得數，二者平均得之。但，第一、依實物較量，法雖至善，而歷代其他之器均無存，固不必以一器爲法；第二、尺度之數，前節已爲確定，且古者製造之差大，而吾人在研究古代度量衡史事之標準情況，其器量之數，以其當時確定容積之數法計之，實爲不二之法，依器較得者，作爲實驗之證可耳。今依容積標準推算之得數，與劉氏依器較得之數，二者相差不過二・五公撮，此在當時製造上亦不能免其告。劉氏亦曰：『無如原器製造得並不精密，從此一點所量得的徑或深，並不等于從別一點所量得的徑或深』，參見下第六章第六節。

(四)晉書律歷志曰：『魏陳留王景元四年劉徽注九章商功曰「當今大司農斛圓徑一尺三寸五分五釐，深一尺，積一千四百四十一寸十分寸之三。」』若以現今通用圓周率計之，魏斛積實爲一四四二・〇一四立方寸，魏制十斗爲斛，百分一爲升之容積，應爲一四・四二〇一四立方寸，依魏尺計之，魏一升之容量，爲二〇二・三四九二公撮。

(五)隋書律歷志：『後周玉斗內徑七寸一分，深二寸八分，積玉尺一百一十寸八分有奇，斛積一千一百八寸五分七釐三毫九秒。』，此處寸位以下、分、釐、毫、秒係指十退分之意非立方也。亦依現今通用圓周率計之，後周至斗容積爲一一〇・八五七六三九二立方寸，十分一爲升之容積，應爲一一・〇八五七六四立方寸，依玉尺之長度見下第七章第一節。計之，後周玉斗一升之容量，爲二一〇・五三四四公撮。

(四)(五)兩項計得魏及後周量之容積，均較原數爲大，蓋當時所用圓周率之數小於今也。隋志載後周玉斗積數，乃唐李淳風注書時計算者，與現計之數，所差至微。晉志載魏斛積數，係魏劉徽計算者，在當時圓周率之差爲大，故與現計之數，相差亦較大，但斛積之差不過○・七立方寸，一升之差僅千分之七立方寸，其數亦甚微也。

(六)三通考輯要：『明鐵斛依橫黍度尺，即清律尺。斛口內方一尺一寸五分，底內方一尺九寸二分，深一尺二寸八分。』依此計得斛積爲三○八二・八一三四四立方寸，合清營造尺爲一六三八・三三三四五七立方寸，明制五斗爲斛，五十分之一爲升之容積，應爲三二・七六六六六九立方寸，依清營造尺計之，明一升之容量，爲一○七三・六九八二公撮。

(七)清制升之容積爲三一・六立方寸，合一○三五・四六八八公撮。

(乙)各代量制容量大小之比較，僅爲前人之較量，其採取之方法，已不可考，而記載亦爲約略之語，今用之，亦祇爲約略之數。

(一)隋書律歷志『梁陳依古，齊以古升一斗五升爲一斗，參見下第七章第八節之三。後周玉斗一升得官斗一升三合四勺，開皇以古升三升爲一升，大業初依復古斗。』

(二)孔穎達左傳正義：『魏齊斗於古二而爲一。』

(三)沈括筆談「予受詔考鍾律，及鑄渾儀，求秦漢以來度量，斗陸斗當今宋之一斗七升九合。」

(四)元史「以宋一石當今元七斗。」

以上各段之紀載，參見下第五章至第九章各該代度量衡之考證。又各段中有所謂古者，乃係以新莽之制爲準，參見下第七章第八節之一。茲將中國容量變遷標準，分列圖表於左：

第一七表　中國歷代升之容量標準變遷表

民國紀元前	朝代	一升合公撮數	一升合公升數	備考
三〇三三—二一三六	周	一九三·七	〇·一九三七	
二二六一—二一一七	秦	三四二·五	〇·三四二五	秦以漢制計，參見下第六章。
二一一七—一九〇四	漢	三四二·五	〇·三四二五	
一九〇三—一八八八	新莽	一九八·一	〇·一九八一	
一八八七—一六九二	後漢	一九八·一	〇·一九八一	後漢以莽制計，參見下第六章。
一六九二—一六四七	魏	二〇二·三	〇·二〇二三	

一六四七—一四八二	晉	二〇二·三	〇·二〇二三	晉以魏制計，參見下第七章。
一四三三—一四一〇	南齊	二九七·二	〇·二九七二	
一四一〇—一三二三	梁陳	一九八·一	〇·一九八一	
一四一七—一三三五	北魏北齊	三九六·三	〇·三九六三	
一三五五—一三四六	北周	一五七·二	〇·一五七二	
一三四六—一三三一	北周	二一〇·五	〇·二一〇五	
一三三一—一三〇六	隋	五九四·四	〇·五九四四	
一三〇五—一二九四	隋	一九八·一	〇·一九八一	
一二九四—一〇〇五	唐	五九四·四	〇·五九四四	
一〇〇五—九五二	五代	五九四·四	〇·五九四四	五代以唐制計，參見下第八章。
九五二—六三三	宋	六六四·一	〇·六六四一	
六三三—五四四	元	九四八·八	〇·九四八八	
五四四—二六八	明	一〇七三·七	一·〇七三七	
二六八—民元止	清	一〇三五·五	一·〇三五五	

第五節　重量之變遷

自太公立「黃金方寸，其重一斤」之制後，歷朝均遵之以爲校驗度衡二量之用。然歷代是否鑄有一立方寸黃金之原器，則不可考，而黃金之比重，各朝實用如何，亦不可考。若以今之黃金比重，依各朝寸法之數，推算其重量之數，則因寸之實值有問題，其法亦難靠。今可爲衡制考據之實者，僅前章以貨幣較得之數，此自亦非可依爲絕對之準，然大約當不至差之過遠，既無其他更密之法，當卽依之以爲約略之比較。

新莽權衡一兩之重，前依新莽貨幣較得爲一三・六七四六公分，據劉復依新莽嘉量較得爲一四、一六六六公分，茲將二數平均之以爲新莽一兩之重。

$$\frac{13.6746+14.1666}{2}=13.9206\text{公分重}=\text{新莽一兩之重}$$

前人較量所得各代權衡之重量比數，亦不多見。

第五圖　中國歷代升之容量標準變遷圖

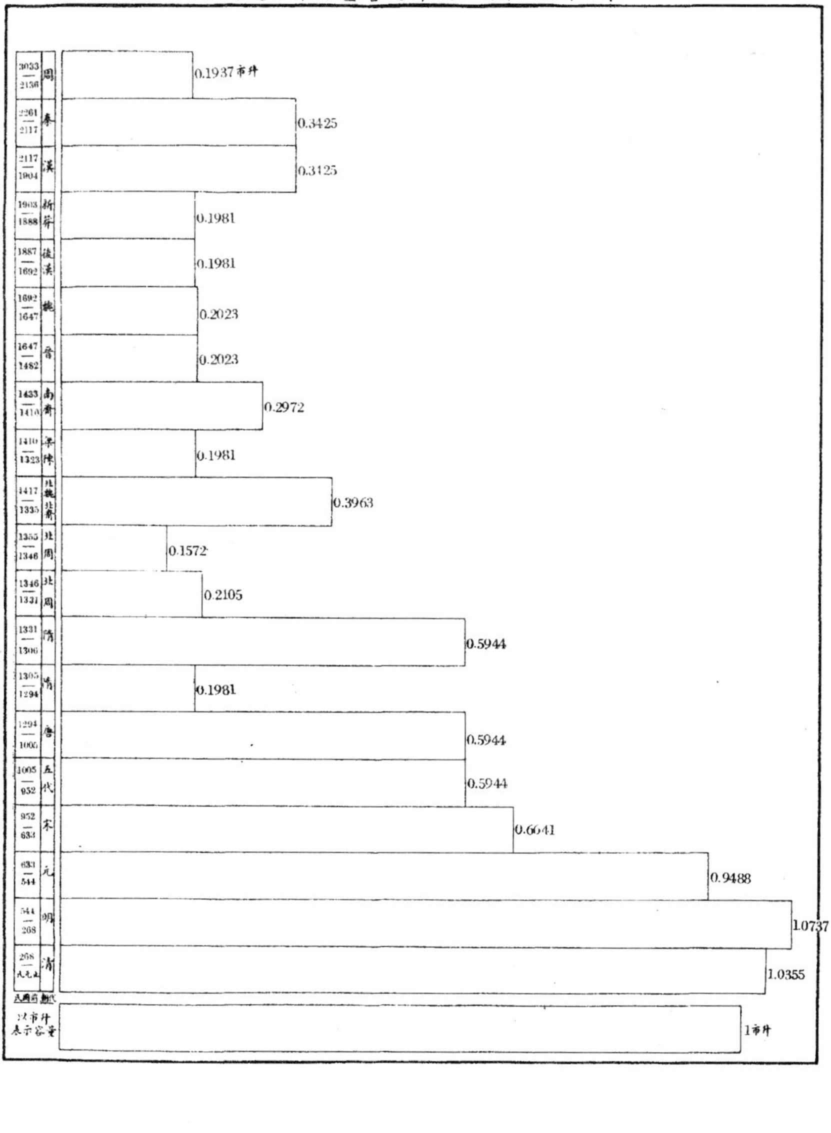

(一)隋書律歷志：「梁陳依古，齊以古秤一斤八兩爲一斤，周玉秤四兩當古稱四兩半，開皇以古稱三斤爲一斤，大業中依復古稱。」

(二)孔穎達左傳正義：「魏齊稱於古二而爲一。」

中國重量變遷標準，分列圖表如左：

第一八表　中國歷代兩斤之重量標準變遷表

民國紀元前	朝代	一兩合公分數	一斤合公分數	一斤合市斤數	備考
三〇三三—二一三六	周	一四·九三	二三八·八六	〇·四五七七	
二二六一—二一一七	秦	一六·一四	二五八·二四	〇·五一六五	
二一一七—一九〇四	漢	一六·一四	二五八·二四	〇·五一六五	漢以秦制計，參見下第六章。
一九〇三—一八八八	新莽	一三·九二	二二二·七三	〇·四四五五	
一八八七—一六九二	後漢	一三·九二	二二二·七三	〇·四四五五	後漢至晉以莽制計，參見下第六七兩章。
一六九二—一六四七	魏	一三·九二	二二二·七三	〇·四四五五	
一六四七—一四八二	晉	一三·九二	二二二·七三	〇·四四五五	

一四三三—一四一〇	南齊	二〇·八八	三三四·一〇	〇·六六八二	
一四一〇—一三二三	梁陳	一三·九二	二二二·七三	〇·四四五五	
一五二六—一三七八	北魏	一三·九二	二二二·七三	〇·四四五五	北魏合莽制參見下第七章第六節。
一三七八—一三三五	東魏北齊	二七·八四	四四五·四六	〇·八九〇九	
一三四六—一三三一	北周	一五·六六	二五〇·五六	〇·五〇一一	
一三三一—一三〇六	隋	四一·七六	六六八·一九	一·三三六四	
一三〇五—一二九四	隋	一三·九二	二二二·七三	〇·四四五五	
一二九四—一〇〇五	唐	三七·三〇	五九六·八二	一·一九三六	
一〇〇五—九五二	五代	三七·三〇	五九六·八二	一·一九三六	五代至明合唐制，參見下第八章。
九五二—六三三	宋	三七·三〇	五九六·八二	一·一九三六	
六三三—五四四	元	三七·三〇	五九六·八二	一·一九三六	
五四四—二六八	明	三七·三〇	五九六·八二	一·一九三六	
二六八—民元止	清	三七·三〇	五九六·八二	一·一九三六	

第六圖　中國歷代斤之重量標準變遷圖

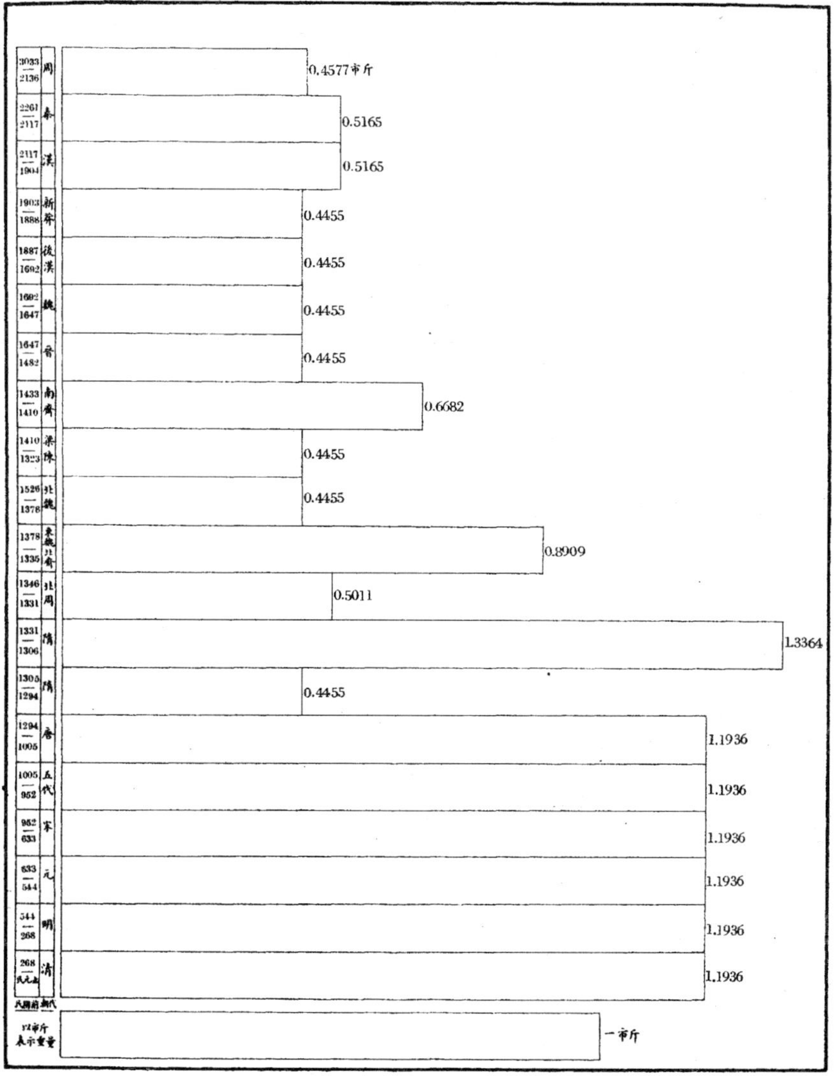

第六節　地畝之變遷

我國上古之世，計土地面積，行井田計畝之法，秦廢井田之制以後，專以畝計地積。惟中國歷代對於地畝之數，本無精密統計，又未經淸丈，亦無確定計畝之單位。故考歷代畝制，根本無據可考，更不必言其變遷之情況。

地積之量以長度之二次方冪計之，地積本身則無爲標準之基本量；故言地畝之大小，可由尺度之數計之。中國畝制，向以步計，步又以尺計。周制六尺爲一步，一百方步爲一畝；秦漢以後二百四十方步爲一畝；唐以後改五尺爲一步，畝仍爲二百四十方步。此中國步制畝制變遷之概況。詳見下第四章第四節之考證。

故若欲計各代畝量之大小，即以各該代尺之長度計算之，即得。惟前已言，中國歷代根本無畝量確實之規定，今即依此法，雖可計算其大小之數，但若據此以表明其變遷標準，實至無價值。今僅將以尺數計步畝之法，表明於次，以備參考。

第一九表　中國步畝之尺數變遷表

民國紀元前	朝代	一步合尺數	一畝合方步數	備考
二一三六以前	周以前	六	一〇〇	
二二六一—一二九四	秦至隋	六	二四〇	
一二九四—民元止	唐至清	五	二四〇	

第四章 中國度量衡命名通考

第一節 總名

完全度量衡之義，可以「度量衡」「度量權衡」（或爲「度量」「衡權」「權度」）三種稱謂名之。蓋物之長短，及其二次冪三次冪之面積體積，以尺測之，是名爲度；物之多寡，以升測之，是名爲量；物之輕重，以天平法馬及秤類測之，是名爲衡；故總名之曰「度量衡。」顧平天秤之法馬，及平其他秤類之錘，本爲重量，是名爲權；秤類之用，所以平衡權與物之相均，是名爲衡；故又總名之曰「度量權衡。」再則量之多寡不離度，量與度同屬於有形大小測量之一類，合名爲度；而計輕重者，衡不離權，衡與權同屬於無形輕重測量之一類，合名爲權；故又總名之曰「權度。」

考「度量衡」之名，始自虞書「同律度量衡」之語，而闡明於漢書律歷志，歷代因以名之。清代用「度量權衡」之名。至民國四年根據「權然後知輕重，度然後知長短」之成語，而適合歐西名稱，名之曰「權度」(Weights and Measures)，蓋以度量衡之基本量，僅有長度及重量二種故也。民國十八年國民政府公布度量衡法，而「度量衡」之總名，亦經確立蓋以基本量雖僅爲二，而實用之量，依其方法則有三。且清代以前以量之容積，由度數定之，本屬於度之同類；近代則由衡數定之，因不屬於度之一類，於是容量必須與長度及重量同定其標準，故以「度量衡」三字名之，爲切合於實際。且由此而生之其他一切「計量」，均可納於「量」。

此外在漢代以前，有以「度量」名之者，如少昊氏「正度量」是，周代亦以「度量」爲名，周公「頒度量」，周禮內宰「出度量」，合方氏「壹度量」，大行人「同度量」等均是。而孔子則以「權量」爲名，故曰「謹權量」。此類名稱均不能代表「度量衡」總名之全義。又歷代多卽以器名爲名者，則不勝枚舉，如夏書「關石和鈞」，禮記「鈞衡石，角斗角，正權概」，急就篇「量丈尺寸斤兩銓」，大事記「一衡石丈尺」，唐律「校斛斗秤度」，明會典「斛斗秤尺」等均是其例。又，量衡生于度，而度生于律，律證以度，故有以「律度」爲名者，非單謂度量衡也。

度量衡，合之稱爲「度量衡」，分之稱爲「度」「量」「衡」。「度量衡」分名之確立，蓋始於漢劉歆之條奏，曰「審度」，曰「嘉量」，曰「衡權」。而「嘉量」之名，則周禮㮚氏爲量，已有此名。審者，定也，度者，所以度長短，以體有長短，則檢以度；故審度者，定其度之長短。嘉者，善也，張晏曰：『準水平量知多少，故曰嘉，』量者，所以量多少，以物有多少，則受以量；故嘉量者準其量之多少。衡者，平也，權者，重也，衡所以任權而均物平輕重，權所以稱物平施知輕重，以量有輕重，則平以權衡；故衡權者，平其權之輕重。又「嘉量」二字自來成爲一專名，自周禮已然。但「審度」不爲度之名，「衡權」不爲權之名。

度量衡之分法，最初尚有二系，獨立於度制、量制、衡制之外，一曰里制，二曰畝制。家語五帝德篇：『黄帝設五量，』註謂『權衡、斗斛、尺丈、里步、十百，五量，』是里步獨立於度制之外。蓋中國最初丈量之法未興，計道路之長短，每以人之步數計之，累步而爲里，是爲里制。計田地之廣狹，亦以步里計之，是步里亦爲畝制之名。故黄帝設五量，其中里步一量爲一制，但里制及畝制並無顯明分際。至周代已確定步與尺之比較。由是里畝二制，殆與度制視一而二二而一者。

清末以來，于度制之中又別列一地積之制，是卽分畝制於度制之外，而將里步命名爲方里方步，附列地積制中。合度制與地積總名爲「度法」。民國四年公布權度法始將長度、地積、容量、重量、四法並列；民國十八年度量衡法仍民四之舊，分爲四法。（按普通應用只有重量，科學工程所用之質量應歸納之。）

第二〇表　度量衡總名歷史的表解

→表示屬于
→表示標準屬于

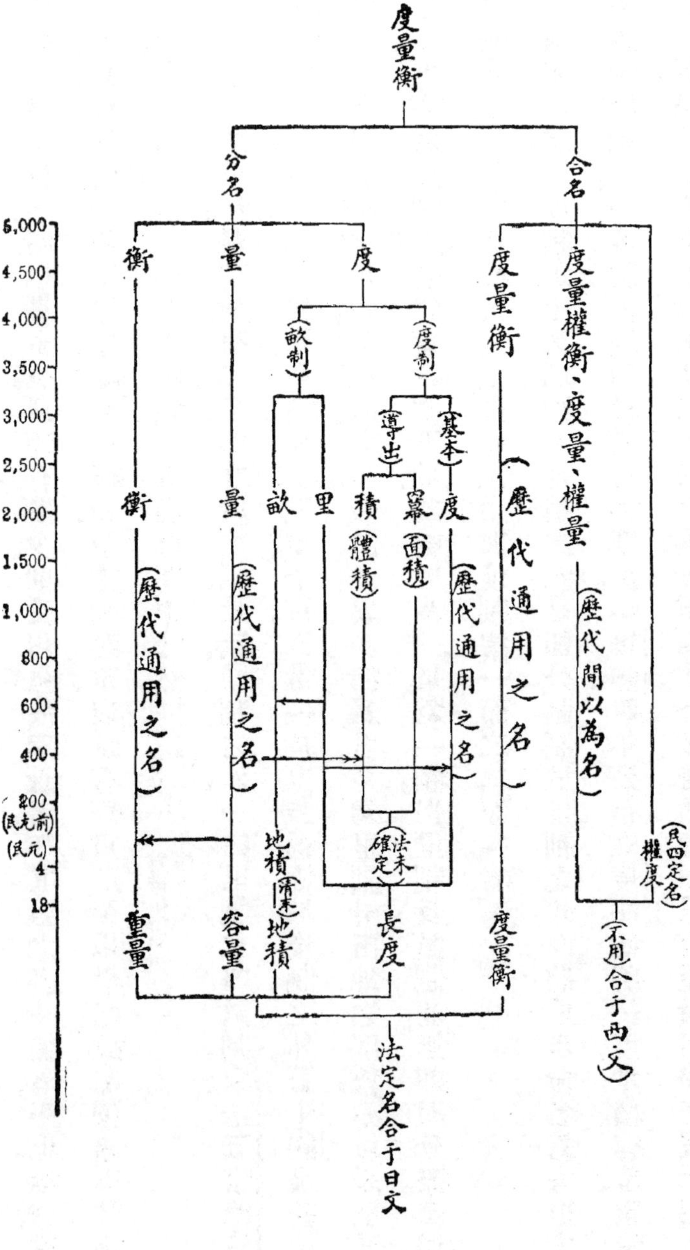

面積古已有羃、面羃、面積等名稱，體積古已有積、立積、體積等名稱，但並無確定，僅爲應用之便而命名。其名之確定，則自近代爲始。

第二節　器名

凡一制度之名有二：一曰法名，卽其爲制之單位名稱，如云「十分爲寸，十寸爲尺，」此尺、寸、分、之名，法名也；二曰器名，指其爲器用之名，如謂度器曰「尺，」此尺者器名，非十寸爲尺法名之尺也。凡度制、量制、衡制，均有法名與器名二種。

度器之名，每卽以度法之名名之，如其器量爲一尺，卽名曰「尺，」此最初之意；而後世則無論其器之長若干，統名爲「尺，」如一尺之度器曰「尺，」五寸之度器，五尺之度器，均可稱之爲「尺，」是以「尺」爲度器之總名，蓋爲後世之訛傳。如今猶謂標準制度器長三十公分者名「三十公分尺，」長五十公分者，名「五十公分尺，」此訛傳於前，而誤用於後者。

因「尺」視作度器之總代名，言「尺」者以三種眼光分之：

(一)以「尺」之爲用不同，而異其器之名者：較律用之度器，曰「律用尺，」簡稱「律尺；」木工用之度器，曰「木工尺，」簡稱「木尺，」又名「魯班尺；」營造用之度器，曰「營造尺，」是由於木尺之分出；衣工用之度器，曰「衣工尺，」又名「裁縫尺，」簡稱「裁尺；」此皆通用度器之名。海關尺爲海關上專用之尺，係辱國之度器，不可與此同論。

(二)以「尺」之本制或國別，而異其器之名者：英國制之度器，曰「英尺，」簡稱爲「呎；」日本制之度器，曰「日本尺；」簡稱「日尺；」而法國「米突」制之度器，曰「米突尺，」「米達尺，」「密達尺，」「邁當尺，」等，均係譯音。今米突制爲我國度量衡標準制，不名之米突尺而名米突之長度爲「公尺，」因「米突」之原意，亦爲度量也。依公尺製爲度器，亦不名「尺，」而曰「一公尺度器，」餘依此類推。

(三)歷代因人之考定，而有「劉歆尺」「荀勗尺」等名者；又因考定之標準，而有「黍尺。」又有「橫黍尺」，「縱黍尺」，「斜黍尺」之分。「錢尺」如「貨泉尺」，「開元錢尺」「鈔錢尺」等是。等爲名者；是皆專爲歷史上考證之用，所以別尺度之名，而非通用之度器也。

清末重定度量權衡制度，又以度器構造式樣之不同，而分爲營造尺、矩尺、摺尺、鏈尺、捲尺五類。民國四年權度法改營造尺矩尺之名爲直尺曲尺，民國十八年度量衡法仍之。考卷尺之制始於漢。漢志曰：『用竹爲引，高一分，廣六分，長十丈，』是卽卷尺之制，惟其名則始自近代。

量器之名，有以嘉量爲名者。大概一如度器，以量法之名爲名。古者量小，依斗斛之容量制爲器，故以斗斛爲量器之名，如大禹「平斗解」，禮記月令「角斗甬」，甬卽斛，此所謂斗斛，指量器之名也。後代量大，依升斗之容量制爲器，故以升斗爲量器之名。如俗謂「一國之內，兩斗並行」，「南人適北，視升爲斗」，此所謂升斗，指量器之名也。清末重定度量權衡制度，斛斗升外又明定合勺二種爲量器之名，現則專以「量器」爲名，如「一升量器」「五斗量器」之類，但習慣上仍舊量法與量器之名不分也。

平量器口之器曰槩，亦書作概；槩者，平也，言用槩如水之平，以量器計量物體，須以口爲平，故平量器口之器曰槩。周禮月令有『正權槩』，槩之名，歷代沿用，今仍之。又杚亦音作槩，古通用，今不用。

衡權之器，古名曰權，曰衡。權者，重也，稱物平施知輕重，是權之爲器，爲今之秤錘及法馬，大夏『審銓衡』，銓卽權，月令『正權槩』，論語『謹權量』，所謂權，是均指重量之器。衡者，平也，任權均物平輕重，是衡之爲器，即今之各種秤類。漢志曰：「五權之制，以義立之，以物鈞之，其餘小大之差，以輕重爲宜，圜而環之，令之肉倍好者。」是古權之制，其重有準，其形有定式，圓而有孔，蓋即錘也。今者錘多濫造，既無輕重之準，不足爲重量之用矣。

顏師古曰：「錘，稱之權，」考錘爲稱權之名，周時已有，揚子方言謂：「重也，東齊之間曰鍾，宋魯曰錘。」

漢代之衡器，即今之桿稱，但漢志曰：「權與物鈞而生衡，衡運生規，規圜生矩，矩方生繩，繩直生準，準正則平衡而鈞權矣，」是漢代衡器已設有準。稱俗作秤，史記有「大禹身爲度，稱以出，」而「稱」之名，周已有之，孫子有「四曰稱」之文。不過古者以「秤」爲衡法之名，而「稱」「秤」相通；通以稱或秤爲衡器之名，漢以後始著，如諸葛亮曰：「我心如秤，不能爲人低昂，」隋志亦均謂稱，如「梁陳依古稱」是。此後沿名無替，清末始定名爲桿稱，今仍之。

戥稱一作戥子，亦名等子，其制作據可考者，唐有大兩小兩之分，唐六典謂：「合湯藥用小兩，」是即戥稱之制作而無其名。宋景德（民國前九〇八——九〇五）時，劉承珪製有一兩及一錢半二稱，是亦戥稱之制，仍非其名。至宋元豐（民國前八三四——八二七）時中，始有等子之名，李方叔師友談記：『秦少游言邢和叔嘗曰，文銖兩不差，非秤上秤來，乃等子上等來也，』是戥稱之用，所以秤金珠藥物之分釐小數者，故今謂之曰釐戥。明代曰等秤，戥之名淸會典有其名，淸末曰戥稱，今仍之，但習俗上仍有戥稱、戥子、等子、釐戥等之名。

天稱之名，始見於明會典，沿用於今。法馬之器，亦古之所謂權者，迄無更名，宋史律歷志謂「馬」明會典稱「法子」，或「法馬，」淸稱「法碼」，今仍之。其餘如臺秤地秤重秤等類衡器及其名，蓋爲由歐西輸入國內，古無其名，是否有其器，亦不可考。

此外烙印之制，蓋用始於唐，唐律疏議曰：『校斛斗秤度，依關市令，每年八月詣太府寺平校，不在京者，詣所在州縣官校，並印署，然後聽用。』唐以後烙印之制均有可考，宋史載印面有方印，長印，八角印。明會典有：『斛斗秤尺，較勘印烙發行，』淸會典亦有：『較驗烙印』之文，蓋烙印之法，唐宋明淸均行之，民國四年規定於權度法中，而對於蓋印之名，除烙印外，又有鏨印之名。現行度量衡法對於蓋印之制，更爲嚴密。

第二一表 度量衡器名歷史的表解

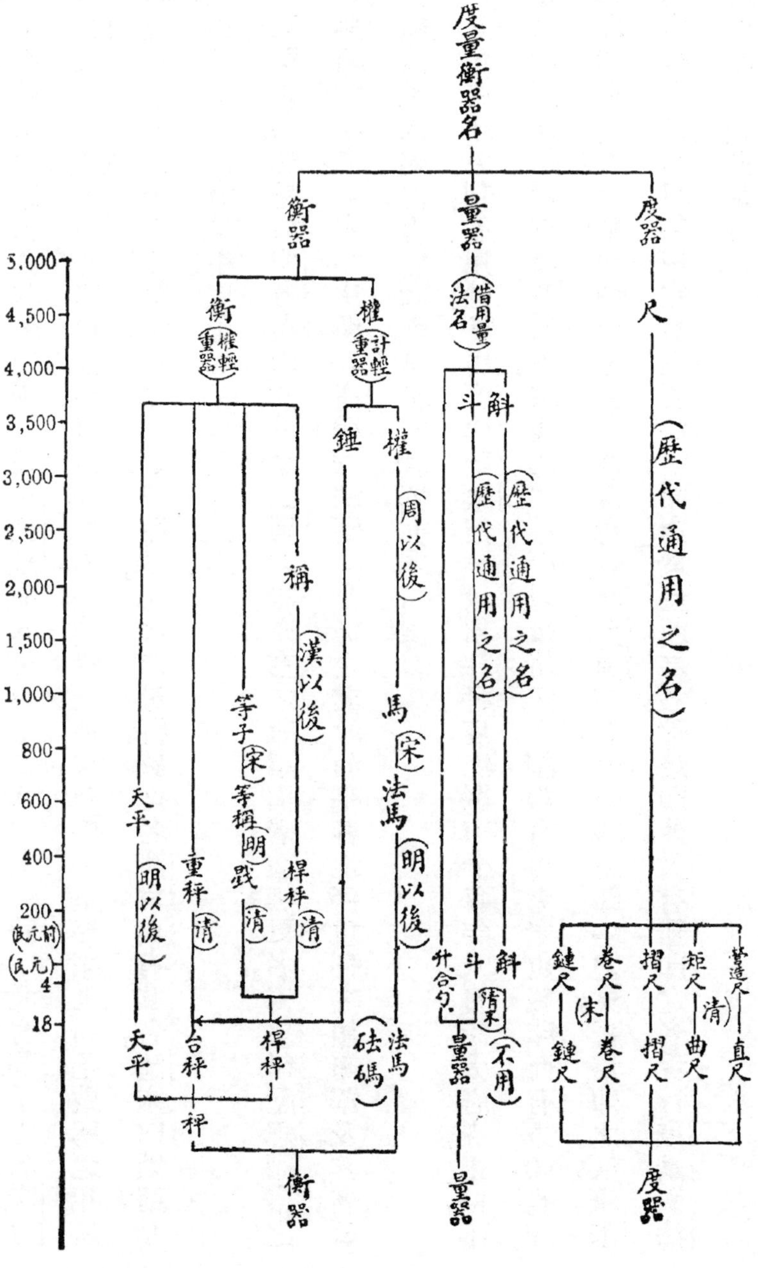

第三節　長度之命名

度制之基本單位命名爲尺，自古已然，蓋以度本於律，律之數生於黃鍾，黃鍾之長爲一尺，於是度制始定，而尺度亦爲度之基本量。

度法之實用原位亦爲尺，顧在周代以前，度名發生最早者，有寸、咫、尺、丈、尋、常、仞、皆以人體爲法，因其爲用目的之不同，仞亦爲實用之單位。不特如此，且仞之爲度，脫離於尺度之外，蓋在當時度量衡之制雖生，但尙無顯明之分劃，尺一制也，仞亦一制也，玆分說之：

(一)尺、卽度之基本單位，考尺之制定於律，爲國家定法，以其近一手之長，易於識別，故曰布手知尺，又曰尺者識也，因而通用之，以爲實用單位。

(二)仞、爲度深實用之單位，蓋人以兩手一伸，上下以度，卽爲一仞。當時仞度與尺度並無關聯，或有，而後世不能確定。故其比數不能確定，設仞爲尺之輔助單位不應無確定比數。僅孔叢子有『四尺謂之仞』之文。而周書云：『爲山九仞，』孔安國注云：『八尺曰仞，』鄭玄注云：『七尺曰仞；』論語『夫子之牆數仞，』朱子註云：

『七尺曰仞，』孟子『掘井九仞，』朱子又註云：『八尺曰仞。』其餘或註為七尺，或註為八尺。考周禮溝洫：澮廣四尺，深四尺，謂之溝；廣八尺，深八尺，謂之洫；廣二尋，深二仞，謂之澮。依其比列為加倍之義，尋為八尺仞亦八尺。度廣云尋，度深云仞，此即仞度為尺度以外，專以度深之另一種度法名之證。再考尋與仞皆人伸兩手之全度，惟普通之度法，所謂度廣曰尋，則兩手左右平伸，盡其全度；度深則兩手上下直伸，不能盡其全度，則仞度小，尋為八尺而仞祇有七尺。然仞與尺之比數既不能定，吾人亦不必求之。「仞」在當時似為尺度以外之制，然其標準取則人體，吾人祇能認為度制中之另一實用單位可也。

家語：『布指知寸，布手知尺，舒肘知尋。』說文曰：『人手卻十分動脈為寸口，十寸為尺。』又曰：『婦人手八寸，謂之咫。』又曰：『丈、丈夫也，周以八寸為尺，十尺為丈，人長八尺，故曰丈夫。』又，八尺曰尋，倍尋曰常。茲再將其餘名說列下，以見最初度名之一般。

(一)孔叢子：『四尺謂之仞，倍仞謂之尋，尋舒兩肱，倍尋謂之常；五尺謂之墨，倍墨謂之丈，倍丈謂之端，倍端謂之兩，倍兩謂之疋。』

(二)淮南子：『古之度量輕重生乎天道，黃鍾之律修九寸，物以三生，三九二十七，故幅廣二尺七寸，音以八相生，故人修八尺，尋自倍，故八尺而爲尋，有形則有聲，音之數五，以五乘八，五八四十，故四丈爲一匹。』

(三)大戴禮記『十尋而索。』

以上均爲周代以前度法命名，列表如次：

第二二表　中國上古長度命名表

系統類別	通用名稱	非通用名稱	進位	備考
尺制	寸		十分之一尺	
	咫		八寸	
	尺		十寸	基本單位亦爲實用單位
	丈		十尺	
	尋		八尺	
	常		二尋即十六尺	
		幅	二尺七寸	

		墨	五尺	
		端	二丈卽二十尺	
		兩	二端卽四十尺	
		匹	四丈卽四十尺	
		疋	二兩卽八十尺	
仞制	仞			實用單位
	尋		二仞	
	常		二尋卽四仞	
	索		十尋卽二十仞	

長度名稱，經漢書之整理，祇存寸尺丈三名，而寸下增分，丈上增引，合而爲五，卽所謂五度者，均以十進。

第二三表　漢代五度表

分	百分之一尺
寸	十分卽十分之一尺
尺	十寸卽單位
丈	十尺
引	十丈卽百尺

自漢代而下，度制自尺之單位以上，均止於丈。里步之名，發生雖早，而歷代均視爲畝制之命名。（參見下節。）清初里另爲一法，度法亦止於丈。（見數理精蘊。）至清末重定度量權衡，丈以上有引里之名，十丈爲一引，命里爲一八〇丈，丈與尺之間，列入步名，命步爲五尺。及民國十八年度量衡法删去步之名，並改里之進位爲一五〇丈。

度法分位以下之命名，蓋均爲算家爲計算而定者。故漢志命度至分爲止，而又曰：『度長短者，不失毫氂，』蓋祇謂度之微細也。新莽嘉量銘有庣旁幾氂幾毫之語，即由算法推定其數，而命其名者。自孫子算術有『蠶所吐絲爲忽，十忽爲秒，十秒爲毫，十毫爲氂，十氂爲分』後，分、氂、毫、秒、忽、遞以十退之命名，成爲算術所用之專名。秒位之命名，至宋代改名爲「絲」。清數理精蘊度法自忽而下，有微、纖、沙、塵、……之名，然爲借用小數之命名，實際無用之者。至清末度法確定至毫位爲止，經民國四年權度法及民國十八年度量衡法均無變更。但現標準制（民四謂乙制。）至氂位爲止，蓋爲適合西制原來命名及進位之法。（現制分標準制及市用制，標準制名稱，于普通命名之上，加「公」字，市用制加「市」字，或者去「市」字亦可。詳見下第十二章。）

第二四表　漢以後長度命名表

丈	十尺
尺	十寸
寸	十分
分	十釐
釐	十毫
毫	十秒
秒	十忽（宋以後名絲）
忽	

面積單位，爲長度單位之平方，體積單位，爲長度單位之立方，故面積體積之命名，隨長度命名而定。惟古者無「平方」「立方」之名，而仍以長度之名直接名之。故欲判其命名孰者爲長度，孰者爲面積，孰者爲體積，必察其上下文義定之。至以「方」爲名，實始於清，至清末始確判其界限。然若長度以十爲進位，則面積以百爲進位，體積以千爲進位，其理則不渝也。

此所謂以「方」爲名者，指度名之上，命以「方」，如云五平方尺，五立方尺。古者，亦有「方」之名，但非若干方尺之謂，乃「方若干」之謂，如云「方五尺」指五尺平方，面積爲二十五方尺。在今言「五尺平方面積二十五方尺」，在古則曰「方五尺，冪二十五尺」，又「五尺立方，體積一百二十五立方尺」，古亦謂「方五尺，積一百二十五尺」。其意相通。

現今俗語有「地方」「土方」二名：「地一方」，指十市尺長十市尺寬之地面積，合一百平方市尺；「地一公方」指一平方公尺之地面積；「土一方」，指十市尺長十市尺寬一市尺高之土

第二五表 長度命名歷史的表解

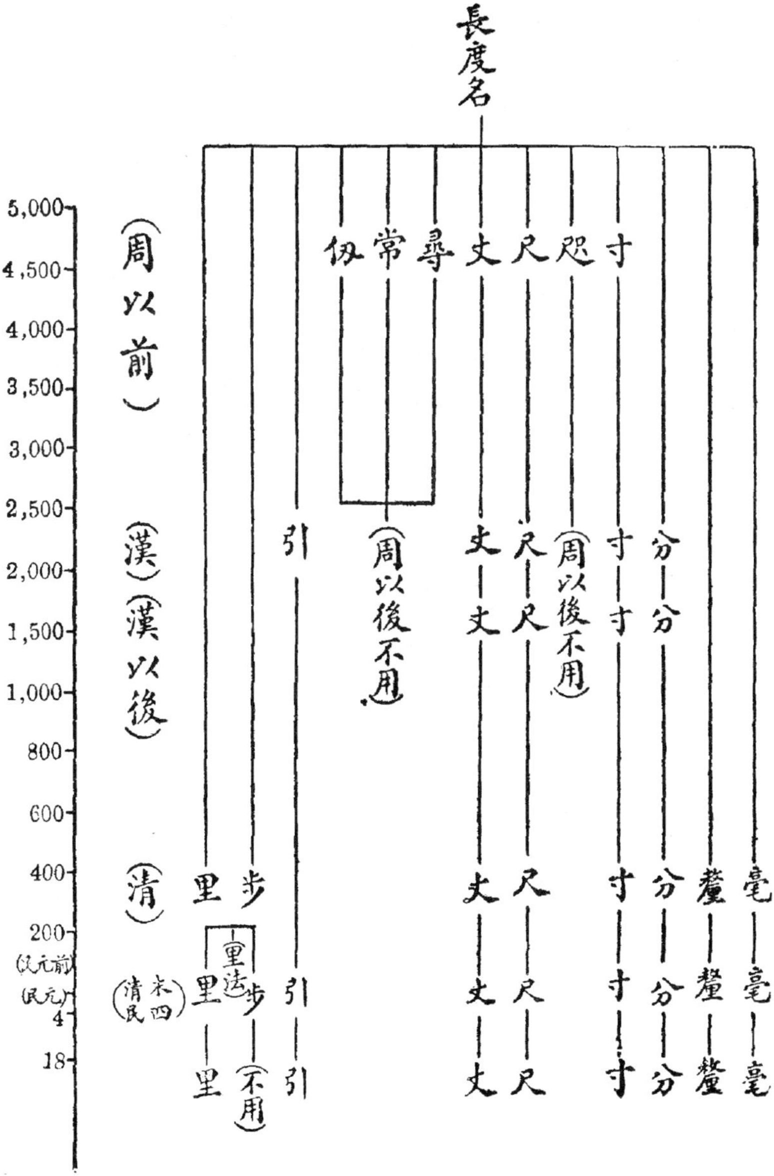

體積，是爲塡土一方之體積，合一百立方市尺。

第四節　地積之命名

地積單位名稱發生最早者，爲步畝與里，據可考者，亦以周爲始。

漢志云：『古者建步立畝，六尺爲步，步百爲畝，畝百爲夫，夫三爲屋，屋三爲井，井方一里。』研究步畝里三單位，應注意二點：一則其名何者爲長度，何者爲面積，次則論其進位。今先言步：計地之邊，其步指長度；計地之積，其步指面積。步者，行也，小爾雅曰：『跬，一舉足也，倍跬謂之步。』白虎通：『人踐三尺，法天地人，再舉足步，備陰陽。』是步指長度，合六尺。畝爲地積之專名，不可視爲度名，則步百爲畝之義有二：其一、百步平方爲畝，卽三六〇．〇〇〇平方尺；其二、百平方步爲畝。第一、若以三六〇．〇〇〇平方尺爲一畝，則畝之單位太大，一夫治百畝，必不如是。第二、畝爲地積專名，猶冪之義，但冪用爲普通面積之名，地積則亦名積。（非前言之體積。）言「步百爲畝」者，猶言畝百步，卽積百步。（一畝爲一百方步，猶言冪百步，意同也。）則「六尺爲步，」長度之步，計六尺；「步百爲畝，」面積平方之步，計三十六方尺，畝之進位則爲一百方步。又井方一里，計三屋，九夫，九百畝，一里見方，卽一方里，合九百畝。而一里合三百步，卽千八百尺。

周秦漢之制，均以六尺爲步。史記：『秦始皇紀數，以六爲記，六尺爲步。』索隱曰：『管子司馬法皆云「六尺爲步」』非獨秦制，故周秦漢而下，均以六尺爲步。』步亦名曰弓，弓之名，由來亦已久，儀禮鄉射禮：『侯道五十弓，』疏：『六尺爲步，弓之古制六尺，與步相應。』蓋弓本爲發矢之器，其長古有定制，正與再舉足步相當。因步亦以弓爲名，後世以弓本爲器，又卽以步弓爲計步之器。（又，以尺爲度器之總名，故亦名曰「步弓尺」。）

舊唐書食貨志：『凡天下之田，五尺爲步，』五尺之步，自唐下迄民初，均已以爲定法。清會典：『起度則五尺爲步，三百六十步爲里；丈地則五尺爲弓，二百四十弓爲畝。』是清制別里步爲度之名，專以弓爲畝制之名，而弓與步之長度則相同也。

民國四年權度法廢弓之名，現制步弓之名全廢，然民俗尚有存此觀念者。

周制一百方步爲畝，號曰小畝。商鞅佐秦孝公，廢井田，開阡陌，更制二百四十方步爲畝，是爲中畝。自秦制二百四十方步爲一畝以後，經漢而下及清制，無有變更。舊唐書食貨志有二百四十步爲畝。寶儼曰：『小畝步百，周制也；中畝二百四十，漢制也；大畝三百六十，齊制也；此所謂齊制大畝，尙係言南北朝之世畝制增大，然其時是否定大畝之制，則難考實。今所用者，漢之中畝。』自秦迄唐宋均以二百四十方步爲一畝。清戶部則例：『每畝直測之，爲橫一步，縱二百四十步；方測之，爲橫十五步，縱十六步；』平方之，則畝均爲二百四十方步，迄民四權度法不變。

『王制古者以周尺八尺爲步，今以周尺六尺四寸爲步，古者百畝，當今東田百四十六畝三十步，』鄭注又謂：『當作百五十六畝二十五步；』程子曰：『古者百畝，當今四十畝，今之百畝，當古之二百五十畝；』張作楠謂：『周尺當營造尺六寸四分，周制步百爲畝，清制二百四十步爲畝，則周百畝，當清二十五畝六分。』諸氏之說，一則其所據古今尺度之長短未可靠，二則步數進位不可靠，故其所云比例之數，均不可以爲根據。又其比例之數，係以算法推得者亦不可以爲歷代畝制之準。

里、亦爲歷代用作畝名之一。大戴禮記：『三百步爲里，』度地論謂三百弓爲一里，是弓卽步，又爲一證。周以後六尺爲步，一里爲一千八百尺，卽一百八十丈。宋明算家謂里爲三百六十步，自唐以後卽以五尺爲步，一里亦爲一千八百尺。清代命里爲度法之名，亦爲一百八十丈。是里之進位，爲一百八十丈，歷代殆無變更。畝法名之里，稱爲方里，實始於清。周制方里而井，井九百畝，故一方里爲九百畝。自唐以後，五尺爲步，一方里合五百四十畝，至清始規定方里與畝之比數，清數理精蘊載有方里積五百四十畝之明文。

畝位以上，百進名頃，始於秦。考頃之本義，與跬同，一舉足也，禮祭儀有：『君子頃步而弗敢忘孝也，』註：『頃與跬同，計半步。』漢書溝洫志有『溉田四千五百餘頃』之文，此頃名之用，漢承秦之遺制。畝位以下古有角名，以分畝爲四分，一爲一角。然實用，則每以分釐毫絲忽之名，移用於畝及方步之下，均以十退，宋明清均然。

第二六表　中國歷代畝數命名表

（甲）　畝法　所以分別田地闊狹遠近之法。

頃　百畝爲頃。

畝　橫一步，直二百四十步，爲一畝，每步止五尺。若以丈計，即橫一丈，長六十丈。以尺計長橫，計積六千尺（即方尺）。

角　一畝分爲四角，每角六十步（即方步）。

分　二十四步（即方步）爲一分，十分爲一畝。

釐毫絲忽　均十退。

（乙）步里法

里三百六十步爲一里，計一百八十丈，約人行一千步。　步方五尺（五尺見方即二十五方尺）。　分五寸，一尺爲二分。　釐半寸，一寸爲二釐。　毫絲忽同畝之分釐毫絲忽；分是畝十分之一；步之分釐毫絲忽，分是步十分之一。

清末重定度量權衡制度，不列步之分法，而於前言畝法各名之外，又加方丈方尺之名。今習俗謂地「若干方，」即仍清以方丈爲丈地之起度，又簡稱曰「方」之遺制，故今俗語亦謂一平方市丈爲地一方。

第二七表　清末地積命名表

方尺一百方寸。　方步五尺平方，即二十五方尺。　方丈四方步。　分二十四方步，即六方丈。　畝二百四十方步，即十分。　頃百畝。　方里五百四十畝。

民四權度法，地積法名只用頃、畝、分、釐、毫五位，畝上百進，畝下十進，現法仍之。毫以下之命名，實際仍有用之者。惟標準制民四乙制同。末列分毫二位，亦爲適合西制原來進位之法也。

第二八表　地積命名歷史的表解

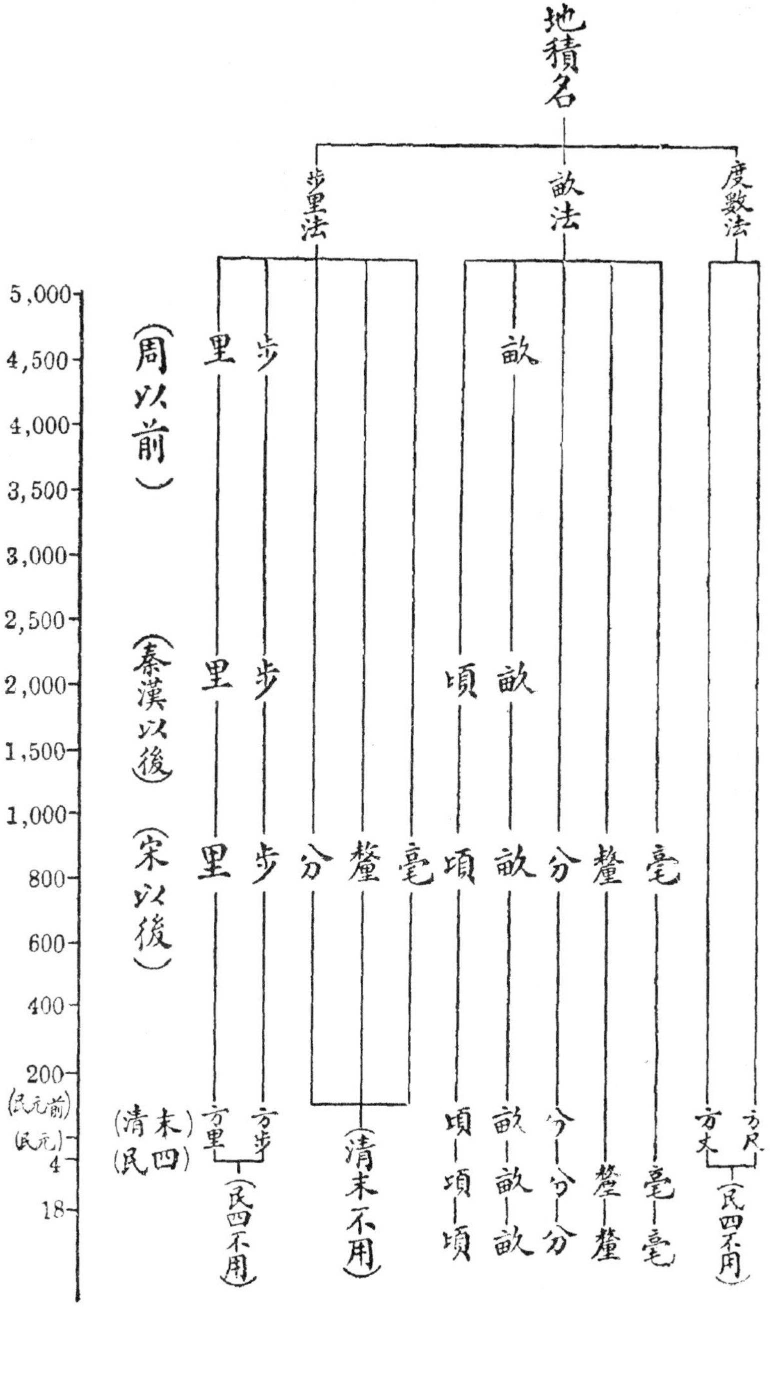
地積名
步里法
畝法
度數法
5,000
4,500
4,000
3,500
3,000
2,500
2,000
1,500
1,000
800
600
400
200
(民元前)
(民元)
4
18
(周以前)
里 步 畝
(秦漢以後)
里 步 頃 畝
(宋以後)
里 步 分 釐 毫 頃 畝 分 釐 毫
(清末)
(民四)
方里 方步
(民四不用)
(清末不用)
頃 畝 分
頃 畝 分 釐 毫
頃 畝 分 釐 毫
方丈 方尺
(民四不用)

第五節　容量之命名

量制之興爲最早，量法之名。亦最爲複雜。

（一）爾雅：『匊二升，二匊爲豆，豆四升，四豆曰區，四區曰釜，二釜有半謂之庾。』

（二）左傳晏子曰：『齊舊四量，豆、區、釜、鍾，四升曰豆，各自其四，以登於釜，釜十則鍾；陳氏三量，皆登一焉，鍾乃大矣。』陳氏登一，謂其量由自四加一爲進位，卽陳氏三量加舊量四分之一，五升爲豆，五豆爲區，五區爲釜，十釜爲鍾。

（三）周禮：『㮚氏爲量，量之以爲鬴。』鬴與釜同量異名者。

（四）儀禮聘禮：『十斗曰斛，十六斗曰籔，十籔曰秉，四秉曰筥，十筥曰稯，十稯曰秅。』禮記月令有角斗甬，注，甬斛也，是甬爲斛之異名。鄭玄註云：『古文籔，今義逾也，集韻作匬，註云「匬器受十六斗，」正義「庾，逾，籔，其數同。」』又註：『秉謂刈禾盈手之秉，筥穧名，若今萊陽之間，刈稻聚把，有名爲筥者，詩云「彼有遺秉，」又曰「此有不斂，」穧、稯、秅、本爲禾稼計數之名。』是秉、筥、稯、秅、皆爲禾稼計數之名，借爲計量之名者。

（五）孔叢子：『一手之盛謂之溢，兩手謂之掬，掬四謂之豆，豆四謂之區，區四謂之釜，釜二有半謂之籔，籔二有半謂之缶，缶二謂之鍾，鍾二謂之秉，秉十六斛。』掬，一升，與匊同，但與爾雅所言匊之進位不同。又鍾之進位，照推爲釜之十二倍半，亦與左傳「釜十則鍾」之進位不同。又釜二有半謂之籔，計籔爲一百六十升，而籔據聘禮爲十六斗，故斗之量十升，於此又可證之。

據此，可知周代量制名稱之複雜，吾人研究應注意當時實用情形，蓋有二義，一爲計量之名，一爲收稼之數，二者恆有相輔爲用之意。升、斗、斛、豆、區、釜、鍾，皆爲量名；溢、匊，係約略計量之名；籔、筥、稯、秅、秉、庾、缶、等，均系借用之名。進法之法有二種，一以二進，一以五進。其一、如缶二謂之鍾者，以二進也；四升曰豆，以二之二次冪進也；十六斗曰籔，以二之四次冪進也。其二、如五升爲豆者，以五進也；二釜有半謂之庾，以五之二分一進也；十斗曰斛，以五之二倍進也。

次則考其基本量及實用量之單位。周制均以人體爲法，一手曰溢，兩手曰掬，蓋掬爲當時之基本量，孔叢子謂「掬四謂之豆」，與晏子云「四升爲豆」相通，掬卽升也。考升之本義，登也，進也，兩手之盛，量之基本由是而登進，自其四進，登於豆、區、釜，自其十進，登於斗、斛，故升實爲當時容量之基本單位。而匊卽掬，爲手取之原義，名之於量則曰升，一匊卽爲一升。爾雅謂「匊二升」與此義不通。又禮記月令「角斗甬。」（卽斛）而考工之量爲鬴（卽釜）豆、升，升所以存基本量，周時亦不見於實用，孟子每言食粟萬鍾，則斗，斛，豆區，釜，鍾，均爲實用之量。而實際量之實用單位爲斗斛，以斗斛之量爲實用單位，因名量器爲斗斛。月令角斗甬，斗角卽謂量器也。至孟子言粟以鍾，鍾乃量之大者，言其多也。考工之量，大者爲鬴，小者爲豆，但鬴與豆見於實用之處不多。又豆之容量，實近於今升之容量，鬴、十六豆，亦近於今斗之容量。考工記有：『食一豆肉，飲一豆酒，中人之食也，』此可證豆量近於今之升。又豆後世以之與斗通，斗古俗作㪷，㪷卽豆，亦爲斗，此可互通。區介於豆與釜之間，鍾量過大，均不爲實用之單位。

量法之名，至漢書律歷志始作有系統之命定，漢志稱五量，謂龠、合、升、斗、斛，二龠爲合，由合至斛均以十進。蓋以升爲起量之基本，斗斛爲實用之量名，故漢志存升斗斛三名，而漢志完備度量衡之制，均本於黃鍾，黃鍾龠之所容，卽爲一龠，龠之量小，故又合之爲合，十合爲升，因多龠合二名，而量之

第二九表　中國上古容量命名關係表

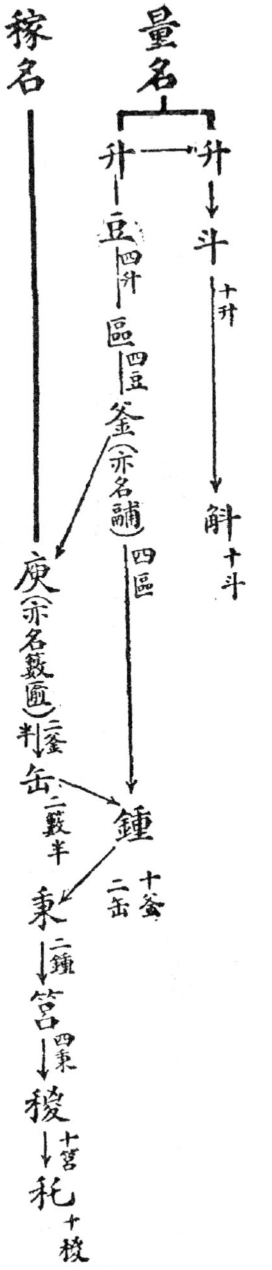

基本單位及實用單位，則與周制同也。說苑曰：『十龠爲一合，十合爲一升，十升爲一斗，十斗爲一斛』，則進龠爲合，與漢志不同，然龠之名只有其制，並不見于實用，以此爲一說可也。

第三〇表　漢代五量表

龠黄鍾龠之所容　合二龠　升十合　斗十升　斛十斗

孫子算術：『六粟爲一圭，十圭爲一抄，十抄爲一撮，十撮爲一勺，十勺爲合。』由是合以下之命名，增多四位，均以十退。而完全十進之斛、斗、升、合、勺、撮、抄、圭，八位命名，及粟之名，自漢而下，歷代相承以爲法。

第三一表　漢以後歷代容量命名表

粟 卽一粒之粟	圭 六粟	抄 十圭
撮 十抄	勺 十撮	合 十勺
升 十合	斗 十升	斛 十斗

石，石本爲權衡名稱中鈞石之石，所謂一百二十斤者。歷代均以十斗稱爲斛，但事實藉石爲斛之名者，頗多可考。如南史謝靈運曰：『天下才共一石，曹子建獨得八斗，我得一斗，自古及今共用一斗』，是十斗爲石，其名在南北朝之世已然。又如史記有「飲一斗亦醉，一石亦醉」之語，漢書亦有「涇水一石，其泥數斗」之語，是以稱一斛爲一石，漢已如此。邱濬曰：呂祖謙作大事記，始皇平六國之初，書曰「一衡石丈尺，」而其解題，則云「自商君爲政，平斗甬、權衡、丈尺，」意其所書之石，非鈞石之石，後世以斛爲石，其始此。』蓋名斛爲石，始自秦度量衡之制，漢多承秦之法，故漢有斗石合名者。然後世仍名曰斛，管子有『高田十石，間田五石，庸田三石』之文，然係計穀之重，今尚爲然，此所謂石，不能卽謂爲斗石之石也。實際用石之名，始於宋，自宋以後，以十斗爲一石，五斗爲一斛，參見下第八章第六節。

第三二表　容量命名历史的表解

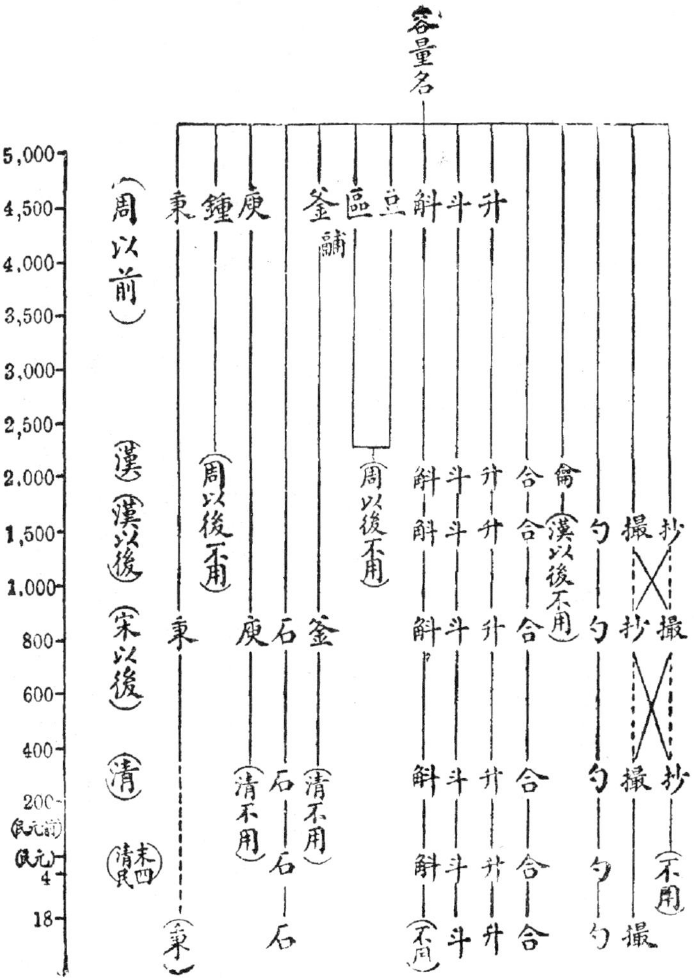

清末重定度量權衡制度，量制命名爲石、斛、斗、升、合、勺，六位，（勺以下之名，算術中仍聽其沿用。）此石爲十斗斛爲五斗，民四權度法仍之。民十八度量衡法廢斛之名，民四乙制，勺位以下，已列撮位，石位以上，更增列秉位，均十進。現標準制同，以完全原制之命名及進位。

考量制之小數專有命名，多至十餘位，均不與度衡藉用小數之名混用。同度記曰：『考工鬴，於漢粟法，少二升二合七勺一抄六撮空圭四粟九顆三粒八黍。』考晉書律歷志云：『鄭元以爲鬴方尺，積千寸，比九章粟米法，少二升八十一分升之二十二。』則其少數，爲

$$2\frac{22}{81}=2.27\dot{1},604,93\dot{8}\text{ 升}$$

與同度記比較，其數及位相符。同度記又曰：『取考工鬴，入於漢粟米法之鬴，取所少之數分之，得三合五勺四抄九撮三圭八粟二顆七粒一黍五稷六禾空糠一秕六，爲一斗所少之數。』考考工鬴容六斗四升，則一斗所少之數，爲

$$\frac{2.271,604,938}{6.4}=0.354,938,271,56\text{ 升餘數 16 即}\frac{16}{64}$$

與同度記比較，其數及位亦合。（一龠所少升以下之小數，原係循環，同度記不用之，故算時未列入。）惟推至禾位以下，一六係餘數，則穗粃非可視爲禾位下之小數。然同度記再推一石所少之數，其第十一位爲六稷，其下仍云空禾一穗六粃，則穗粃仍視爲十退之小數位命名。又清末重定度量權衡制度之量法表，亦謂「勺以下尚有撮（十抄）抄（十圭）圭（六粟）粟、顆、粒、黍、稷、禾、穗、粃、糠」之名，與同度記同，而又多一糠位。據此則量制之命名可列如下表：

第三三表　容量命名詳表

石十斗	斗十升	升十合	合十勺	勺十抄	抄十撮	撮十圭	圭十粟	粟十顆	顆十粒
粒十黍	黍十稷	稷十禾	禾十穗	穗十粃	粃	糠			

其進位法，除圭位或十粟或六粟外，完全係十進，撮抄二位或顚倒，或否，粟以下命名尚有八位。

第六節　重量之命名

權衡之名中，銖、兩、斤、鈞、石，發生最早。夏書五子之歌有「關石和鈞，」禮記月令有「正鈞石，」

而考工之鬴重一「鈞，」是均爲鈞石名稱之可考者。權法之名及進位，亦頗複雜。

(一)孔叢子『二十四銖爲兩，兩有半曰捷，倍捷曰舉，倍舉曰鋝，鋝謂之鍰，二鍰四兩謂之觔，觔十謂之衡，衡有半謂之秤，秤二謂之鈞，鈞四謂之石，石四謂之鼓。』注：觔爲斤之異名，古有之，今俗仍之。

(二)淮南子：『十二粟而當一分，十二分而當一銖，十二銖而當半兩；衡有左右，因而倍之，故二十四銖爲一兩；天有四時，以成一歲，因而四之，四四十六，故十六兩而爲一斤；三月而爲一時，三十日爲一月，故三十斤爲一鈞；四時而爲一歲，故四鈞爲一石。』

(三)說苑：『十粟重一圭，十圭重一銖，二十四銖重一兩，十六兩重一斤，三十斤重一鈞，四鈞重一石。』

(四)說文：『十黍爲絫，十絫爲銖，八銖爲錙，二十四銖爲兩，二十四兩爲鎰。』注：絫卽古累字。

以上名稱中，錙及鍰之進位，有種種異說。說文謂八銖爲錙，淮南子詮言注謂六兩爲錙，荀子富國篇注謂八兩曰錙。依孔叢子計鍰爲六兩，而古尚書謂百鍰當三斤，則鍰爲十一銖百分之五十二。

鄭玄等謂北方以二十兩爲三鋝，(鋝即鍰)則鍰爲六兩十六銖。吳大澂依說文解鋝謂鍰，爲十銖二十五分之十三。又古亦以錘爲權衡之名，其進位，說文謂八銖，淮南子詮言注謂六兩爲錙，倍錙爲錘，是錘爲十二兩，通俗文又謂銖六則錘。又吳大澂謂古權名之釿爲二鍰。然錙、鍰、錘、釿、鎰諸衡名，早已不見於用，觀其進位各說之不同可知，不過最古虛有其名，實無其位，今約舉其說，以見一斑。

以上各種衡名雖複雜，然可歸納爲二點說明之。第一、命權衡爲制之起原雖不同，而至銖、兩、斤、鈞、石之命名則同。第二、命位亦不外二進五進二法，而銖、兩、斤、鈞、石之進位亦均同。銖、兩、斤、鈞、石，即漢志所謂之五權，因漢志著五權之法，而五權之進位不亂，五權以外之權名進位，未有定法矣。

第三四表　中國上古重量命名表

黍(或名粟)	絫(或名圭、分、)	銖	兩(二十四銖)	捷(一兩半)	舉(二捷)	鍰(亦名鋝)(二舉)	
斤(亦名觔)(即十六兩)二鍰四兩	衡(十斤)	秤(一衡半)(即十五斤)	鈞(二秤)(即三十斤)	石(四鈞)	鼓(四石)	引(二百斤)	

引爲重量之名，可在各古算術書中見之。

五權之制，漢以後迄於唐，歷代相承以爲法。但銖以下之絫黍二名實際仍用之。

第三五表　漢至唐重量命名表

銖	兩二十四銖	斤十六兩	鈞三十斤	石四鈞

淮南子以十二分爲一銖。梁陶宏景別錄云：『分劑之法，古與今異，古無分之名，今則以十黍爲一銖，六銖爲一分，四分成一兩。』唐蘇恭註曰：『六銖爲一分，卽二錢半也。』於此可見錢字在唐時已用爲重量之名。考「錢」古稱爲泉，本爲幣制之名，古時只有銖錢，以若干銖之重爲名。唐鑄開元錢，不名爲銖，而曰「一錢重二銖四絫，積十錢重一兩」，是以十錢爲一兩，以錢爲重量之名，實自唐爲始。故唐蘇恭註分之重不誤，而分之進位猶尙未確定。蓋分、釐、毫、絲、忽，本用爲度名，（分釐毫絲忽，實爲小數之名，而最先借用者爲度制，故後人每視爲度名。）淮南子陶宏景所謂之分，與此義異。宋史律歷志取樂尺積黍之法，命名於權衡中，於是重量名稱中始有分，釐、毫、絲，忽五名。（詳見下第八章第五節。）分者，十分錢之數，以下俱以十退，而銖、絫、黍之名始廢。

第三六表　宋以後重量小數命名表

兩十錢	錢十分	分十釐	釐十毫	毫十絲	絲十忽	忽

又明李時珍註陶宏景別錄云：『蠶初吐絲曰忽，十忽曰絲，十絲曰釐，四釐曰絫，十釐曰分，四絫曰字，二分半也，十絫曰銖，四分也，四字曰錢，十分也，六銖曰一份，二錢半也，四份曰兩，二十四銖也。』是李氏之說，兩、銖、絫、錢、分、釐之進位雖同，又釋六銖曰份，不與分亂，然釐之下少一毫位，又其餘命名，均係四進，歷來未有用之。今列一表於下，以備參考。

第三七表　李時珍衡名進位關係表

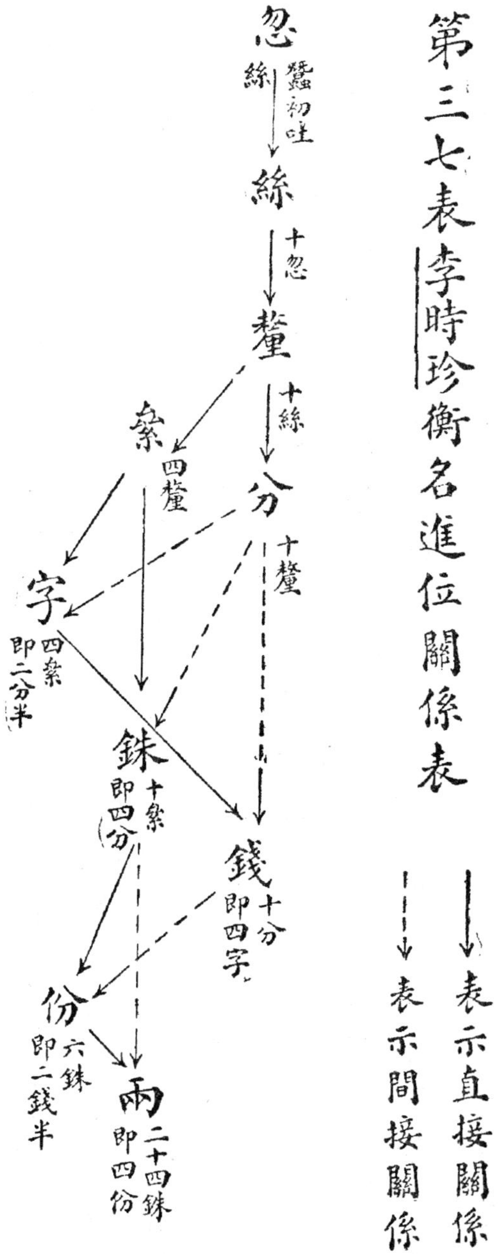

清初衡法，兩以下亦曰錢、分、釐、毫、絲、忽，俱以十遞折，忽以下並與度法之借用小數名位同。清末重定度量權衡制度，小數位止於毫，斤以上不名，民四權度法仍之，而於乙制，則至於絲，斤以上亦有衡石鐓三位，俱十進，以合西制完全之進位。石爲配合西制位數，不是拘于一百二十斤之進位。民四以後，已有提議重量「分」「釐」「毫」在科學工程上複單位得加偏旁爲「份」「⿰亻厘」「⿰亻毛」。民十八度量衡法小數則止於絲，斤以上加一擔位，而於標準制與民四乙制同，惟不用石字，而名爲擔。考「擔」謂肩之負載，一人所負之重曰擔，俗以一人負重約百斤，故通俗以衡百斤曰一擔，而量一石亦曰一擔，均自清初已有，今確立爲衡百斤進位之名。又「鐓」之義，古謂爲矛戟柄之端平底者曰鐓，今衆擧以築地之重物曰鐓，說文通訓定聲有「秦始皇造鐵鐓，重不可勝」，鐓言極重，故解曰千斤椎，今以之命爲公斤千進位之名。

第三八表　重量命名歷史的表解

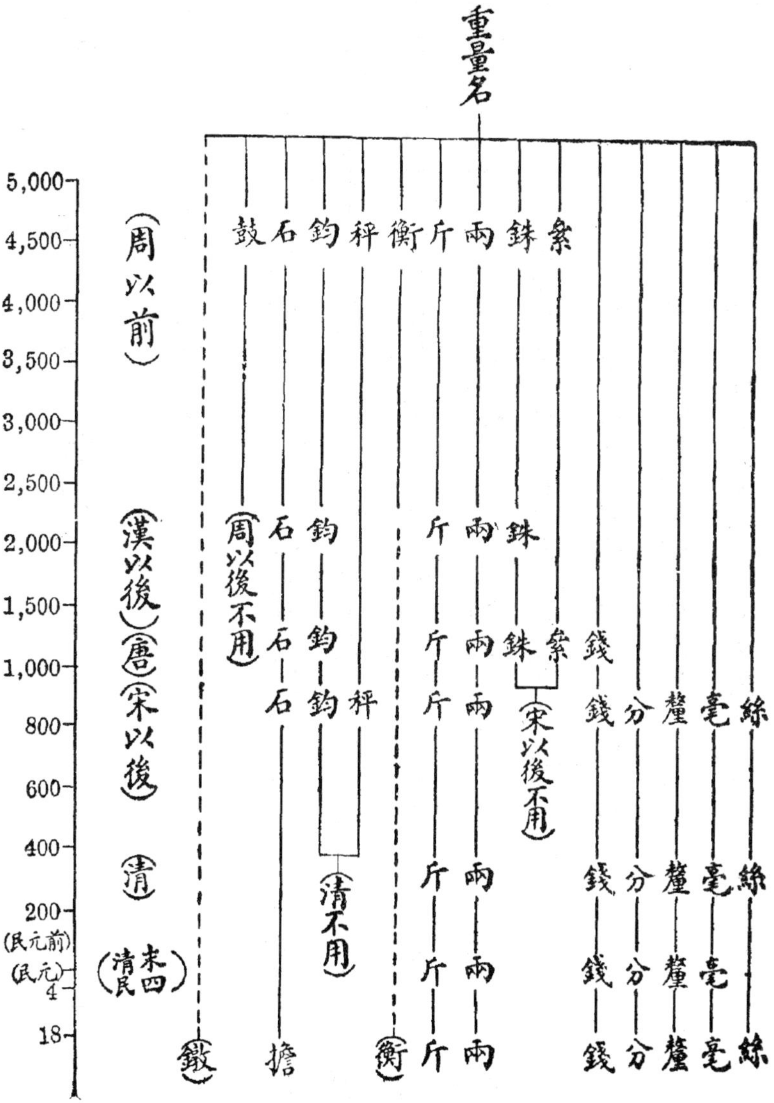

第五章　第一時期中國度量衡

第一節　中國上古度量衡制度總考

中國度量衡制度，一本黃鍾律，早自黃帝命伶倫造律之時，下及三代，一本其制，及其爲器，或增損其量，以合實用，至黃鍾律之標準則不變，詳見前第二章之考證。然上古之世可考者僅尺度之制，除周禮考工之鬴可以證周代之量制，另節說明外，其餘量衡實制，已不可考，則不便妄加論斷。

律呂精義曰：『黃帝時雒出書，見沈約符瑞志，猶禹時雒書。雒書數九，自乘得八十一，是爲陽數。一，三，五，七，九奇數爲陽，九乃陽數之成也。管子曰：「凡將起五音，先主一而三之，四開以合九九，以是生黃鍾，」蓋謂算術先置一寸爲實，三之爲三寸，又四之爲十二寸，開以合九九者，八十一分開方得九分，九分自乘得八十一分，爲黃鍾之長，蓋黃帝之尺以黃鍾之長爲八十一分者，法雒書陽數也。虞夏之尺，以黃鍾之長爲十寸者，法河圖中數也。二，四，六，八，十偶數爲陰，十乃陰數之成也。黃鍾之律長九寸，縱黍爲分之九寸，寸皆九分，凡八十一分，雒書之奇自相乘之數，是謂律本。黃鍾之度長十寸，橫黍爲分之十寸，寸皆十分，凡百分，河圖之偶自相乘之數，是爲度母。縱黍之律，橫黍之度，名數雖異，分劑實用。』是黃帝造黃鍾律分爲八十一分，以合陽數九自乘之數，本非爲度。然度出於律，故後世以黃帝之尺爲九寸，凡八十一分。虞夏定度制，本於黃鍾律長，分爲百分，以合成數十自乘之數，至是爲以律定度之始。總之，爲律乃以九爲整分，爲度則以十爲整分。故黃帝之律爲律本，合於九；虞夏之度爲度母，合於十。而度母一本律本爲標準，根本正同。殷周二代之度，仍以律本爲標準，而增損以定其尺之長度。故殷尺之長，爲黃鍾律本四分之五，周尺之長，爲黃鍾律本五分之四；而其爲尺度，則均仍以十爲整分也。

夏商周三代尺度一本相承，故其間有一定比例之關係。據歷來籍載，均稱『夏以十寸爲尺，商以十二寸爲尺，周以八寸爲尺，』惟推演之說有二異。一、以三代之尺比數，猶之十寸十二寸八寸之比，爲此說者，即以三代相遞，法度相承。夏之尺，本爲十寸，商以其短，加夏尺之二寸爲尺；周以其長，減二寸爲尺。而爲尺度，則仍以十整分，此歷來儒家通論。一、以三代之尺，由黃鍾定其長短，夏以黃鍾之長爲十寸，即以爲尺，故曰十寸爲尺；商以黃鍾之長爲八寸，外加二寸以爲尺，故曰十二寸爲尺；周以黃鍾之長爲十寸，而減去二寸以爲尺，故曰八寸爲尺，此即律呂精義之論。二說所不同者，僅商代尺之比數，然各有根據，未可偏廢。

漢蔡邕曰：『夏十寸爲尺，殷九寸爲尺，周八寸爲尺。』蔡氏之說，與前所異者，亦爲商尺之比數不同，歷來論爲蔡氏之獨斷，然蔡氏去上古之世不遠，其說亦係以商周承夏法度之意，與第一說理由正同，或亦有其根據。

或者曰：『夏以十寸爲尺，商以十二寸爲尺，周以八寸爲尺』者，尺不同，寸分均同。何者？夏之尺有十寸，商之尺有十二寸，周之尺有八寸，其全長命之爲尺，其寸及分之分度大小則無異。三才圖會尺圖考有云：『十寸之尺爲一百分；八寸之尺爲八十分。』或者又曰：『英以十二吋爲呎，殆爲我國古代商殷尺制，流傳於西域者。』是均爲此說之旁證。然考古者八寸曰咫，不名爲尺，所謂咫者，尺之八寸，所謂八寸尺者，此尺爲他尺之八寸。淮南子曰：『律以當辰，音以當日，日之數十，故十寸而爲尺。』又古者言尺，識也，是尺之所以名爲尺者十寸，即爲度以十整分，應爲通例；八寸或十二寸，則變例也。按最近歐美數理與科學家，及權度學者，擬改十進之數爲十二進位或八進位，以代替十進位，認爲更合於文明之需要，而度量衡亦然，姑備一說，以供研究。

據以上引說夏商周三代尺度之比數，列表如次：

第三九表　三代尺度變遷考異表解

三代尺度變遷考異	夏	商	周		
	一〇〇	一二〇	八〇	尺各有十寸，卽有百分。	歷來之論
				寸有十分，分之數如尺長之比數。	或者之論
	一〇〇	一二五	八〇	尺各有十寸，卽有百分。	律呂精義之論
	一〇〇	九〇	八〇	尺各有十寸，卽有百分。	蔡邕之論

在上古之世，所傳尺度之標準，足爲後世法者，爲木工之尺，木工尺之度，最初爲夏制，後至魯班改以商制，因『商以十二寸爲尺』有二說，則木工尺變遷後之度，亦有二異。

第四〇表　木工尺度變遷考異表解

木工尺度變遷考異	魯班以前	魯班以後	
	一〇〇	一二〇	歷來之論
	一〇〇	一二五	朱氏之論

韓苑洛所謂『尺二之軌』，卽爲歷來儒者之論。然考木工尺度，自魯班一變之後，相沿無改，已

為歷來論者所共認，今俗間用魯班尺最標準者，均約合九市寸三四分之數，以朱氏之論則合，以歷來通論則稍短。以一二〇之比數計之，應合二九、八八六公分，即合〇、八九五八市尺。於此又可證商尺之比數，以朱氏之論為是。

第二節　五帝時代之度量衡設施

五帝之世，黃帝始制度量衡，設置五量之器，以利民用；少昊氏設正度量之官，以平民爭；虞舜更每歲巡狩，以同度量衡，以立民信此五帝世度量衡設施之總綱。

家語五帝德篇曰：『黃帝治五氣，設五量，』註，五量，謂權衡、斗斛、尺丈、里步、十百，是即衡、量、度、畝、數為五量。設置五量之器，所以利民之用。

世本：『少昊氏同度量，調律品。』通鑑曰：『少昊之立也，鳳鳥適至，因以鳥紀官，……五雉為九工正，利器用，正度量，夷民者也。』註，夷、平也，正義曰：『雉聲近夷，雉訓夷，夷為平，故以雉名工正之官，使其利便民之器用。正丈尺之度，斗斛之量，所以平均下民也。』樊光服虔云：『雉者，夷也，夷、平也，使度量器用平也。』籍只稱度量，蓋言度量用器，實已盡括五量在內，非單指丈尺斗斛。是故至少昊氏之世，必有因度量之事而爭執者，設官以正之，官名工正，是爲正製造度量用器之工，卽今檢定之制，所以正器之量，平民之爭。

虞書舜典曰：『歲二月，東巡守，至于岱宗柴，望秩于山川，肆覲東后，協時月正日，同律度量衡。』

邱濬大學衍義補曰：『用之于郊廟朝廷之上，而又頒之于下，使天下之人用之，以爲造作出納交易之則。其作于上也有常制，其頒于下也有定法。苟下之所用者，與上之所頒者不同，則下虧于民，上損于官，操執者有增損之弊，交易者有欺詐之害，監守出納者有侵尅賠補之患，其所關係，蓋亦不小也。是雖唐虞之世，民淳俗厚，帝王爲治，尚不之遺，每正歲申明舊制，重以巡查。』是至虞舜之世，不特於製造器具之時，正其器量，並且每歲定期巡查，以同之，量卽今檢查之制，所以齊遠近，立民之信。

度量衡用以邀信齊物，國家設以制，則民不欺，資之官，而後天下同，更兼以巡查，所以齊遠近立民信也。考一制之興，一法之立，必先定以制度，次正其器用，更時而較驗。今推行劃一度量衡之法，亦依此三步驟，卽先考定制度，次檢定器具，更每年定期檢查，而後法嚴制密。中國在上古五帝之世，法制初興，而其所以爲同度量衡之法，亦爲至矣。

第三節　三代度量衡之設施及廢弛

三代法度，一遵古制，其間無甚遞禪。日知錄云：『古帝王之於權量，其於天下，則五歲巡狩而一正之，其於國中，則每歲而再正之。』此卽言上古時代，帝王之治，所以爲度量衡法制大概。所謂五歲一正者，指諸侯國之標準器，五年一校正之；所謂每歲再正者，指諸侯國中普通用器，每年校正二次也。

三代之世，爲度量衡之設施，較五帝之世更可考者，爲標準原器之保存，及標準器之頒發於諸侯之國。蓋定之以制，尙須齊之以器，器而有標準，而後所謂檢定檢查，始有所依準。夏之度量衡原器，存於王府，夏書五子之歌曰：『明明我祖，萬邦之君，有典有則，貽厥子孫，關石和鈞，王府則有。』注曰：『關、通，和、平也。關通以見彼此通同無折閱之意，和平以見人情兩平無乖爭之意。禹以明德君臨天下，典則法度，所以貽後世子孫者。其以鈞石之設，所以一天下之輕重，而立民信者。』鈞石皆權之名，其不言度量者，度量之原器在其內也。且『法度之制，始於權，權與物鈞而生衡，衡運生規，規圓生矩，矩方生繩，繩直生準，是權衡者，又法度之所自出，故以鈞石言之。」有原器則檢定檢查乃有準，夏代關於檢查之施行，可見於越絕書，言：「大禹循守會稽，乃審銓衡平斗斛，」銓即謂權。是夏禹施行檢查之制，即承虞舜之法也。

殷之世，史之記載闕，大略乃法夏禹之舊制，後人之論，每曰殷因於夏，如論語謂「殷因於夏禮，」度量衡之制，每寓於禮樂之中，故殷代度量衡之法，大約亦因襲夏制也。

周之世，同度量衡之舉，法益密，行益嚴。禮記明堂位：「周公六年（成王六年。）（民國前三〇二一）朝諸侯明堂位，制禮，作樂，頒度量，而天下大服。」禮記祇言度量，實即度量衡均在內。此所頒度量衡，當係指頒發諸侯國之標準器者。至於民用之器，則立法度，以示民信，大傳曰：「聖人南面而聽天下，立權度量」是也。

周制朝廷掌理度量衡事務之官有三，周禮：「內宰，凡建國，佐后，立市，陳其貨賄，出其度量；大行人，人王之所以撫邦國諸侯者，十有一歲同度量，同數器，合方氏掌達天下之道路，同其數器，壹其度量。」內宰掌治王內之政令，爲宮中官之長，故發出度量衡標準器，其官職在內宰；大行人掌治安撫邦國諸侯之事務，故較正諸侯國標準器，其官職在大行人；合方氏掌治天下道路民間之事務，故同一普通用器，其官職在合方氏。而大行人所掌理者，即公用度量衡之類；合方氏所掌理者，即民用度量衡之類。是三官均在中央，屬朝廷之官。而實際辦理地方度量衡事務之官爲司市，司市爲市官之長。故曰：『出之以內宰，掌之以司市，一之以合方氏，同之以行人。』執行之官爲質人，質、平也，疏：『會聚買賣，質人主爲平定之，則有常估。』故質人『巡而考之，犯禁者舉而罰之，市中成賈，必以量度。』而『守護市門之胥，（周禮：庶人在官者。）亦執鞭度以巡於所治之前。』是周代同一度量衡之制，頗合於現在全國檢定機關之執行檢定及隨時檢查之制。而大行人合方氏者，其權與現制全國度量衡局相當；司市亦即各省市縣辦理地方度量衡者，質人者即今日之檢定員。

度量衡標準器頒發後，十有一年一校正之，即如現制每屆十年檢定各省市副原器，每屆五年檢定各縣市標準器之制。至於普通民用之器，則每年定期檢查二次。禮記月令：『仲春之月，日夜分，則同度量，鈞衡石，角斗甬，正權槩；仲秋之月，日夜分，則同度量，平權衡，正鈞石，角斗甬。』由是可知周代定期檢查，每年在春分及秋分之時，舉行二次，此所謂每年檢查二次，乃校正度量衡之器量。至前言市中巡考者，乃監視僞作弊者，是爲隨時檢查之屬，非必在正其器量也。

三代之世，注重於度量衡法度之密，執行之嚴，可謂至矣。所謂『諸侯之國，道路之間，莫不有焉。天子時巡之歲，則自同一侯國之制；非時巡之歲，則設官以一市井道路之制。是其一器之設，一物之用，莫不合於王度，而無有異同，此天下所以一統也。』

顧日久則懈，政事失修，朝廷政令每不及諸侯之邦，爲官者亦不如前執行之嚴。既失之檢查，則玩忽以生，日更月替，此度量衡紊亂所以由生。左傳晏子曰：『齊舊四量，豆，區，釜，鍾，陳氏三量，（指豆區釜。）皆登一焉，鍾乃大矣。以家量貸，而以公量收之，其愛之如父母，而歸之如流水，欲無獲民，將焉辟之。』登一者，謂加舊量之一。陳氏之所以竊民譽，蓋亦緣當時國政廢弛，而敢公然增益舊量也。孔子述武王之治曰：『謹權量，四方之政行焉。』當時度量衡之紊亂，至此已極，非復初周一統之制，而有劃一之切要矣。莊子胠篋篇曰：『剖斗折衡，而民不爭。』於此亦可證當時度量衡實在紊亂，不統一不足以息民爭，故莊周激而發斯言。三代統一之制，至此紊亂不可收拾，深爲可歎。

第四節　上古度量衡器之制作

黃帝命伶倫取竹造律，以定黃鍾，由是生度量衡，是黃鍾律之製造，無異為度量衡之原器。此古黃鍾律計長為一尺，即八十一分，計積為漢尺八百一十立方分，律長為漢尺九十分，

$$90^3 : 81^3 = 810 : x$$

$$\therefore x = 9^5 \times 10^{-2} = 590.49$$

是黃帝造黃鍾律原器之制，表之如左。

第四一表　古黃鍾律管原器表解

古黃鍾律原器	長度	一尺……九寸……八一分—二四、八八公分
	容積	五九〇、四九立方分—一七、一二立方公分

依此度數，可作一古黃鍾原器內容之圖形，如第七圖。

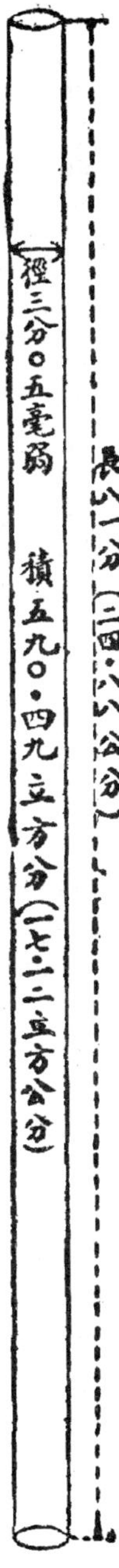

夏禹鈞石二衡原器，存之王府，但實制不可考。

三代度量衡器之制作，可考者惟周禮考工之量制，蓋因古器之制，多失於傳，而周禮特注明量制者，是又因中國以農立國，度量大宗農產物，均須以量器計之，而古者民之納稅，上之制祿，亦以量之數計之。爲量必有標準，故存之以制，實之以器，而後量有所準，交易稅祿，始不爲量困也。

周禮考工記曰：『㮚氏爲量，改煎金錫則不耗；不耗，然後權之；權之，然後準之；準之，然後量之；量之，以爲鬴，深尺，內方尺而圜其外，其實一鬴；其臀一寸，其實一豆；其耳三寸，其實一升；重一鈞，其聲中黃經之宮，槩而不稅。其銘曰：「時文思索，允臻其極，嘉量旣成，以觀四國，永啓厥後，茲器維則。」』㮚卽栗字。王昭禹曰：『栗之爲果，有堅栗難渝之意，先王之爲量，使四方觀之以爲則，萬世守之以爲法，以立天下之信，而無敢渝焉，所以名官，謂之㮚氏。』鄭鍔曰：『量，所以量多寡，摩於物者，其斂必易，故必改煎金錫以爲之，使之縝密而堅實，然後摩而不磷，堅而不耗。改煎者，煎而又煎，則消融者去已盡矣，其所留者，皆其精而不能減耗者矣。』按此卽今提鍊金屬之法。其對於鑄金之色，下文曰：『凡鑄金之狀，金與錫黑濁之氣竭，黃白次之；黃白之氣竭，青白次之；青白之氣竭，青氣次之；然後可鑄也。』故當時對於鑄造鬴量提鍊金屬之法，觀其火色，有如此之嚴。旣經精鍊之後，復權其鍊金比重之輕重，準其鍊金成份之多少，然後量其需用之分量，以入模鑄之。毛氏曰：『將煎金錫，因當稱之，而不能無消耗，旣煎矣，又從而稱之。』鄭鍔曰：『準，是準其金錫，六分金，一分錫，準其多少也。準、平也，知其輕重，又欲平其多寡，量、乃量其多寡，以納於模範之中。』如是始鑄成器。其對於製工之精，爲量之準，於此可見。再觀其銘文之義，則此嘉量之鑄，實爲四方之則，萬世之法者，是乃爲周代之標準原器，惜此器不存，不能作實驗之考證。

周禮嘉量原制，可從二點研究：一可知周代容量之制，二嘉量內容形式。

嘉量鬴，深尺，內方尺而圜其外，何以云「內方尺而圜其外？」蓋其內本圓形，而在當時圓徑，圓周，圓面積計算之率，尙未有精確推算之法，故以方起度，而推算之。所謂「內方尺」者，非謂其內爲方形，實則先定每邊一尺正方之形，（「方尺」，即一尺見方，參見上第四章第三節說明。）然後由此正方形，再劃一個外接圓，此外接圓方爲嘉量內容之形式，如第八圖：

第八圖

周禮嘉量鬴

方尺而圜其外圖

（縮尺五分之一）

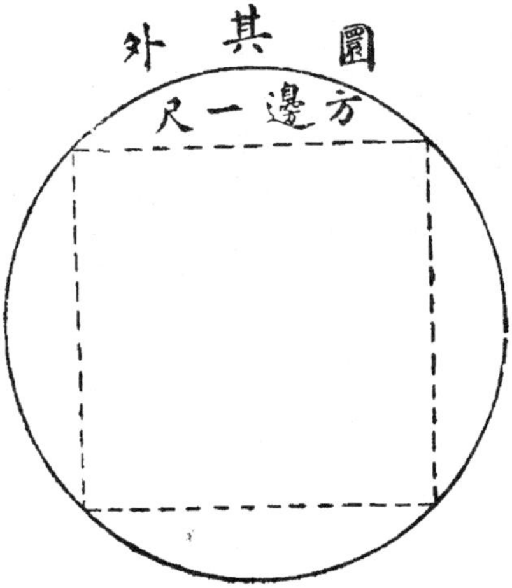

由此圖可求圓面積。嘉量鬴深一尺，則嘉量鬴之容積，亦可求之。

方邊 = 1尺

圓徑 = $\sqrt{1^2+1^2}=\sqrt{2}$ = 1.414,213,6尺

$$圓面積=(7.071,068)^2\times\pi=157.08\text{方寸}$$

$$嘉量鬴之容積=157.08\times10=1,570.8\text{立方寸}$$

$$=1,570.8\times(1.991)^3=12,397.515,9\text{立方公分}$$

$$=1.239,751,59\text{市斗}$$

是爲嘉量鬴之制，合一五七〇・八立方寸，實合市用制一斗二升三合九勺八撮弱。

周禮嘉量，除鬴量外，尙有豆升二量，均祇言其深，不言圓面之制。豆爲鬴十六分之一，升爲鬴六十四分之一，鬴爲嘉量之主，故詳言其制，豆升二量，係附製鬴量之制存，豆升之量，不言可喩。惟依嘉量全形而言，鬴爲主，故居上，爲嘉量之正身；豆在鬴之臀，爲嘉量之足，但豆深一寸，爲鬴深十分之一，豆量爲鬴量十六分之一，故豆之寬，較鬴爲小；升在鬴之旁，爲嘉量之耳，其數有二，升深三寸，其寬更小，故只爲耳。嘉量全形，以內容圖之，當如第九圖。

第九圖 周禮嘉量內容形式圖（縮尺二分之一）

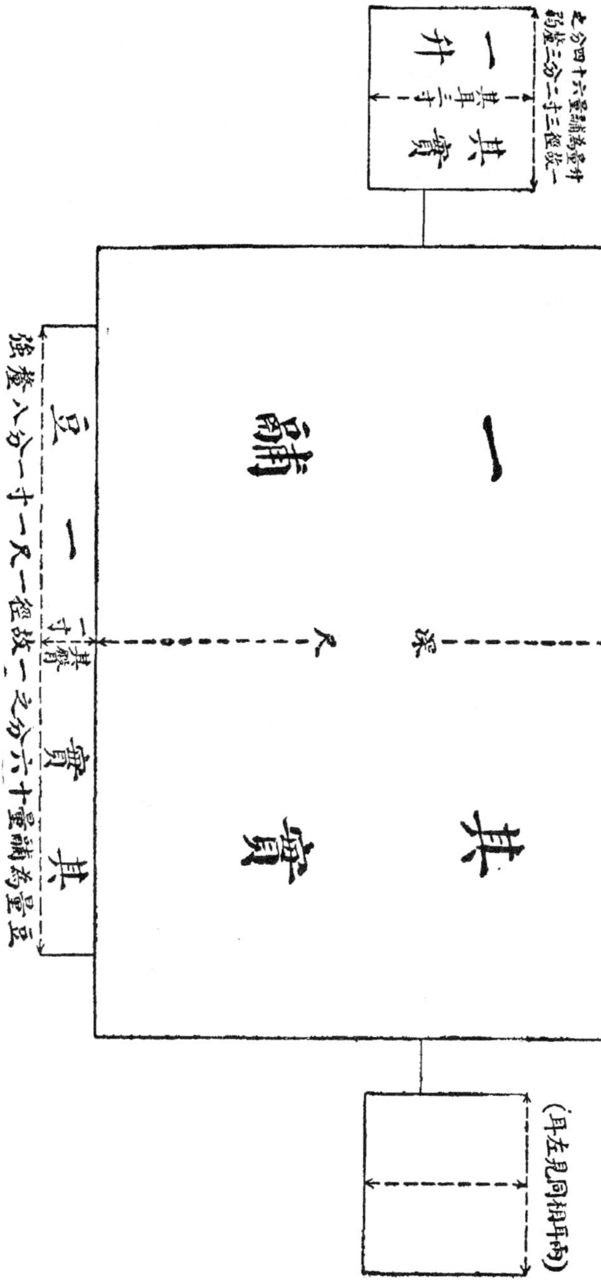

第五節　第一時期度量衡之推證

周代以前，史籍渺茫，其於度量衡亦然，說者類多揣摩之詞，既不可妄加考證，而籍載亦不多。周代度量衡之說，有須考正者如次。

一　周尺長度之推證

考經傳中每有「布手知尺，一尺二寸爲武，六尺爲步，人長一丈，馬高八尺」等類此之紀載，此皆指周代之尺度而言。今考定周尺之長度合一九・九一公分，分計其長度如下。

（一）一手之長，約爲一九・九一公分，卽約爲六市寸長。考古人平均較今人爲高大，今人平均一手之長，約爲五市寸，此周尺長度之證一。此指男人之手，婦人之手長八寸曰咫，卽約爲男人手長十分之八。

（二）古人謂丈者，丈夫，男人之長約一丈，故曰丈夫。今以考定周尺之長計之，人長一丈約爲一九九・一公分，卽約爲六市尺，今人之長每曰五尺，古人長於今人，此周尺長度之證二。

（三）一尺二寸爲武，此古人一步武之長，約爲二三・八九公分，卽約爲七市寸。足長於手約一寸，古今同然，此周尺長度之證三。

（四）一舉足曰跬，再舉足步，一步六尺，乃人行二跨之長度，一跨半步之長爲三尺，約爲五九·七三公分，卽約爲一市尺八寸。考習慣以人行約一千步爲一里，實際並無大誤，而習俗之舊里度，約大於市里，一千步指一跨之步，則今人一跨半步之長，約爲一市尺五寸上下，古人長於今人，跨步亦大，此周尺長度之證四。

周尺長度以此類動物身體之度驗之，亦爲一至善之法。今略舉以人體爲法四證如上，則周代人體之度與今人比，均約爲六比五。其餘如八尺曰尋，馬高八尺等類之語，亦可同法推證之，茲不再舉。

二　璧羨度尺之正度

周禮考工記：『典瑞璧羨以起度，玉人璧羨度尺好三寸，以爲度。』好三寸，兩肉各三寸，共九寸，是爲璧羨而益一寸，共十寸，是爲正度，卽周代尺度之制。此璧亦可視爲周代度制原器。推歷來論者均將「璧羨起度」解爲『八寸爲尺，十寸亦爲尺。』茲擇一二者之言以爲代表之論。律呂新書曰：

『此璧本圓徑九寸，好三寸，肉六寸，而裁其兩旁各半寸，以益上下。其好三寸，所以爲璧；裁其兩旁，以益上下，所以爲羨；袤十寸，廣八寸，所以爲度尺。』李嘉會曰：『注以羨者，不員之貌，本徑九寸，傍減一寸，以益上下，故高一寸，橫徑八寸，璧員九寸，好三寸，肉倍之。羨而長之，而十寸而旁減爲八寸，十寸，尺也，八寸，亦尺也。』觀此論，所謂十寸之尺，卽璧羨度尺之正度，至謂八寸爲尺者，蓋因璧本圓徑九寸，羨而爲橢圓，長徑十寸爲尺。短徑八寸亦爲尺。但璧本圓，是否又爲之羨而成橢圓，此一疑問。考「八寸爲尺」一語之來源，蓋以三代尺度之比，「周以八寸爲尺」，然周以「八寸爲尺」指周以夏尺之八寸爲一尺，卽周尺之長爲夏尺之八寸。若以周「八寸爲尺十寸爲尺」，則旣非所以爲「璧羨起度」之本意，且卽以所謂羨者，指將璧羨爲橢圓，而好仍爲正圓，周禮言「璧羨度尺，好三寸以爲度」，是「好」以璧羨度尺十寸爲尺之度，度之爲三寸。前人之論，又以八寸之尺爲周尺，周不廢夏制，故周又以十寸爲尺。若是則「好三寸，」反以夏尺十寸之寸爲度，非周尺八寸之寸爲度。然則周制璧羨度尺，以夏尺度好爲三寸，由是以起度，非爲周尺起度之正意。又，至謂「八寸之尺」一尺分爲八寸，此尺一寸之長，與十寸爲尺之一寸相等，則更非是，已言於前。總之，周璧羨度尺以璧徑爲九寸，加一寸爲尺，非八寸亦爲尺也。

三　嘉量鬴之正制

先儒考周禮嘉量鬴，約有二說。第一說，以「內方尺」爲斷語，其言曰：『鬴深尺，內方尺，積千寸，內方而外圓，圜其外者，爲之脣。』此說之誤，誤在斷「圜其外」爲指外形圓，而內形方。鄭玄王昭禹等氏之說如此，後人已論其非。考鬴內形圓，其所以言「方尺而圜其外」者，實以當時圓周率不定，求圓面積法亦不定，恐後人易滋誤會，故以一尺見方起度，而後於方形外接一圓，方形之度旣定，外接圓亦定。「方尺而圜其外」一語之上，尚有一「內」字，卽指其內爲「方尺而圜其外」之形式。今計之，徑當爲一尺四寸一分四釐強。再觀新莽嘉量，亦云「內方尺而圜其外」，今以新莽嘉量原器考之，內形圓，而起度實由正方一尺之形，外接以圓者，見下第六章第六節。第二說，以周禮嘉量鬴，與漢志嘉量斛爲同法，其言曰：『漢斛容十斗，計一千六百二十寸，蓋「方尺圜其外庣其旁」故冪百六十二寸，深尺，積一千六百二十寸。周鬴容六斗四升，計一千三十六寸八分。今考周家八寸十寸皆爲尺，方尺者，八寸之尺，深尺者，十寸之尺，「方八寸圓其外庣其旁」則冪一百三寸六分八釐，深十寸，則積一千三十六寸八分。是周鬴與漢斛同法。』此說之誤有二：其一、誤以周代八寸十寸皆爲尺；其二、因誤以周八寸爲尺而誤以周鬴與漢斛同法。范景仁蔡元定等氏之說如此。考周鬴之制，未言庣，係以「整方一尺圜其外」爲度，漢斛之制，以整方一尺之外，尙須加「庣」若干以爲度，此二者根本不同。其誤以二者同法，關鍵在周鬴容六斗四升，漢斛容十斗；漢制方尺，十寸爲尺，若以周八寸爲尺，平方之爲六十四，恰符二者容斗數之比，因是以致誤謂二者同法。考周漢容量之制，根本不同。何從來而謂「方尺者八寸之尺，深尺者十寸之尺，」同一之制，同一之器，本同謂一尺，如何而爲之分爲二種度數？卽假以是爲二種尺度，而周禮言嘉量之制作，如是愼重，何獨於根本尺度之分，則不言耶？其因周鬴漢斛容斗數之比，合於八寸與十寸各自平方之比，卽謂二者同法，誤之實至甚。范蔡等氏之謂周鬴容積爲一千〇三十六立方寸又十分之八，卽由漢斛容積一千六百二十立方寸，百分之六十四計得者也。其外對於周嘉量之耳量，尙有一錯誤之說，卽誤謂『周禮嘉量「其實一升，」言其左耳至於右耳，其實一合。』此說之誤，亦誤以周鬴與漢斛同法。周禮並未明言「右耳爲合，」考周之量制起於升，合之用於量名，周時猶未著。且漢斛右耳之量有二，上爲合，下爲龠，既以二者同法，又爲何謂周鬴之右耳祇言合？此實屬矛盾。又周鬴之臀爲一豆，豆爲鬴十六分之一，其深一寸，其面徑則小於鬴；漢制上斛下斗，面徑相同，此又二者不同之證。再近人以周禮或出於漢劉歆之僞作，此說尙待證。今卽假設此說爲實，而周鬴有豆量，漢斛有斗量，二者進位不同。豆量之名，漢已不用，則劉氏之僞作，或本於周制，且並未以周漢嘉量同法。故認周鬴與漢斛同法者，根本實有不當。

四　荀勖造尺之考證

晉書律歷志：『武帝泰始九年，中書監荀勖校大樂八音不和，始知後漢至魏尺，長於古四分有餘。勖乃部著作郎劉恭依周禮制尺，所謂古尺。』隋書律歷志將周尺與晉荀勖尺並列爲第一等尺，卽晉書所云『荀勖造尺自稱爲周尺』。考荀勖所謂後漢至魏尺，長於古四分有餘，實係由於魏杜夔尺長於新莽尺四分有餘。後漢至魏尺者，魏杜夔尺，古尺者，新莽尺。故隋志又稱第五等尺曰『魏尺，杜夔所用調律，卽荀勖所云「杜夔尺長於今尺（今尺卽謂晉荀勖尺，因荀勖尺等於新莽尺，故謂長於今尺云云。）四分半」是也。』再考新莽一代制作大興，故其傳於後者極夥。而王莽好古，廢漢制，依周禮，而所謂依周禮者，又非周禮之正制，既變漢制，亦非周制。後人之誤，卽在於此。故荀勖造尺，依周禮，而其所用校驗之器，卽新莽之制作。

荀勖自銘其器曰：『中書考古器，揆校今尺長四分半，所校古法有七品：……五曰銅斛，六曰古錢。……』銅斛者，新莽嘉量，古錢者，新莽貨泉，故荀勖依周禮制尺，所謂周尺，既爲荀勖所造，而其所揆校者，又爲新莽制作之物。新莽之制作，本非確合周禮之制，是荀勖古周尺，實非周尺，亦非周制，極爲明顯，參見下第七章第八節之二。晉志又謂『汲郡盜發六國時魏襄王（民國前二二四五——二二三〇）冢，得古周時玉律及鍾磬，與新律（荀勖依其尺所造之律。）聲韻闇同。』考周初尺度，春秋以後，早已失其制，孔子發「謹權量」之語，卽爲明證。朱載堉曰：『魏自文侯（民國前二三三五——二二九七）已耽鄭衞，而厭古樂，降至襄王，其時世又可知。』魏襄王當戰國之中世，其時之制，爲晚周紊亂遺物，必無可疑。此種尺度或爲晚周之度，如認爲周初原制則不可。晉書下又謂：『於時郡國或得漢時故鍾，吹律命之皆應。』故荀勖尺合晚周以後之制也。

五　吳大澂實驗周尺之考證

吳氏實驗周尺之度有三：一曰、周鎮圭尺，二曰周黃鍾律琯尺，三曰周劍尺，其一、鎮圭尺，卽璧羨度尺，因吳氏以周鎮圭爲實驗之主，故以爲名，此已見前，不再論。其二、黃鍾律琯尺，吳氏得古玉律琯，以爲是周制，其根本之誤，已見前第二章第四節，而吳氏以古黃鍾律龠容黍一千二百粒，古之律辰，均以十二紀數，因以十二寸爲度，取其十寸爲尺。考累黍容黍之法，漢志言其說，漢以前未聞之。千二百黍，乃漢時容黍巧合之數，以是作爲周尺十二寸，此又吳氏之誤。是吳氏所得之玉管，上無銘題，不可卽認爲周代之物，以之定尺，非卽周尺。其三、周劍尺，吳氏亦書作鐱尺，係以其所藏古劍莖身二長度，與周禮考工記桃氏中制合，而命之爲周鐱尺。其一尺之長，較周壁羨度尺九寸六分強，今此差數近四分，自不算小。卽以其劍爲周制，其所差之度，只可認爲製造不精之所致，不可以周劍之度，定爲周尺之另一長度。總之，壁羨度尺乃爲周尺之正度，其餘制作，命爲其尺度校驗之用可也。

六　洛陽周墓出土周尺之考證

民國二十一年洛陽金村周墓中，掘發銅尺一，爲美人福開森購得，已贈與金陵大學保存。福氏撰得周尺記，文中云：「當時考釋者，有認爲周靈王時，有認爲周安王時，是則此尺之爲春秋或戰國時物，可無疑也。亟馳書購得，其形如西域所出之木簡，一端有孔，可以系組，分寸刻於其側，惟第一寸有分，其餘九寸無之，當五寸之處，並刻交午線。余以馬衡君所作劉歆銅斛尺卽新莽尺，晉前尺同。校之，全尺長短不差累黍，兩端之寸亦相符合，惟中間八寸長短不齊，刻分之寸且作十一分，是其作尺之時，對於全尺長度及兩端起首之寸，必依標準爲之，其餘則隨意刻畫者也。』觀此，卽以此尺爲周靈王（民國前二四八二——二四五六）時物，亦遠在西周以後，周代文化至春秋時已大進步，春秋時物，自非初周故制。又此尺亦與新莽尺度相合，正與晉志所謂『汲冢中古周鍾律，與新律聲韻闇同』之意相同。今此尺除首尾二寸度相符外，中間八寸之度長短不齊，當初所頒度量標準器時，是否如此，亦屬疑問。而寸，分爲十一分，於歷來分度之法，尙無考據。總之，東周以後之尺度，已非西周定制，而此尺與新莽尺度相近，或爲偶然之事。

第六章　第二時期中國度量衡

第一節　漢書律歷志之言度量衡

中國度量衡制度完備著於書者，自漢始。漢書律歷志所載審度、嘉量、衡權三篇，雖祇爲漢朝一代度量衡之制，然其影響於後世者則極大。蓋自漢以後歷朝及多數學者，均認漢志之說度量衡爲中國度量衡完全之制度，其誤雖大，而其爲中國歷代度量衡最先備其制者，創規之功，實爲不小。茲將漢書律歷志關於度量衡一段文，照錄於下，以備參考。

虞書曰：『乃同律度量衡，』所以齊遠近，立民信也。自伏羲畫八卦，由數起，至黃帝堯舜而大備，三代稽古，法度章焉。周衰官失，孔子陳後王之法曰：『謹權量，審法度，修廢官，舉逸民，四方之政行矣。』漢興北平侯張蒼首律歷事，孝武帝時，樂官考正。至元始中王莽秉政，欲耀名譽，徵天下通知鍾律者百餘人，使羲和劉歆等典領條奏，言之最詳，故刪其僞辭，取正義，著於篇：一曰備數，二曰和聲，三曰審度，四曰嘉量，五曰衡權。參五以變，錯綜其數，稽之於古今，效之於氣物，和之於心耳，考之於經傳，咸得其實，靡不協同。

度者、分、寸、尺、丈、引也，所以度長短也。本起黃鍾之長，以子穀秬黍中者，一黍之廣，度之九十分，黃鍾之長，一爲一分，十分爲寸，十寸爲尺，十尺爲丈，十丈爲引，而五度審矣。其法用銅，高一寸，廣二寸，長一丈，而分、寸、尺、丈存焉；用竹爲引，高一分，廣六分，長十丈。其方法矩，高廣之數，陰陽之象也。分者、自三微而成著，可分別也，寸者、忖也，尺者、蒦也，丈者、張也，引者、信也。夫度者、別於分，忖於寸，蒦於尺，張於丈，信於引，引者、信天下也。職在內官，廷尉掌之。量者、龠、合、斗、升、斛也，所以量多少也。本起黃鍾之龠，用度數審其容，以子穀秬黍中者千有二百實其龠，以井水準其槩。合龠爲合，十合爲升，十升爲斗，十斗爲斛，而五量嘉矣。其法用銅，方尺而圜其外，旁有庣焉。其上爲斛，其下爲斗，左耳爲升，右耳爲合、龠。其狀似爵，以縻爵祿。上三下二，參天兩地，圜而函方，左一右二，陰陽之象也。其圜象規，其重二鈞，備氣物之數，合萬有一千五百二十。孟康曰：『三十斤爲鈞，鈞萬一千五百二十銖。』聲中黃鍾，始於黃鍾而反覆焉，君制器之象也。龠者、黃鍾律之實也，躍微動氣而生物也，合者、合龠之量也，升者、登合之量也，斗者、聚升之量也，斛者、角斗平多少之量也。夫量者、躍於龠，合於合，登於升，聚於斗，角於斛也。職在太倉，大司農掌之。衡權者，衡平也，權、重也，衡所以任權而均物平輕重也。其道如底，以見準之正，繩之直，左旋見規，右折見矩。其在天也，佐助旋璣，斟酌建指，以齊七政，故曰玉衡。論語云：『立則見其參于前也，在輿則見其倚於衡也，』又曰：『齊之以禮，』此衡在前，居南方之義也。權者、銖、兩、斤、鈞、石也，所以稱物平施知輕重也。本起黃鍾之重，一龠容千二百黍，重十二銖，兩之爲兩，二十四銖爲兩，十六兩爲斤，三十斤爲鈞，四鈞爲石。忖爲十八，易十有八變之象也。五權之制，以義立之，以物鈞之，其餘小大之差，以輕重爲宜。圜而環之，令之肉倍好者，周旋無端，終而復始，無窮已也。銖者、物繇忽微始，至於成著，可殊異也。兩者、兩黃鍾律之重也。二十四銖而成兩者，二十四氣之象也。斤者、明也，三百八十四銖，易二篇之爻，陰陽變動之象也。十六兩成斤者，四時乘四方之象也。鈞者、均也，陽旋其氣，陰化其物，皆得其成就平均也。權與物均，重萬一千五百二十銖，當萬物之象也。四百八十兩者，六旬行八節之象也。三十斤成鈞者，一月之象也。石者、大也，權之大者也。始於銖，兩於兩，明於斤，均於鈞，終於石，物終石大也。四鈞爲石者，四時之象也。重百二十斤，十二月之象也。終於十二辰，而復於子，黃鍾之象也。千九百二十兩者，陰陽之數也。三百八十四爻，五行之象也。四萬六千八十銖者，萬一千五百二十物歷四時之象也。而歲功成就，五權謹矣。權與物鈞而生衡，衡過生規，規圜生矩，矩方生繩，繩直生準，準正則平衡，而鈞權矣，是爲五則。規者、所以規圜器械，令得其類也。矩者、所以矩方器械，令不失其形也。規矩相須，陰陽位序，圜方乃成。準者、所以揆平取正也。繩者、上下端直，經緯四通也。準繩連體，衡權合德，百工繇焉，以定法式，輔弼執玉，以翼天子，詩云：『尹氏太師，秉國之鈞，四方是維，天子是毗，俾民不迷，』咸有五象，其義一也。以陰陽言之：太陰者、北方北伏也，陽氣伏於下，於時爲冬，冬、終也，物終藏，乃可稱，水潤下，知者謀，謀者重，故爲權也；太陽者、南方南任也，陽氣任養物，於時爲夏，夏、假也，物假大，乃宣平，火炎上，禮者齊，齊者平，故爲衡也；少陰者、西方西遷也，陰氣遷落物，於是爲秋，秋、𩏶也，物𩏶斂乃成熟，金從革，改更也，義者成，成者方，故爲矩也；少陽者、東方東動也，陽氣動物，於時爲春，春、蠢也，物蠢生，乃動運，木曲直，仁者生，生者圜，故爲規也；中央者、陰陽之內，四六之中，經緯通達，乃能端直，於時爲四季，土稼穡蕃息，信者誠，誠者直，故爲繩也。五則揆物有輕重，圜方平直，陰陽之義，四方四時之體，五常五行之象，厥法有品，各順其方，而應其行。職在大行，鴻臚掌之。

書曰：予欲聞六律，五聲，八音，七始，詠以出內五言女聽予者，帝舜也，言以律呂，和五聲，施之八音，合之成樂。七者、天地四時人之始也，順以歌詠五帝之言，聽之，則順乎天地，序乎四時，應人倫，本陰陽，原情性，風之以德，感之以樂，莫不同乎，一唯聖人爲能同天下之意，故帝舜欲聞之也。今廣延羣儒，博謀講道，修明舊典，同律，審度，嘉量，平衡，鈞權，正準，直繩，立於五則，備數，和聲，以利兆民，貞天下於一，同海內之歸。凡律度衡量用銅者，名自名也，所以銅天下齊風俗也。銅爲物之至精，不爲燥濕寒暑變其節，不爲風雨暴露改其形，介然有常，有似於士君子之行，是以用銅也。用竹爲引者，事之宜也。

觀漢志之記度量衡，可納之爲四點研究之：其一、言度量衡之標準，其二、言度量衡之命名及命位，其三、言度量衡之原器，其四、言度量衡之行政。

第二節　秦漢度量衡制度總考

依漢志言度量衡之標準，係以黃鐘之長，黃鐘之容及容重爲本，而以子穀秬黍爲校驗。度本起於黃鐘之長，九十分之一爲一分；量本起於黃鐘之龠，用度數審其容，合龠爲合；權本起於黃鐘之重。

是故漢代度量衡制度之標準，一「本」於黃鍾。又慮失其制，故又注以積黍之法，一黍為一分，直列九十黍合黃鍾之長以起度，一千二百黍合黃鍾之容以起量，卽以此容數合黃鍾之重以起權衡。所謂九十黍一千二百黍者皆當時校驗黃鍾之制適合之數，決非以秬黍為度量衡之標準。故漢志言度量衡，皆云「本起黃鍾，」後又以子穀秬黍作校驗之證，所以存其制於後世。

度量衡之標準既定又必須增設度量衡單位之名，以資實用。漢志本於劉歆之說，所謂五法，參五以變。度量衡單位之名各有五：五度者，分、寸、尺、丈、引，均以十進；五量者，龠、合、升、斗、斛，合由龠二進，合以上均十進；五權者，銖、兩、斤、鈞、石，二十四銖為兩，十六兩為斤，三十斤為鈞，四鈞為石。是為漢志度量衡命名命位之制。

然漢代度量衡，蓋承秦之遺制，故秦漢之制，大略相同。此以何立說？考周代定制，至春秋迄戰國之世，蓋已紊亂至極，秦不師古，自孝公（民國前二二七二——二二四八）之世，以商鞅佐政，一切法制均變於古。商鞅變制，籍稱在孝公十二年（民國前二二六一）。呂祖謙曰：『商君為政，平斗角，權衡丈尺』。三輔皇圖：『皇帝二十六年，（民國前二一三二）初兼天下，一法律，同度量。』在周末各國度量衡之制，本極紊亂，秦商鞅變制，劃一之；秦始皇一統天下，一切以暴力強制施行。秦之強制變制，影響於後世極重，漢興之制，即秦之變制者，度量衡之制亦然。蓋至秦並天下之後，朝廷度量衡之制，昭然劃一。漢興，度量衡之制，即承秦之遺制，此其一。商鞅變制，最著者，爲廢井田，開阡陌。漢代每有言『富者田連阡陌』，即受變制之影響。秦廢周百步爲畝之制，增至二百四十步，其遺制傳及於後世，無有變更，此其二。漢興以後，度量衡未聞有定制之舉，而漢志謂漢制以黃鍾爲本，即漢用秦制，由其制合黃鍾之數，以爲標準。如云「九十分黃鍾之長」，蓋秦遺制之尺度，合黃鍾如此，漢志以此爲標準；量衡之制亦然。又如量名之「合」「龠」，畝制之「頃」名，蓋皆由秦之遺，漢用之，此其三。考秦之斤鈞石三權器發現於今，（銖兩二權或以太小，容易失傳，故未嘗發現。）三權實重之進位，一如漢志，而秦行十二銖錢，文曰「半兩」，其義亦可通。是漢立五權之制，亦法秦之實制，此其四。秦變錢制，實行銖錢，漢興亦行銖錢，秦錢重十二銖，漢以其重，改鑄三銖等錢，銖之重，殆即依秦之制，此其五。是故秦漢二代度量衡實爲一制，其立制之始，在秦孝公之世，蓋變周制而一統周末之亂法者；其統一之成，在秦始皇兼並天下之時；而其制度之備，則載於漢志。（秦世享國不久，雖立其制，不傳於書。）此爲研究秦漢時代度量衡制度應注意者一。

王莽代漢，斥秦爲無道，每有所興造，必欲依古，多出於周禮。於是變漢制，亦即變秦之遺制。復周制，度量衡之制亦然。惟莽所變者，爲度量衡大小之量，其法制則相同，漢志出劉歆之五法，歆爲莽之國師，是漢志言度量衡之制，卽爲莽制。而劉歆言五法，亦卽秦漢之原制，故所變者，非其制，乃其量也。秦莽兩代變制，爲中國政治上最大之改革，影響亦最重。秦變度量衡之制，傳及於漢代；莽變度量衡之制，亦傳及於後漢。隋志載：後漢建武銅尺，與王莽劉歆尺並列，其度相等，乃荀勖同用以校驗其所造之尺。故後漢建武之度，卽莽之制也。此爲研究漢代度量衡制度應注意者二。

秦漢二代度量衡，及新莽後漢度量衡各屬同制，則第二時期中國度量衡制度，可以互爲參證以明之。

第三節　秦代度量衡之變制設施及制作

史記商君傳：『商鞅平斗桶，權衡，丈尺。』呂祖謙曰：『秦始皇二十六年（民國前二一三三）

一衡石丈尺。』又曰：『自商君爲政，平斗甬，權衡，丈尺，其制變於古矣，至是並天下之後，皆令如秦制。』考商鞅變法爲中國上古政治制度第一次大改革，影響於後世極重。周代度量衡之制，早已紊亂，而歷史必須進步，故商鞅變制，以新制統一數百年間紊亂不堪之舊制，以歷史眼光觀之，誠爲樹立新政之要着。蓋秦自孝公之世，商鞅變舊制，立新法，行於秦一國。至兼並天下之後，使天下盡用秦制。呂覽曰：『凡民自七尺以上，屬諸三官，農攻粟，工攻器，賈攻貨，仲秋之月，一度量，平權衡，正鈞石，齊斗甬。』故秦世不但令天下盡如秦制，並行每年定時檢查之制。至是度量衡之制，當是復能劃一。此秦代度量衡變制及設施之概略。

人長七尺，秦制之尺，計約爲一九三·五公分，與周制人長一丈之數約相符合，此可證秦漢之尺度。周尺之一尺二寸五分，爲秦尺之九寸，周尺之一丈，爲秦尺之七尺二寸，合人長七尺之說。

古今圖書集成載：『秦權銘曰「二十六年，皇帝盡並兼天下，諸侯黔首大安，立號爲皇帝，乃詔丞相疾綰，法度量，劚不壹歉疑者，皆明壹之；」此始皇帝詔也。又曰「元年制詔丞相斯去疾，法度量，盡始皇帝爲之，皆有刻辭焉，今襲號而刻辭不稱始皇帝，其於久遠也，如後嗣爲之者，不稱成功盛德，刻此銘，故刻左，使毋疑，」此二世詔也。』是蓋在秦始皇二十六年統一天下之後，製造權原器，而刻此前銘，至二世元年（民國前二一二〇）復增刻此後銘。此權原器，據吳大澂所藏有四，共三種重量，其同量者，一爲銅質，一爲鐵質，均有刻銘二，與此全同，如第一〇圖：

第一〇圖　秦權圖

秦斤權

秦斤權

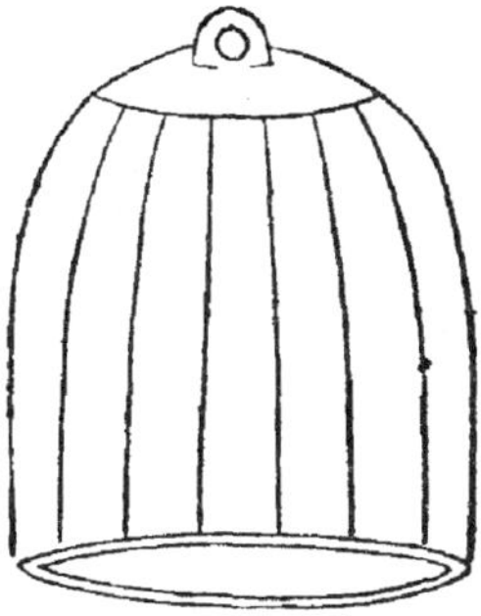

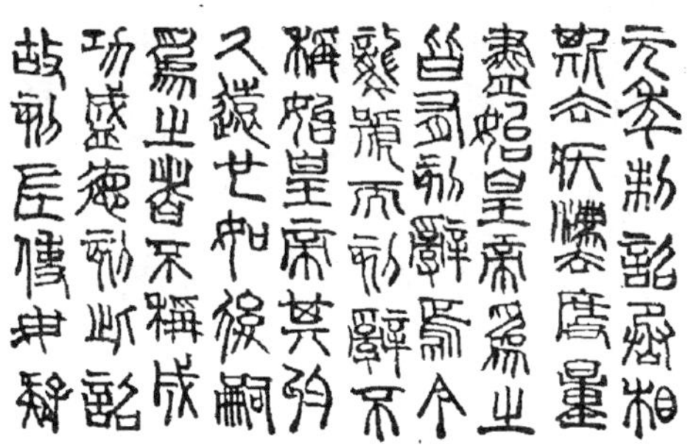
元年制詔丞相
斯去疾法度量
盡始皇帝為之
皆有刻辭焉今
襲號而刻辭不
稱始皇帝其於
久遠也如後嗣
為之者不稱成
功盛德刻此詔
故刻左使毋疑

秦鈞權

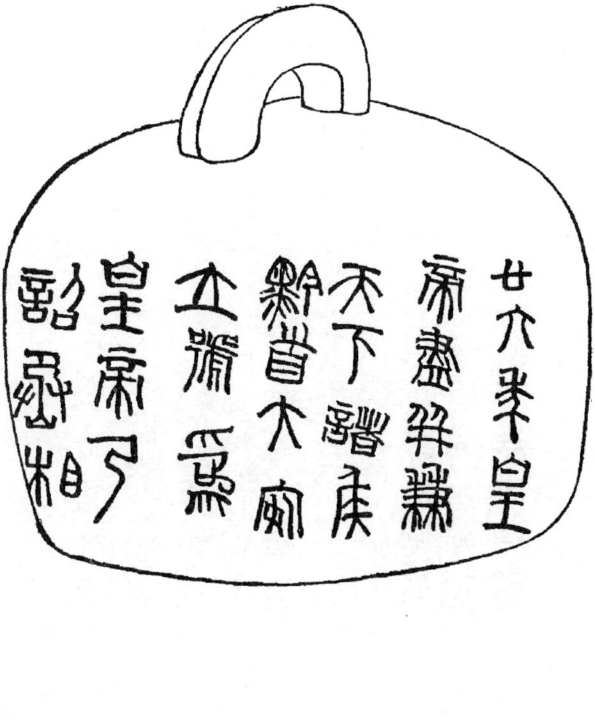
廿六年皇
帝盡并兼
天下諸侯
黔首大安
立號為
皇帝乃
詔丞相

秦鈞權

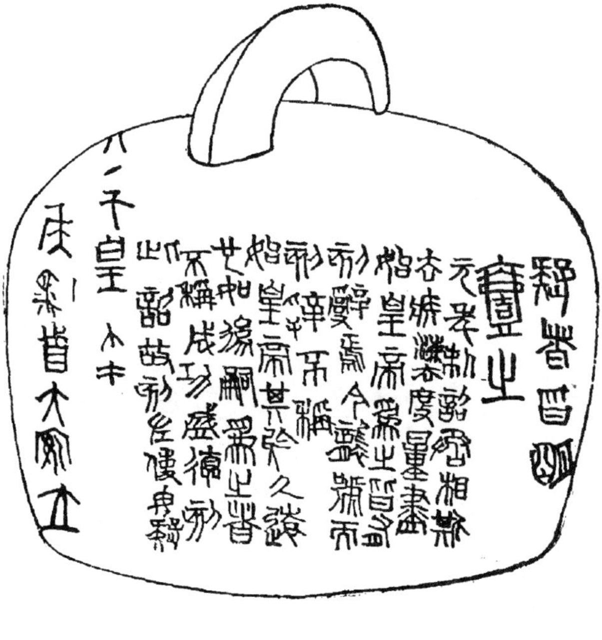

秦石權

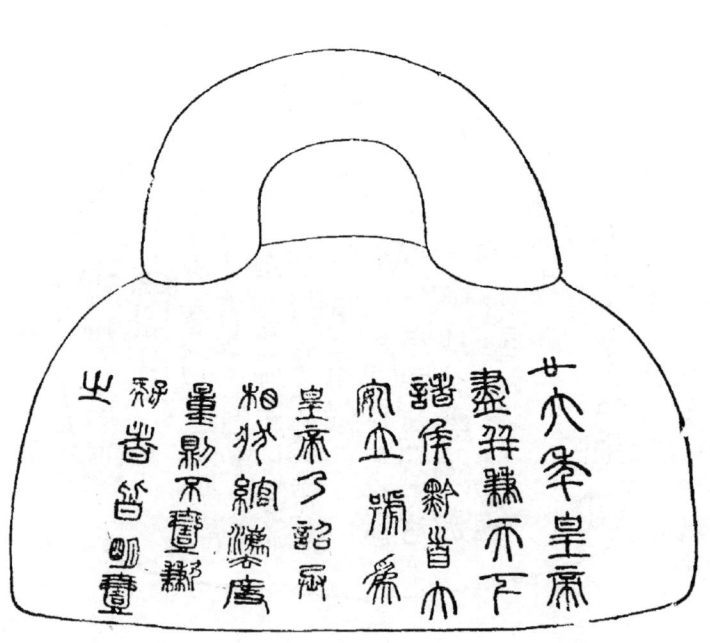

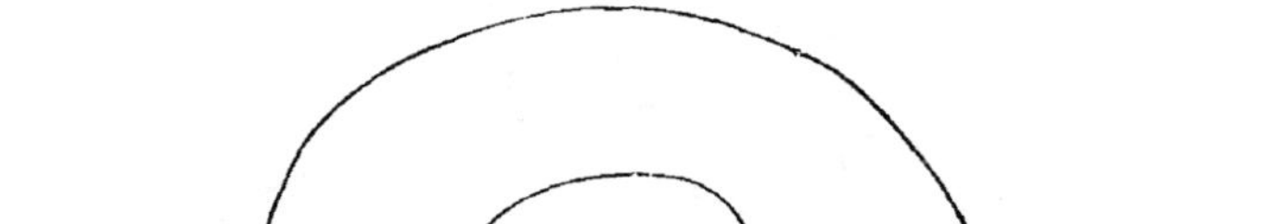

秦石權

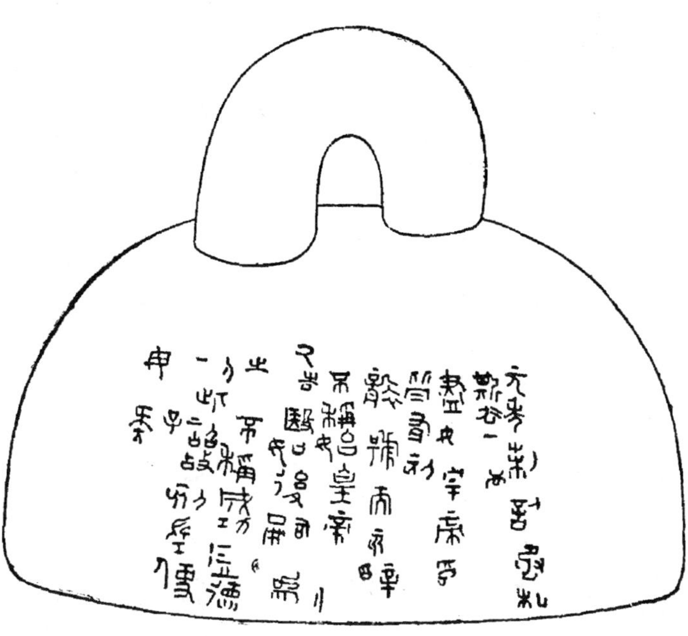

觀圖，三種權之銘全同，第二權兩刻始皇詔書，吳氏曰：『或因初刻一詔，日久有漫漶字，迨二世頒詔時，補刻始皇前詔，故有重文。』總之，此殆爲秦代之制作，於以證秦漢權衡之制，當爲不誣。惟三種權，均未註明重量，據吳氏實驗較得第一種權重湘平六兩三錢一分，第二種權重湘平十三斤八兩，第三種權重湘平五十四斤。以吳氏實驗得秦半兩泉之重計之二三兩種權，其一適爲鈞權，其一適爲石權；第一種權較斤權之重稍弱，吳氏曰：『一斤應合七兩二錢，（〇·四五兩之十六倍爲斤。）是權短平八錢九分，下邊有磨鑢痕，故銅質略輕。』然此三種權，當爲秦之斤鈞石三權，而秦漢二代權衡之制，於錢法較驗之外，於此得一實證。

第四節　漢代度量衡及與周代設施上之比較

漢代度量衡可以證之於漢書律歷志，其實量可以由秦莽二代度量衡推求之。其對於度量衡行政上之設施，據漢志云：『度者，職在內官，廷尉掌之；量者，職在太倉，大司農掌之；衡權者，職在大行，鴻臚掌之。』廷尉、秦官名，掌刑獄之事，漢仍之，顏師古曰：『法度所起，故屬廷尉。』大司農、掌錢穀之事，顏師古曰：『朱粟之量，故在太倉，』穀以量計，故量屬大司農。鴻臚、本周官大行人之職，掌贊導相禮之事，顏師古曰：『平均曲直，齊一遠近，故在鴻臚。』

周制朝廷掌理度量衡事務之官有三：出之以內宰，一之以合方氏，同之以大行人。而實際掌地方度量衡事務爲司市，故曰掌之以司市。考周行邦國之制，封邦之後，各邦各治理其邦內之事，故統一之權，屬於中央朝廷之上，地方之官，掌理推行之事務。漢行郡國之制，郡置郡守，隨時由中央派任，故統一之權及掌理之務，均屬諸中央。此周漢二代行政設施不同之點一。周制以掌理度量衡之性質分官，故內宰掌理度量衡標準之事，合方氏掌理民用度量衡之事，大行人掌理公用度量衡之事。漢制以掌理度量衡之器具分官，故廷尉掌理度器，大司農掌理量器，鴻臚掌理衡器。此周漢二代行政設施不同之點二。

第四二表　周漢二代度量衡行政官司比較表

周漢度量衡行政官司之比較

- 分權
  - 周—統一之權屬中央掌理之務屬地方
  - 漢—統一之權掌理之務均屬中央
- 分官
  - 周—內宰掌標準合方氏掌民用大行人掌公用
  - 漢—廷尉掌度大司農掌量鴻臚掌衡

第五節　新莽度量衡之變制及其影響

變制者立新制，爲歷史演進自然之結果，故前代法制不良，或已不適於用，惟有創立新制，以承紊亂之末，一毀以前舊制。周末度量衡紊亂已久，眞制失傳，而秦變之。漢中度量衡未聞有統一之舉，其不劃一，自爲意中事，而莽變之。中國度量衡之制，自秦一變而漢行之，自莽再變而後漢行之，其影響亦至爲重大，故特於此再伸言之。

莽變制，乃變漢之制，亦卽變秦之制，但又非爲復周制。而度量衡之法，則不變於漢，漢志出於莽師劉歆之五法，而五法蓋本秦漢之法制，是故秦漢之法制，莽未嘗改變，所變者，器之量也。

新莽變制影響至爲重大。『自漢平帝時，命劉歆同律度量衡，變漢制，王莽因之，以鑄錢貨銅斛望臬；晉武帝時，荀勖因錢貨銅斛望臬製尺。』『荀勖所取法之西京望臬，建武銅尺，亦仍莽制，荀勖之尺，爲晉前尺，歷代尚之，隋書律歷志開載十五種尺，以此尺爲主。』『後周世宗時，王朴造樂，用此尺，而略有所增。宋太祖嫌其尺短，音哀，命和峴更增之。仁宗時丁度高若訥據莽之錢貨定尺以獻，而司馬光刻之於石，蔡元定著之於書，……』以上據莽制流布影響之事實，乃雜錄各家之言。

總之，中國度量衡至新莽之時，實爲有史以來最大之改革。既改制後，復毀滅前代之制，製頒標準器，使天下所用者，莽之器，使後世所傳者，亦莽之制。無論後世用器實量之增損如何，而所採據以爲較量之準者，無非莽制莽物。參見後數章，可知莽制傳布之廣，影響之大。

第六節　新莽度量衡標準器之制作及設施

新莽度量衡標準器之制作，今可考者，有度量權三種，僅量標準器完整無恙，度權二種標準器已不完全。又衡標準器亦難詳考。考新莽嘉量，歷史上曾經數次發見。魏陳留王景元四年（民國前一六四九）劉徽注九章商功曰：『王莽銅斛，於今尺爲深九寸五分五釐，徑一尺三寸六分八釐，……』王莽銅斛卽新莽嘉量，嘉量本爲銅質，而斛爲嘉量之正身，故以斛爲名。劉徽注九章，必親見此器，此一次發見於魏世。漢書律歷志注引鄭氏曰：『今尙方有王莽時銅斛，制盡與此指漢志同。』王國維曰：『案顏師古漢書序例云「鄭氏，晉灼音義序云，不知其名，而臣瓚集解，輒云鄭德，既無所據，今依晉灼，但稱鄭氏。」案臣瓚晉灼皆西晉初人，已引鄭氏說，則其人當在魏晉間矣。』此二次發見於魏晉之間。李淳風九章算術注：『晉武庫有漢時王莽所作銅斛，』此三次發見於晉世。高僧傳：『苻堅遣丕南攻襄陽，道安與朱序俱獲於堅，既至住長安五重寺，時有一人持一銅斛於市賣之，……堅以問安，安曰：「此王莽自言出自舜皇，就柴戊辰，改正郎眞，以同律量，……」』秦攻襄陽，獲朱序，在東晉孝武帝太元四年（民國前一五三三）此四次發見於秦苻堅之世。王國維曰：『王莽嘉量，西清古鑑著錄，今藏坤寧宮，五量及銘辭並完，古籍所記魏晉武庫曾藏一具，鄭德注漢書律歷志，劉徽注九章算術商功篇，並著其事，苻堅於長安市上亦得一具，……唐宋以後未見記錄。此器不知何時入內府，又未知得自何所。……』蓋新莽嘉量，在魏晉之世，曾數發見，唐以後不知存否。清會典：『乾隆間得東漢圜形嘉量，』此亦新莽所制作之嘉量。原藏於坤寧宮者。此五次發見於清初。王國維謂不知何時入內府，蓋即得之是時，藏在是時？故宮博物院藏有一具，完好如初，即出自坤寧宮者。今此器出在中國度量衡史上實有極大之價值，整個中國度量衡實制，幾可全由此器證實之。

西清古鑑爲乾隆敕撰，有漢嘉量之圖及銘文。又乾隆時，翁方綱兩漢金石記載王莽銅量之銘文銘辭均全，而隋書律歷志只載斛銘。李淳風九章算術注，謂『其篆字題斛旁云云（斛銘）……及斛底云云（斗銘）……後有讚文，與今律歷志同，……今祖疏王莽銅斛，文字尺寸分數，然不盡得升合龠之文。』王國維曰：『「云後有讚文與今律歷志同」者，此量後銘與淳風所撰隋書律歷志中莽權銘同。云「今祖疏王莽銅斛文字尺寸分數」者，祖謂祖冲之，隋志載「祖冲之以密率考此量」其證也。云「不盡得升合龠之文」者，謂祖冲之僅錄斛斗二銘及後銘，不錄升合龠之銘也。』故在魏晉之世，嘉量之器雖發見，而銘辭不盡錄。王氏又曰：『古書記錄此器，頗有違失，如高僧傳，言「橫梁昂者爲升，低者爲合，梁一頭爲龠，」其所謂梁者，卽左右兩耳，今此器兩耳平行，初無低昂，傳語失之。九章李注，言「升居斛旁，合龠在斛耳上，」區旁與耳爲二，尤非。蓋僧祐李淳風均未見此器也。』總之，此器當時雖數度發見，而著者未見其器，故失其眞。又名之者，亦有種種歧異：劉徽鄭氏均謂「王莽銅斛，」隋志謂「王莽時劉歆銅斛，」淸會典、西淸古鑑，均謂「東漢嘉量，」翁方綱謂「王莽銅量，」馬衡劉復謂「新嘉量，」王國維謂「新莽嘉量。」嘉量爲五量之器名，王莽國號新，新莽爲表王莽制作之時代，故宜稱爲「新莽嘉量。」

王國維又曰：『湏陽端氏尙有一殘量，僅存周圍小半，……有後銘八十一字，海內未開有第三器。……據銘辭云「龍在己巳，歲次實沈，初班天下，萬國永遵」則王莽於始建國元年，曾以此量班行天下。案漢末郡國之數凡百有三，莽制承之，則此器當時所鑄必有百餘，而今僅存二器，又惟此（指藏于坤寧宮者。）獨完貞。』己巳爲新莽始建國元年（民國前一九〇三）即在是年頒發度量衡標準器，以爲各國遵守。既云「初班天下，萬國永遵」，知其制作標準器之數，誠如王氏云，當在百餘份以上。故自是而後，中國度量衡之制，又完全統一。各郡國所存之標準器，均祇爲莽制矣。

第一一圖　新莽嘉量原器圖

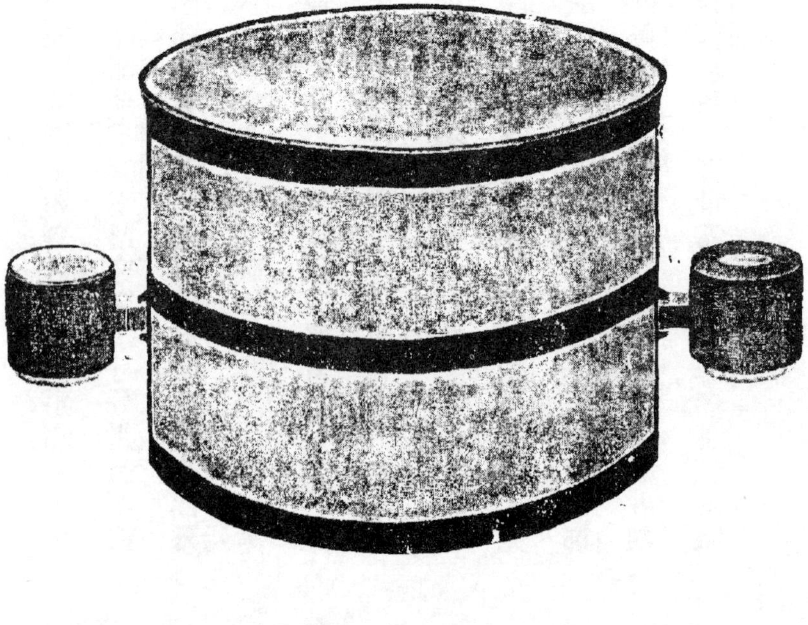

故宮博物院所藏新莽嘉量原器，如第一一圖。

劉復曰：『此器中央爲一大圓柱體，近下端處有底，底上爲斛量，底下爲斗量；左耳爲一小圓柱體，底在下端，爲升量；右耳亦爲一小圓柱體，底在中央，底上爲合量，底下爲龠量。（右耳底壁均甚厚）故斛、升、合、三量，均向上，斗龠二量，均向下，漢志所謂「上三下二，參天兩地」也。』此卽新莽嘉量形體之說明。其量之實制，可於其五量之銘辭中研究之。其斛銘曰：『律嘉量斛，方尺而圜其外，庣旁九釐五毫，冥百六十二寸，深尺，積千六百二十寸，容十斗。』

漢志出於劉歆之法，故新莽嘉量與漢志之說，可互爲參證。今其五量銘之文義，及漢志所謂「用度數審其容」之義，均爲應研究者。考新莽嘉量，五量均內爲圓形，但不曰圓徑之數而曰「方若干而圜其外，庣旁若干，」此與周鬴之制所不同者，爲庣旁之制。律呂新書以斛銘文解之，謂『「方尺」者所以起度，「圜其外，」循四方而規圜之，其徑當一尺四寸有奇。』所謂「庣，」鄭康成謂爲「過，」顏師古謂爲「不滿之處，」律呂新書曰：『庣旁九釐五毫」者，「徑一尺四寸有奇」之數，猶未足也。』是蓋由「方尺而圜其外，」以定圓徑之數，猶不足，圓徑兩端須再各加九釐五毫，而後其圓面積始足百六十二方寸之數，即所謂冥若干。「冥」字，隋志載稱「冪」，即是圓面積。何以要合一百六十二方寸之數？蓋黃鐘一龠之所容為「八百一十立方分」，二千倍之為斛之容積，應為一千六百二十立方寸，以斛深一尺等之，斛圓面積，即應合一百六十二方寸。故由「方尺而圜其外」以定圓徑，須加庣數，而後由徑求圓面積，始能合也。

第一二圖

新莽嘉量

斛方尺而圜其外並庣旁圖

（縮尺五分之一）

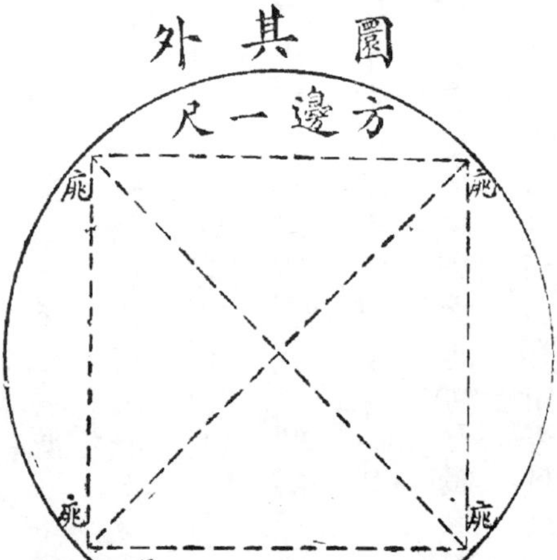

劉復曰：『圓內所容正方形之四角，並不與圓周密接，而中間略有空隙，即所謂庣。』庣數應為

二，故

$$斛圓徑 = \sqrt{2} + (2 \times 庣) = 1.414,213,6 + 2 \times 0.009,5 = 1.433,213,6 尺$$

$$斛圓面積 = (7.166,068)^2 \times \pi = 161.329,1 方寸$$

此數係用現時通用圓周率三・一四一六計算，故略小。但在莽制作之時，其圓周率並非此數，其斛圓面積爲一百六十二方寸。由是可知所謂「方若干而圜其外」又「庣旁若干」者，乃爲足其面冪之數，再由是而得其應有之容積。此新莽嘉量之制，所謂「用度數審其容」者。

新莽嘉量之「度數」既定，則所謂「審其容」祇須知其尺之長度，卽可計算，參見前第三章。惟新莽嘉量，係新莽制作標準器之一，有容量，復有度數，且有重量，漢志云嘉量『其重二鈞』，新莽之制亦然。故作新莽嘉量之實驗，實可以求新莽度量衡之全制，或驗其制作精差之度。此種工作，王國維曾依斛之度數作尺度之較量，得一尺之長合清營造尺七寸二分，已見前。而劉復則作度量衡完全之實驗，並作「較量及推算之文」。

據劉氏求得之結果，以尺、升、斤、三單位，表之如左：

新莽之度，一尺爲二三・〇八八六四公分。

新莽之量，一升爲二〇〇・六三四九二公撮。

新莽之權，一斤爲二二六・六六六六公分。

依新莽嘉量實驗得度量二數，較前第三章所定之標準數，可作比較如次：前定衡數標準，係與此平均計得者，故不作比較。

(一)度、較二三・〇四公分，僅大〇・四八六四公釐。

(二)量、較一九八・一三五六公撮，僅大二・四九九三公撮。

新莽制作之權標準器，於南北朝之世，亦曾二度發見。隋書律歷志曰：『案趙書石勒十八年（民國前一五七七）七月造建德殿，得圓石，狀如水碓，其銘曰：「律權石重四鈞，同律度量衡，有新氏造。」續咸議是王莽時物。後魏景明中，幷州人王顯達獻古銅權一枚，上銘八十一字，其銘曰：「律權石，重四鈞，又云：……（八十一字銘見後）」此亦王莽時物也。』案「新」字，隋志均誤載爲「辛」字。自是之後，則無有道及之者。近在甘肅定西縣西七十里之稱鈎驛發見新莽權衡數件，陳列於甘肅省教育館，後被竊失蹤，復經海關發見，被人偷運海外，乘機扣留。今古物保管委員會存有

「直柱一衡一，鈎一，權四。」據冰岩君曰：『甘肅省教育館舊存新莽衡權，計衡一，權四，鈎一。衡有銘文，殘缺不完，存七十一字。案此七十一字，乃新莽度量權衡總銘八十一字之前七十一字，見後。四權中，一權銘文與衡同，一殘缺僅餘律、建、

第一三圖　新莽權衡原器圖

第一三圖（一）

第一三圖（二）

定三字，一已殘剝無字，一僅餘一銖字。』冰岩君所云者，卽今存古物保管委員會中之新莽權衡，惟冰岩君所謂存七十一字之衡，是爲度，非衡也。除此而外，計古物保管委員會所存爲權四，衡一，新莽權衡原器如第一三圖。

五量各有一分銘，僅其所言度數異，其文義均相同。五權之分銘，隋志載一石權，銘曰：『律權石，重四鈞；』（石勒十八年發見之圓石，其銘後文有「同律度量衡有新氏造」，九字但每一器已有一總銘，表示新莽之制作，故莽權銘，以後魏發見者爲是。）則其餘四權之分銘，可依此類推。冰岩君所云四權，除一權已無字不計外，其一權銘文與衡同，卽謂總銘，其一權餘律、建、定、三字，當卽總銘中之「律」「建」「定」三字，其一權餘一銖字，當卽銖權或兩權銘中之銖字。

甘肅省教育館尚存一最大之權，是乃石權。漢志曰：『五權之制，……圜而環之，令之肉倍好者，』觀四權圖之形式，誠然。又衡上亦有一總銘，全在衡之中央，並無分銘。又有一鈎，其式與現今桿秤之鈎同，未知是否屬於此衡者。

古物保管委員會所謂「直柱」，卽冰岩君所謂「衡」者，實乃度標準器，如第一四圖。

第一四圖　新莽度原器圖

漢志言度制：『高一寸，廣二寸，長一丈，而分寸尺丈存焉。』今據圖，高廣之度正相合，以前第三章攷定新莽尺之長度計之，高一寸，廣二寸，正相合。長僅五尺八寸，然器中總銘僅餘前七十一字，而度器亦有分銘，則自斷處以後，合總銘缺字及分銘，當可足四尺二寸之數，合長當爲一丈。

又嘉量雖爲一器，而五量分制，又五權亦分制，故五量五權之分銘，各有五。五度僅有二器，其一爲存分寸尺丈之四度，卽第一六圖之度原器，其一爲引制。二器當僅有二分銘，其銘雖不可考之於器，但可證於漢志。又漢志分五度、五量、五權，衡之制不詳，蓋衡爲權之用，故衡無分銘。茲將新莽度量權衡標準器之制作，總括說明如次：

一、標準器之種類全份在百數以上。

(一)度器有二其一，爲銅製直尺，長一丈，寬二寸，厚一寸，所以表明分寸尺丈之四度；其二，爲竹製卷尺，長十丈，寬六分，厚一分，爲引制。

(二)量器合爲一，銅製，正身上爲斛，下爲斗，左耳爲升，右耳上爲合下爲龠。五量並表明於此一器，均圓柱形。

(三)權器有五：銖、兩、斤、鈞、石、分制，銅或鐵製，均圓形中有圓孔，「令之肉倍好，」故圓孔之徑，爲外徑三分之一。

(四)衡器至少有一，銅或鐵製，如今秤類之橫梁，其制不盡詳。

二、每一器有一總銘八十一字均相同。

黃帝初祖，　德市於虞；　虞帝始祖，　德市於新；　歲在大梁，　龍集戊辰；　戊辰直定，
天命有民；　據土得受，　正號卽眞；　改正建丑，　長壽隆崇；　同律度量衡，　稽當前人；
龍在己巳，　歲次實沉；　初班天下，　萬國永遵；　子子孫孫，　享傳億年。

現存嘉量及衡桿之總銘，及隋志所載之權銘，此八十一字均完全，現存度器之銘，爲前七十一字，所缺者爲後十字。銘文中云：「黃帝」「虞帝」者，有謂莽自稱虞舜之後，實非；蓋黃帝初造律，以定度量衡，虞舜始同律度量衡，莽好古，所以遵古。銘文有「同律度量衡」之語，蓋其意，卽以虞舜之後，惟我能行，故曰「黃帝初祖，德市於虞；虞市始祖，德市於新」。

三、五量之分銘今完全。

（一）律嘉量斛，方尺而圜其外，庣旁九釐五毫，冥百六十二寸，深尺，積千六百二十寸，容十斗。

（二）律嘉量斗，方尺而圜其外，庣旁九釐五毫，冥百六十二寸，深寸，積百六十二寸，容十升。

（三）律嘉量升，方二寸而圜其外，庣旁一釐九毫，冥六百四十八分，深二寸五分，積萬六千二百分，容十合。

（四）律嘉量合，方寸而圜其外，庣旁九毫，冥百六十二分，深寸，積千六百二十分，容二龠。

（五）律嘉量龠，方寸而圜其外，庣旁九毫，冥百六十二分，深五分，積八百一十分，容如黃鐘。

四、五權之分銘 鈞、斤、兩、銖，四權銘，爲推出者。

（一）律權石，重四鈞。

(二)律權鈞，重三十斤。
(三)律權斤，重十六兩。
(四)律權兩，重二十四銖。
(五)律權銖，重百黍。

五、五度之分銘 僅有二，今推定者。

(一)律度分、寸、尺、丈，高一寸，廣二寸，長一丈。
(二)律度引，高一分，廣六分，長十丈。

第七節　後漢度量衡

後漢度量衡，承莽之制，又有二證。莽變制，必盡燬舊器，一律行用新器，於是傳於後漢者，蓋祇爲莽制。而後漢對於度量衡，並不如莽之注重，莽制既傳於後漢，後漢亦即因之不另更張。晉荀勖造尺，所校古物，五曰銅斛，七曰建武銅尺，是後漢尺度，與新莽嘉量定度數之尺度相等，此其一證。漢書著於後漢初，而律曆志一本莽師劉歆之法，此卽莽制傳於後漢之明證。設後漢改莽之制，或莽制與前漢制異，必不以莽法著爲前漢之制。此更可證不但後漢承莽之制，卽莽亦承前漢之制，莽所變者，非漢制，乃其器量此其二證。總之，史乘籍載，後漢於度量衡之設施及制作，既無紀錄，卽其制度，亦莽之制也。

後漢書『建武十五年（民國前一八七三）詔下州郡，簡核墾田頃畝及戶口年紀，河南尹張伋及諸郡守十餘人，坐度田不實下獄死。』此可見後漢光武帝注重於田畝之計數。後漢書又有曰：『京兆尹倫平銓衡，正斗斛，市無阿枉，百姓悅服。』則後漢度量衡必不劃一，故有平正之舉，而民悅服。於此可見後漢朝廷並不注重於度量衡之制，較之新莽遠不及也。

第八節 漢志注解之說明

一、起度標準之說明

漢志曰：『度本起黃鍾之長，以子穀秬黍中者，一黍之廣度之，九十分黃鐘之長，一爲一分。』其意已甚明顯，即謂度制本於黃鍾之長，九十分之一爲一分，故曰「度本起黃鍾之長，」又曰「九十分黃鍾之長一爲一分。」而二句之間，則夾入「以子穀秬黍中者，一黍之廣度之，」一語，蓋當時恐其實際不存於後世，故考求於子穀秬黍，以其中者，一黍之廣度之恰合一分爲九十分一黃鍾之度，非以子穀秬黍爲標準。蓋漢代之尺，本於秦制，其度已定，而度一本於黃鍾，故漢以古黃鍾驗其尺，恰符九十分之度。九十分者，乃二者比較之數，二者均先已存在，既非以尺定律，亦非以律定其尺度，若以律定尺，當作整分百分之度；若以尺定律，當作天數九九之八十一，或作地數十十之一百分之分劑，漢志之說，則每以陰陽爲言，今九十分之數於二者之義，一不相合，即其明證。此漢志之本意如此。

而後世之誤，蓋有二因：一誤於漢志以黍爲校驗之說，蓋其時以黍係天生之物，有常不變，用之以爲校驗之物，後世有所準。但黍非爲不變者，已見前章，而漢志自云以「中」者爲度，此在當時實已知其非不變，而猶以黍爲較驗之物，知其誤而遺其誤，此誤之實甚。二誤於後世之曲解，每專恃於累黍爲定，以漢志係以黍爲標準，今引一段誤解之說，以爲佐實。宋房庶曰：『嘗得古本漢志「一黍」字下，有「之起積一千二百黍」八字，即謂「本起黃鍾之長，以子穀秬黍中者，一黍之起積一千二百黍之廣度之，九十分黃鍾之長，一爲一分」。今本漢書闕之。』因有此增文，於是有然否二說。然其說者之言曰：『漢志前言分寸尺丈引本起黃鍾之長，後言九十分黃鍾之長。尺量權衡，皆以千二百黍，在尺，則曰「黃鍾之長，」在量，則曰「黃鍾之龠，」在權衡，則曰「黃鍾之重，」皆千二百黍也，豈猶于尺，而爲不成文理乎？』范景仁等之言如此。否其說者之言曰：『按一黍之廣爲分，故累九十黍爲黃鍾之長，積千二百黍爲黃鍾之廣，』蔡元定等之言如此。二說之誤，皆誤在以黍爲標準。然明於尺度與黃鍾關係，及黍物雖中亦不中之義，則自明矣。

二、權量標準之說明

漢志曰：『量本起黃鍾之龠，用度數審其容。（解釋見前。）以子穀秬黍中者，千有二百實其龠，以井水準其概，合龠爲合，……權本起黃鍾之重，一龠容千二百黍，重十二銖，兩之爲兩。』明於起度標準之正義，卽明於權量標準之正義。權量均本於黃鍾，以黃鍾龠之度數，審其容積之定準。黃鍾龠容積八百一十立方分，此爲標準；以黍爲校驗，得一千二百黍。然容黍又不比累黍，故又言容黍之準，以水準其概。（解釋見下。）一千二百黍，其黍之大小，乃當時用以累長九十黍合黃鍾長者，卽以此黍數爲校量權之準，故稱之定爲十二銖之重。考量衡起於度，今法亦然，如以十分之一公尺立方體爲一公升，（法國言米突制起初之標準。）一公升容水定爲一公斤之重，卽先以度數審其容，爲千分之一立方公尺，而後以水爲校量衡之準，此可以互通。惟取爲校驗之物用黍，自不若用水，而又以水之蒸溜過者爲佳。然漢爲權量之標準，實在黃鍾龠，用度數審其容，後世不可專憑容黍，以求一千二百之數，以自誤也。

三、黍廣定度之說明

漢志曰：『以一黍之「廣」度之，』考「廣」之爲義，本甚廣，如一室之縱度，得謂之廣，橫度亦得謂之廣，室內之面積，又得謂之廣，容積復得謂之廣。「廣」之義不限於「橫」之一解。不過習慣廣橫二字，可以通用，遂誤專以「橫」爲廣之解釋。若明於起度標準之所在，則爲黍之廣，根本不必在縱橫意義之間尋根據。朱載堉曰：『漢尺，斜黍之尺，黃鍾之律，其長以斜黍言之，則爲九十分。』蓋漢尺與黃鍾律比較得九十分，斜黍與黃鍾律比較亦得九十黍，此皆比較之數。起度本不可於黍之縱橫意義之間尋根據，又何得獨謂爲斜黍哉？斜黍者，不過比較其數相符，故命名曰「漢尺，爲斜黍尺」，非漢以斜黍爲較驗之度，亦非定漢尺爲斜黍尺，不過爲研究之方便，而藉以命之名者。

四、容黍準概之說明

漢志曰：『以子穀秬黍中者，千有二百實其龠，以井水準其概。』孟康曰：『概欲其直，故以水平之。』顏師古曰：『槪所以平斗斛之上者也。』劉復謂『以井水灌入器中，以準其較量之意。』考去容黍較龠之法，而以水較黃鍾定其量，始自宋李照之所爲。馬衡以『槪爲平斗斛器，以井水準其槪，是用井水較準其平斗斛器。』馬氏合孟顏二家之說。如是「以井水準其槪」一語，有二種解釋：其一、以「槪」爲平量器口之器，而用井水較驗其槪之平直；其二、不以槪作平量器口之器具解釋，而將全句解作「用水較量量器」之意，依第二說，槪字無所用，而第一說以水較槪，均非漢志本意。劉復曰：『顧陳垿鐘律陳數其曰「以井水準其槪」者，謂「實龠既滿，沃水令平，以當面冪，視黍粒之頂，悉與水齊而後已，所以代槪也，」這是說不過去的，因爲黍輕水重，先放黍，後放水，黍粒必隨水浮出，至少也要浮得比龠口更高，決然做不到「黍粒之頂悉與水齊。」顧氏接着說，「必井水者，性澄靜，善沉物，不浮動也。」這在井水性質上加了許多臆測，不甚可靠。接着又說「若曰以水平槪，以槪平龠，無論取平太拙，且龠之面其廣幾何，安所施槪？」這實在說得不錯。』實龠以黍，復加入水，則黍浮出水面之上，故劉氏言顧氏之說非，爲是。又顧氏言井水之性一段，亦爲非是。蓋用水本意，水須清潔，在當時以水之最清潔者，莫若井中之水，若在今之世，必言蒸餾水，意可通。故說明用「井水」至黃鍾龠之口本甚小，顧氏之言固甚當，然口雖小，取平仍當以概器平之，始爲愼重其準之意。「概」爲器，卽所謂「平斗斛器」者。而龠之口應平，須能完全與水平面密接，故以井水準其龠口之平，卽所以爲準其用概之平。以黍一千二百之數實龠之後，以概平龠口，視其平須不多不少。故曰「千有二百實其龠，以井水準其概」者，及以「井水準其龠口之平，以概準其一千二百黍容數之度，」二事非同時爲之者。家語孔子觀於東流之水曰：『……至量必平之，此似法；盛而不求概，此似正；……』此卽謂水入量器，滿而自平，不須求於概，「以井水準其龠口之平」者，卽此之謂；是爲以水性之平，定其龠口之平者。

第九節　第二時期度量衡之推證

一、隋志之紀載

隋志記及本時期之尺度有三。其一、稱爲漢志王莽時劉歆銅斛尺，及後漢建武銅尺，此已見前，不再及。其二、稱曰漢官尺，其說明曰：『蕭吉樂譜云：「漢章帝時零陵文學史奚景於冷道縣舜廟下，得玉律度，（晉志：相傳謂之漢官尺。）爲此尺傳暢。』此尺不知是否果爲古物，抑爲出自得者之僞造？卽係古物，而其年代已不可考。晉志謂之漢官尺，亦只可認爲章帝時之官尺。據隋志載，比晉前尺（卽合新莽尺。）一尺三分七毫蓋章帝又後於後漢光武五十年，其時度量衡之制已不劃一，則此尺蓋由增益訛替及製造不準之所致也。其三、稱曰蔡邕銅龠尺，其說明曰：『從上相承，有銅龠一，以銀錯題其銘曰：「龠黃鍾之宮長九寸……」』祖孝孫云：「相承，傳是蔡邕銅龠。」蔡邕爲後漢末人，其時所行用尺度，非前漢之制，蔡氏或因造一龠黃鍾律，以明前漢之制，但並非行使之制度。前後漢尺度之比爲一二〇比一〇〇，今蔡氏銅龠尺，復據隋志載其比數爲一一五·八，依此推算，得後漢尺比數，應爲九六·三，不合一〇〇之數，蓋爲當時尺度較後漢初之實制，已有差之故。

二、谷口銅甬考

歐陽公集古錄有谷口銅甬，始元四年，左馮翊造，其銘曰：『谷口銅甬，容十斗，重四十斤。』考甬卽爲斛量，左馮翊爲漢郡名。是器當係漢昭帝始元四年（民國前一九九四）左馮翊郡所造。考漢制嘉量斛容十斗，重二鈞，卽六十斤，今此器只云四十斤，或其量僅爲斛，而無餘四量，非嘉量之制。然此器非朝廷所制頒者，非爲漢代標準器，自爲無疑。

三、清定橫黍律尺之推證

清初康熙定制，以橫黍百枚之度，合清營造尺縱黍百枚之度，百分之八十一。清制以累黍布算得尺，由尺考定黃鍾律，是清以清所造之尺定律，非以古律定尺者。今之黃鍾，非古之黃鍾，清橫黍律尺，亦非古黃鍾律尺至爲明顯。故前稱之名「清律尺」未嘗以古尺目之。而識者不察，誤以清律尺爲考定黃鍾者，卽謂爲古尺之度，誤之實甚。考其誤致之果有三：其一、誤以爲夏尺者，蓋本橫黍之度爲夏古尺之說；其二、誤以爲周尺者，蓋以中國史籍所謂古，每指周代爲言之說；其三、誤以爲漢尺者，蓋本漢志所謂「一黍之廣爲分，九十分合黃鍾律長」之說。考清之律尺，清代所造，夏周漢三代之尺，已不傳於後。而清律尺在其制作之時，所用以校驗者又非古物，較之荀勖之制作猶不及，此根本不可認爲古尺。清橫黍之度，只憑累黍爲定，不過爲清之律尺，作考古之一用。清律尺制成之後，考校古律，因而新莽之黃鍾，（亦非古黃鍾見前。）合清之太簇，故新莽尺合清律尺九分之八。新莽尺爲夏尺一〇八分之一〇〇，爲周尺一〇八分之一二五，爲漢尺十二分之十，均非九分之八，故清之律尺比例，亦不合夏周漢三代尺之度。

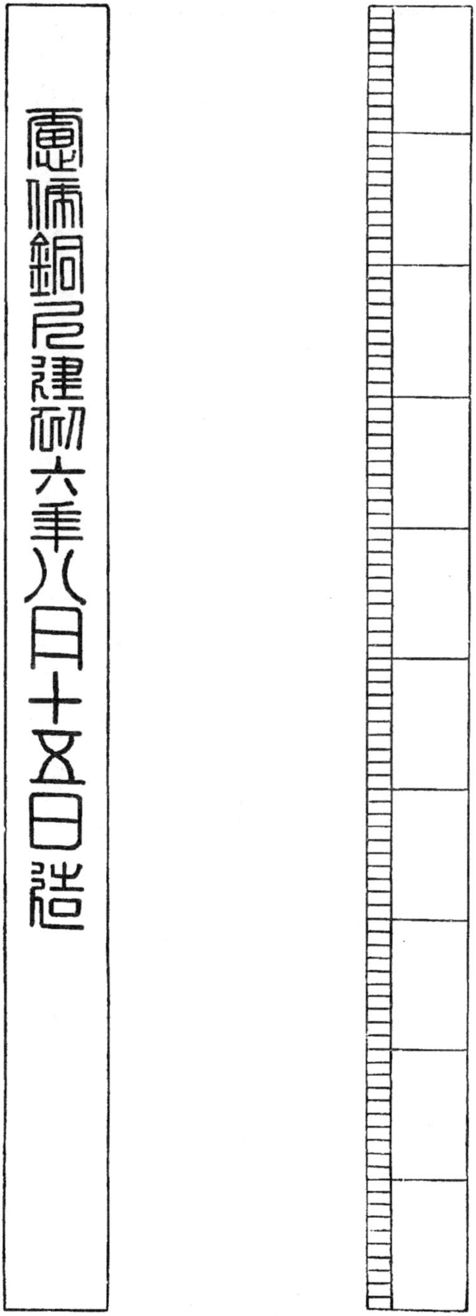

第一五圖

漢慮俿銅尺

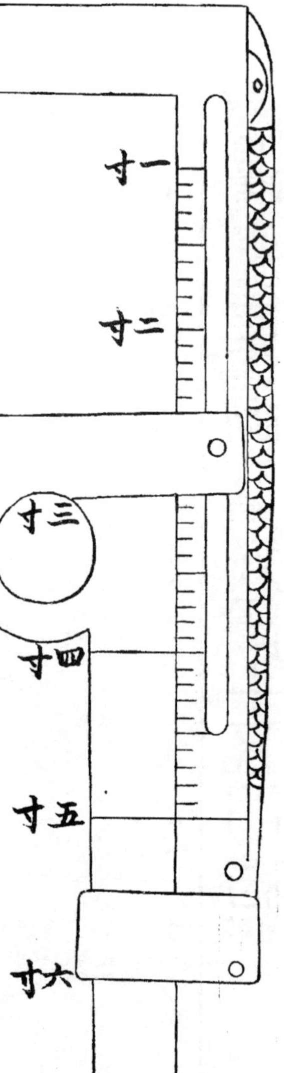

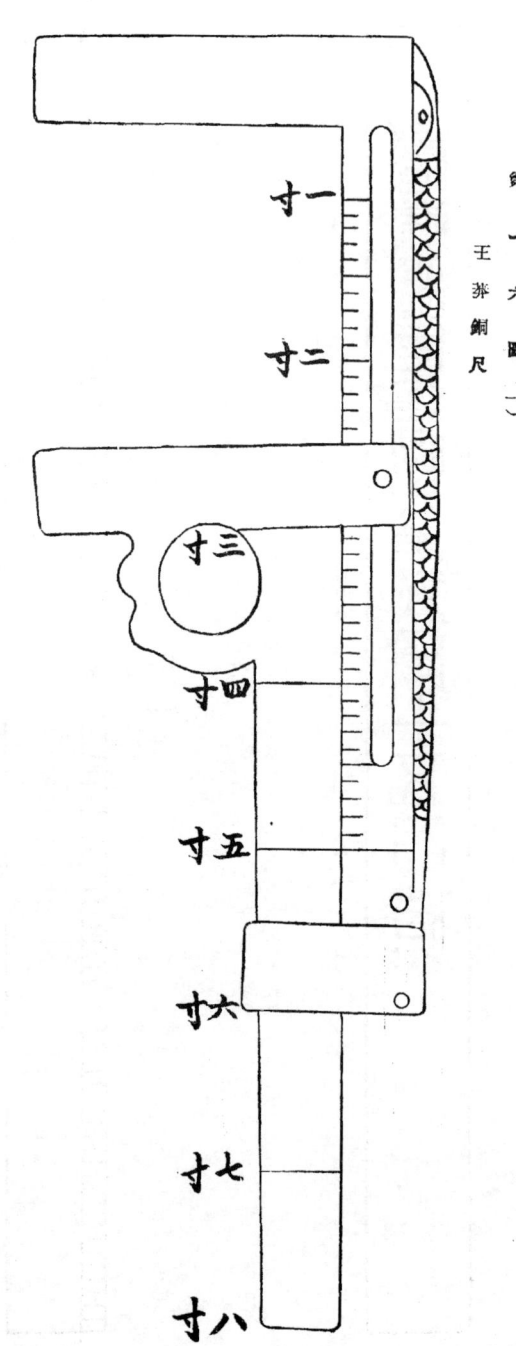

第一六圖（二）

王莽銅尺

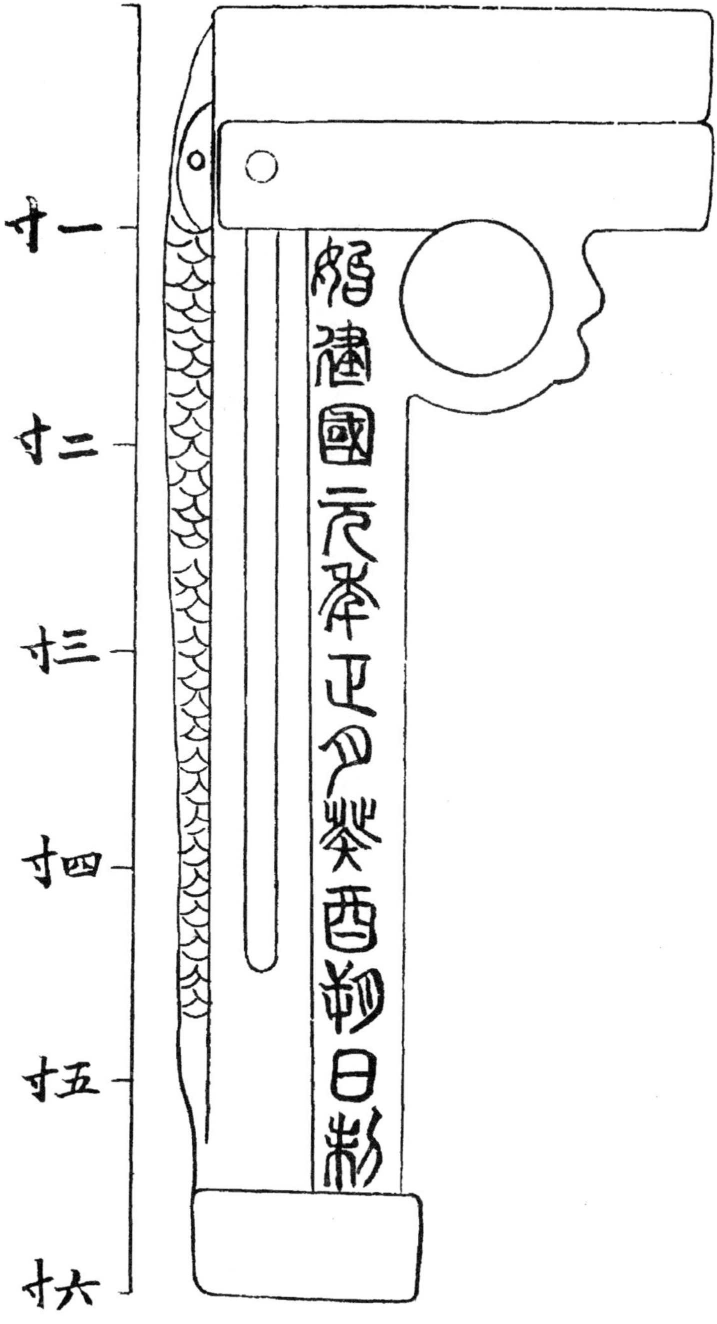

第一六圖（二）

四、吳大澂之考度器

吳氏實驗漢代度器有二：一曰、漢慮傂銅尺，一曰、王莽銅尺，其圖如左。

其一漢慮傂銅尺，注曰：『爲孔東塘民部尙任所藏，今在衍聖公府，原器上有銘識：「慮傂銅尺，建初六年八月十五日造，」十四字。』考慮傂，漢縣名，此尺當係後漢章帝建初六年（民國前一八三一）慮傂縣造。吳氏曰：『較周鎮圭尺長一寸六分。』周尺與新莽尺比，爲一〇八比一二五，即周尺比新莽尺短一寸五分七釐，故此尺爲新莽尺之遺制，後漢承之，足爲實證。今比其原圖，實長二三五·四公釐。隋志記漢代尺度之二，爲漢官尺，合新莽尺度一尺〇三分〇七毫，即合二三七·五公釐。此二尺相差爲二·一公釐，蓋漢章帝時發現玉律度，於是天下以爲正度，各郡縣摹仿製造。隋志曰「爲此尺傳暢，」即爲既得此玉律度，於是爲此種漢官尺之傳暢，今慮傂尺，即其傳暢之一證。其略不相合者，乃爲摹製之誤。故此尺只足認爲僞造玉律度之傳暢；非後漢尺度之正制。

其二、王莽銅尺，注曰：『是尺年月一行十二字，及正面所刻分寸，皆鏤銀成文，制作甚工。近年山左出土，器藏濰縣故家。正面上下共六寸，中四寸有分刻。旁附一尺，作丁字形，可上可下，計五寸，無分刻。上有一環，可繫繩者，背面有年月一行，不刻分寸。』所謂年月一行十二字，卽其尺銘，文曰：『始建國元年正月癸酉朔日制。』則此尺亦係新莽代漢始建國元年（民國前一九〇三）所造。惟考新莽度標準器之法，與此不同。觀此尺形式，類如今之測徑遊標尺，蓋爲當時特殊需用而設。今度之，推得其一尺之長合二五五公釐，較新莽尺正度約大二五公釐，其差可謂極大。然據銘文，知此尺制於始建國元年正月初一日。而新莽度量衡標準器亦制於始建國元年，但新莽於是年代漢卽位，其度量衡制度標準，在正月初一日必尙未確定，則是尺之度，當爲前漢末間尺度差訛之所致也。（前漢尺度之長爲二七六·五公釐，此尺之長度，短二一·五公釐。）

五、王國維之考度器

王氏記漢代之尺度有四。其一、曰劉歆銅斛尺，乃依新莽嘉量斛之周徑及深所制，已見前。其二、曰漢牙尺，注云：『原尺現存西充白氏，分寸用金錯，拓本長營造尺七寸二分六釐。』實長當爲二三二·三二公釐，較新莽尺，長淸營造尺度之六釐，卽一·九二公釐。此當係後漢所造，亦由新莽尺略有增訛之證。其三、曰後漢建初銅尺，注云：『原尺藏曲阜衍聖公府，今未知存亡，世所傳拓本摹本及倣製品甚多，長短不同，均未可依據。癸亥年鄞縣馬叔平見一銅尺，漢陽葉東卿所倣以贈翁方綱者，其長營造尺七寸三分七釐。又上虞羅氏藏一未裝裱舊拓本，長短亦同。」此尺亦係建初銅尺，藏於衍聖公府者，當卽係吳大澂所謂漢慮俿銅尺。據王氏所記此尺之長，應合二三五・八公釐，與吳氏所圖正相合。王氏亦謂吳氏撰權衡度量實驗考，未及得見唐宋以後尺之實器，而不言吳氏未知此尺，故二氏所記實係同一尺者。王氏曰：「古尺存於今者，惟曲阜孔氏之後漢建初尺，雒縣某氏之新莽始建國銅尺耳。」王氏謂此二尺，亦卽吳大澂實驗之二尺也。其

四、曰無款識銅尺，注云：「烏程蔣氏藏，比建初尺稍長，晉以前物也。」則此尺爲晉以前而又後於後漢建初，其長度亦由增訛所致。

第七章　第三時期中國度量衡

第一節　隋志所記諸代尺之考證

自魏晉南北朝至隋諸代尺度，完全備載於隋書律歷志審度篇，依各代尺度之長短，分之爲一十五等，是爲中國歷代尺度記載之開演。若以朝代論，自周、新莽、後漢、迄魏、晉、東晉、前趙，及南朝之宋、齊、梁、陳，與北朝之後魏、東魏、西魏、北齊、北周，以止於隋；共十七朝。即以本時期內各代言之，亦有十四朝。諸代尺度實器之長，蓋已完備，此爲中國度量衡史上尺度詳備特殊之時期。隋志所載尺度一十五等，均以晉前尺，即係以新莽嘉量之度考校訂定者爲比較之標準，此又爲特別之一點。今依隋志之說明，分別考證，以明其朝代之分。

一、第一等尺有四：（一）周尺，（二）漢志王莽時劉歆銅斛尺，（三）後漢建武銅尺，（四）晉泰始十年（民國前一六三八）荀勖律尺爲晉前尺，即祖沖之所傳銅尺。

隋志說明：晉書云：『武帝泰始九年，中書監荀勖校太樂八音不和，始知後漢至魏尺，長於古四分有餘。勖乃部著作郎劉恭，依周禮制尺，所謂古尺也；依古尺更鑄銅律呂，以調聲韻。以尺量古器，與本銘尺寸無差。又汲郡盜發戰國時魏襄王冢，得古周時玉律及鐘磬，與新律聲韻闇同。於時郡國或得漢時故鐘，吹新律，命之皆應。』梁武帝鍾律緯云：『祖冲之所傳銅尺，其銘曰：「晉泰始十年，中書考古器揆校今尺，長四分半，所校古法有七品：一曰、姑洗玉律，二曰、小呂玉律，三曰、西京銅望臬，四曰、金錯望臬，五曰、銅斛，六曰、古錢，七曰、建武銅尺，姑洗微彊，西京望臬微弱，其餘與此尺同。」』（案此銘，即晉書律歷志載，荀勖銘其尺之銘。）此尺者，勖新尺也，今尺者，杜夔尺也。雷次宗何引之二人作鍾律圖，所載荀勖校量古尺文，與此銘同。今以此尺為本，以校諸代尺。

考證：

第一、荀勖造尺，以古器作校驗者有七，其中五曰銅斛，即新莽嘉量，由嘉量測得之尺，即新莽尺度，七曰建武銅尺，為後漢尺度。由此證得新莽尺後漢尺及晉前尺，三尺長度相等。荀勖律尺，即晉前尺，自晉泰始十年至西晉末（民國前一六三八——一五九六）用之。後為祖冲之所傳，故又名「祖冲之所傳銅尺，」但非另爲一尺。第二、隋志所謂周尺，根據有二，一因荀勖造尺，依周禮所制，一因由魏襄王冢中得玉律，與荀勖之律相應。但荀勖造尺依周禮之制，並非有周尺爲實驗之證。而魏襄王在周末戰國之時，其時法制已亂，非復周初之制，認爲周末紊亂尺度之一可也。山堂攷索曰：『汲冢玉律乃魏襄王所制，未能盡合古制，不然，春秋以來，權度已正，夫子不必發「謹權量」之語矣』。朱載堉曰：『漢平帝時劉歆所造，隋志謂之晉前尺，蓋以晉荀勖所定，不可直認爲周尺，魏襄王冢中所獲玉律，乃晚周之物，不可便謂成周之律度，魏自文侯已耽鄭衛，而厭古樂，降至襄王則其時又可知也』。觀此二則，亦可知古者亦未以爲周尺。參見前第五章第五節之四。

二、第二等尺有二：(一)晉田父玉尺，(二)梁法尺。

隋志說：明世說稱有田父于野地中得周時玉尺，便是天下正尺，荀勖試以校己所治金石絲竹，皆短校一米。梁武帝鍾律緯稱：『主衣從上相承，有周時銅尺一枚，古玉律八枚，檢主衣周尺，東昏用爲章信，尺不復存，玉律一口蕭餘定七枚夾鍾有昔題刻，迺制爲尺，以相參驗，取細毫中黍積次訓定，今之最爲詳密，長祖冲之尺校半分。』案此兩尺長短近同，

考證：

田父所得玉尺，不知究屬何代之制？與第一等尺所差不足一分，不及全長百分之一。當仍係新莽以後之

制，既未經諸代定爲尺制，只可作新莽尺之又一證。梁法尺或名爲梁新尺，蓋在制定之前，行使俗間尺。（參見第十五等尺攷。）

三、第三等尺爲梁表尺。（傳入於陳代，隋大業用之調律。）

隋志說明蕭吉云：『出於司馬法，梁朝刻其度於影表，以測影，』案此即奉朝請祖暅所算造銅圭影表者也。經陳滅入朝，大業中議以合古，乃用之調律，以制鐘磬等八音樂器。

考證：

梁表尺與前梁法尺，則梁代已有二種尺度，表尺爲測影所用，法尺爲通用之尺。而表尺傳於陳，隋大業三年以後（民國前一三〇五——一二九四），又定爲律用之尺。（參見下第七節。）

四、第四等尺有二（一）漢官尺，（二）晉時始平掘地得古銅尺。

隋志說明蕭吉樂譜云：『漢章帝時零陵文學史奚景於泠道縣舜廟下，得玉律度，（晉志：相傳謂之漢官尺。）爲此尺傳暢。』晉諸公讚云：『荀勖造鍾律，時人並稱其精密，唯陳留阮咸譏其聲高，後始平掘地，得古銅尺，歲久欲腐，以校荀勖今尺，短校四分，時人以咸爲解。』案此兩尺，長短近同。

考證：

所謂玉律度及古銅尺，亦不能斷爲何代之物。玉律度云爲漢官尺，蓋出自僞造，漢章帝時因有用之者，不能即認爲後漢之制。（參見前第六章第九節之一。）掘地所得之古銅尺，或亦係漢章帝時外郡倣製者。而二尺實可爲後漢尺增替之證。

五、第五等尺爲魏尺，杜夔所用調律。（參見第一等尺之說明。）

考證：

晉前尺自晉泰始十年始定，則泰始九年以前（民元前一六四七——一六三九），當尙係魏尺。

六、第六等尺爲晉後尺，晉時江東所用。

說明：晉志謂『元章後江東所用尺。』（民元前一五九五——一四八二）

七、第七等尺爲後魏前尺。

八、第八等尺爲後魏中尺。

九、第九等尺有三：（一）後魏後尺，（二）北周市尺，（三）隋開皇官尺。

隋志說明：後魏初及東西分國後，周末用玉尺之前，雜用此等尺。指七、八、九三等而言。甄鸞算術云：「周朝市尺，長玉尺九分三釐。」或傳梁時有誌公道人作此尺，寄入周朝，云與多鬚老翁；周太祖及隋高祖各自以爲謂己。周朝人間行用，及開皇初著令以爲官尺，百司用之，絡於仁壽；大業中人間或私用之。

考證：

後魏前中後三等尺，爲自後魏初至西魏完北朝所用之尺。但其間分用年代不可考，正所謂雜用者，北周承西魏，卽以後魏後尺爲市尺，中斷。參見下第十一等尺攷。至隋開皇復用，以迄仁壽之終爲止，（民國前一三三一——一三〇八）

十、第十等尺爲東後魏尺。北齊之尺同。

隋志說明：此是魏中尉元延明累黍用半周之廣爲尺。齊朝因而用之。太和十九年，高祖詔以一黍之廣，用成分體，九十之黍，黃鍾之長，以定銅尺，典修金石，迄武定末有論律者。

考證：

此尺分二朝，（一）自後魏太和十九年迄東魏武定間（民國前一四一七——一三六二）所用者，（二）北齊承東魏，因而用之。

十一、第十一等尺有二：（一）蔡邕銅籥尺，（二）後周玉尺。

隋志說明：「從上相承，有銅籥一，以銀錯題其銘曰：『籥黃鍾之宮，長九寸，空圍九分，容秬黍一千二百粒，稱重十二銖，兩之爲一合，三分損益轉生十二律。』祖孝孫云：『相承傳、是蔡邕銅籥。』後周武帝修倉掘地得古玉斗，以爲正器，較斗造律度量衡，因用此尺，大赦改元天和，百司行用，終於大象之末。其律黃鍾與蔡邕古籥同。」

考證：

蔡邕爲後漢末人，其時所行用尺度，非前漢之制，蓋蔡氏造一籥黃鍾律，以明前漢之制。（參見前第六章第九節之一。）

北周初用市尺，（民國前一三五五——一三四六）至天和迄大象均用玉尺。（民國前一三四六——一三三一）

十二、第十二等尺有三：（一）宋氏尺，齊梁陳三代因之以制樂律，即錢樂之渾天儀尺，（二）北周鐵尺，（三）隋開皇初調鍾律尺，又平陳後調鍾律水尺。

隋志說明；此宋代人間所用尺，傳入齊梁陳，以制樂律。周建德六年平齊後，即以此同律度量，頒於天下。其後宣帝時，達奚震及牛宏等議曰：『今之鐵尺，是太祖遣尚書故蘇綽所造，當時檢勘用爲前周之尺。驗其長短，與宋尺符同，即以調鍾律，並用均田度地。今勘周漢古錢，大小有合。宋氏渾儀尺度每舛。』既平陳，上以江東樂爲善，曰：『此華夏舊聲，雖隨俗變改，大體猶是古法。』祖孝孫云：『平陳後，廢周玉尺律，便用此鐵尺律，以一尺二寸，即爲市尺。』

考證：

南朝宋代通用尺，齊梁陳相承繼，均以此等尺爲樂律尺。而梁以法尺爲通用尺，表尺爲測影尺。北周通用尺，初用市尺，後用玉尺；而樂律、均田、度地，均用此尺。（民國前一三五五——一三三五）至建德六年（民國前一三三五）滅北齊，又以此尺頒發爲通用尺，而玉尺百司仍行使之。隋開皇時通用尺曰官尺，即北周市尺，此尺爲調律用尺。

十三、第十三等尺爲隋開皇十年(民國前一三二二)萬寶常所造律呂水尺。

隋志說明:今太樂庫及內出銅律,一部是萬寶常所造,名水尺律。

考證:

此尺只爲考較律呂所造,並未行用。

十四、第十四等尺爲趙劉曜渾天儀土圭尺,即所謂雜尺。

十五、第十五等尺爲梁俗間尺。

隋志說明:梁武帝鍾律緯云『宋武平中原,送渾天儀土圭,云是張衡所作,驗渾儀銘題,是光初四年鑄,土圭是光初八年作,並是劉曜所制,非張衡也。制以爲尺,長今新尺四分三釐,短俗間尺二分。』新尺謂梁法尺也。

考證:

前趙光初四年鑄渾儀,八年鑄土圭,以此二者制爲尺相等,在劉曜制渾儀土圭之前,當已有此尺度,是爲前趙之尺。(民國前一五九四——一五八三)梁用法尺之前,民間用尺爲俗間尺。

第十六圖　魏至隋歷代尺之長度差異比較圖

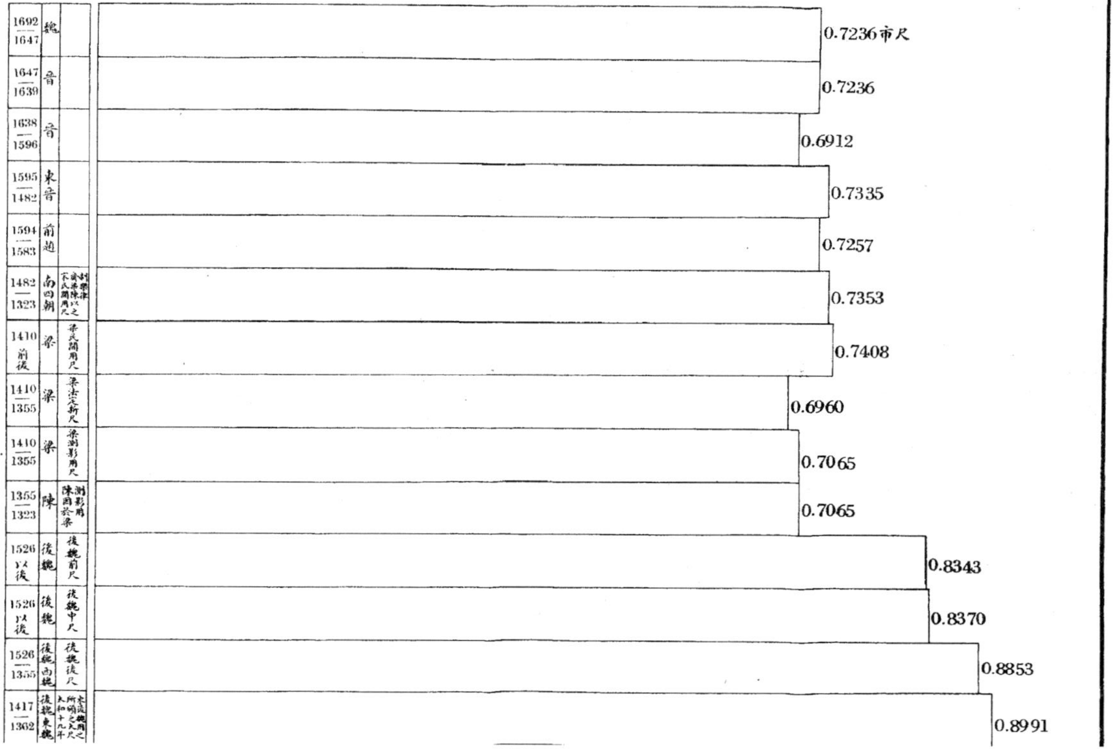

1692—1647 魏 0.7236市尺
1647—1639 晉 0.7236
1638—1596 晉 0.6912
1595—1482 東晉 0.7335
1594—1583 前趙 0.7257
1482—1323 南四朝 0.7353
1410前後 梁 梁民間用尺 0.7408
1410—1355 梁 梁法定新尺 0.6960
1410—1355 梁 梁測影用尺 0.7065
1355—1323 陳 測影用陳因於梁 0.7065
1526以後 後魏 後魏前尺 0.8343
1526以後 後魏 後魏中尺 0.8370
1526—1355 後魏 西魏 後魏後尺 0.8853
1417—1362 後魏 東魏 0.8991

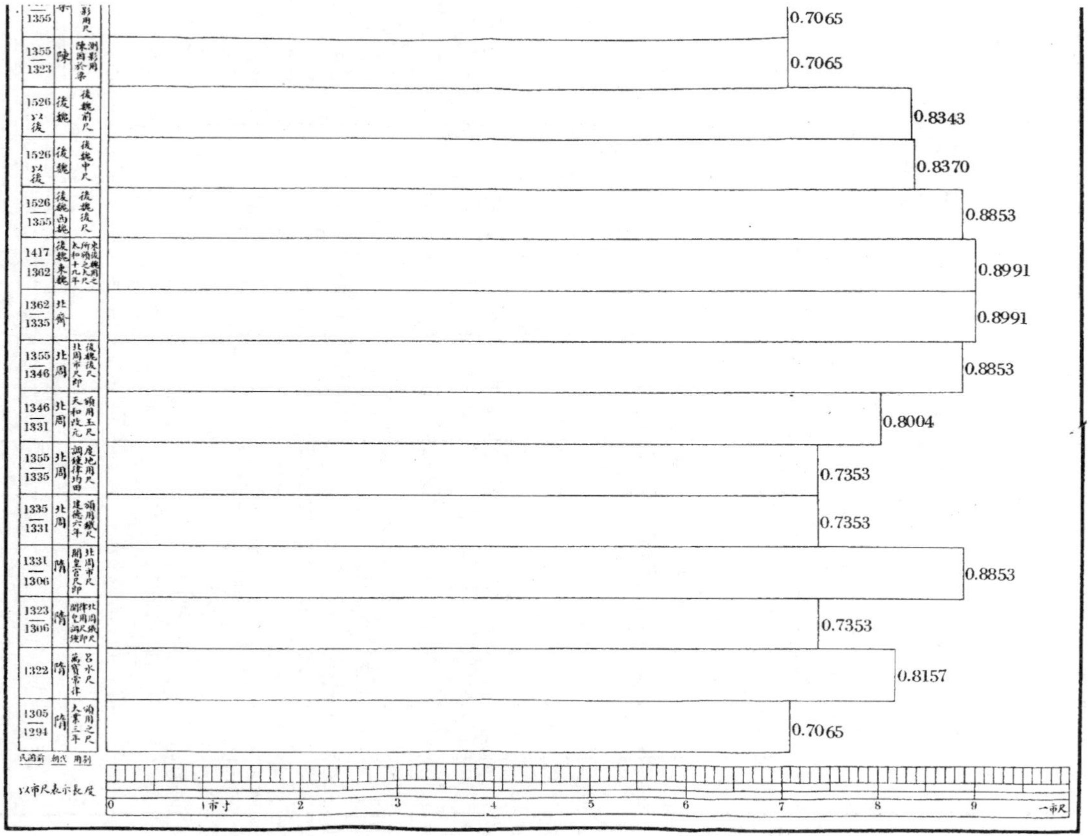
0.7065
0.7065
0.8343
0.8370
0.8853
0.8991
0.8991
0.8853
0.8004
0.7353
0.7353
0.8853
0.7353
0.8157
0.7065
民國前
朝代
用别
以市尺表示長度
0
1市寸
2
3
4
5
6
7
8
9
一市尺

以上諸代尺度，本以新莽嘉量之度，爲比較之主。由嘉量器上較得一尺之長度，與前第三章所定新莽尺長度之標準數，自不能完全相符，但其相差甚爲微細，今爲前後比較之標準一致，故仍以前所定新莽尺長度之數計之。茲將考證結果，列一表如次：

第四三表　魏至隋歷代尺之長度總表

民國紀元前	朝代	尺等	以新莽尺爲準之百分比率	一尺合公分數	一尺合市尺數	備攷
一六九二—一六四七	魏	五	一〇四·七〇	二四·一二	〇·七二三六	
一六四七—一六三九	晉	五	一〇四·七〇	二四·一二	〇·七二三六	
一六三八—一五九六	晉	一	一〇〇·〇〇	二三·〇四	〇·六九一二	
一五九五—一四八二	東晉	六	一〇六·二〇	二四·四五	〇·七三三五	
一五九四—一五八三	前趙	一四	一〇五·〇〇	二四·一九	〇·七二五七	
一四八二—一三二三	南四朝（宋齊）（梁陳）	一二	一〇六·四〇	二四·五一	〇·七三五三	宋民間用尺，齊梁陳以之制樂律。
一四一〇前後	梁	一五	一〇七·一〇	二四·六六	〇·七四〇八	梁民間用尺。

一四一〇—一三五五	梁	二	一〇〇・七〇	二三・二〇	〇・六九六〇	梁法定新尺。
一四一〇—一三五五	梁	三	一〇二・二一	二三・五五	〇・七〇六五	梁測影用尺。
一三五五—一三二三	陳	三	一〇二・二一	二三・五五	〇・七〇六五	陳因於梁測影用。
一五二六以後	後魏	七	一二〇・七〇	二七・八一	〇・八三四三	七、八、九、三等尺爲北魏雜用尺。
一五二六以後	後魏	八	一二一・一〇	二七・九〇	〇・八三七〇	
一五二六—一三五五	後魏西魏	九	一二八・一〇	二九・五一	〇・八八五三	
一四一七—一三六二	後魏東魏	一〇	一三〇・〇八	二九・九七	〇・八九九一	此爲太和十九年所頒之大尺，東後魏用之，參見下第六節，其長度之比數參見下第八節之四。
一三六二—一三三五	北齊	一〇	一三〇・〇八	二九・九七	〇・八九九一	
一三五五—一三四六	北周	九	一二八・一〇	二九・五一	〇・八八五三	北周通用之市尺，即北魏後尺。
一三四六—一三三一	北周	一一	一一五・八〇	二六・六八	〇・八〇〇四	北周天和改元頒用玉尺。
一三五五—一三三五	北周	一二	一〇六・四〇	二四・五一	〇・七三五三	調鍾律均田度地用尺。
一三三五—一三三一	北周	一二	一〇六・四〇	二四・五一	〇・七三五三	北周建德六年頒用鐵尺。
一三三一—一三〇六	隋	九	一二八・一〇	二九・五一	〇・八八五三	開皇通用之官尺，即北周市尺。

一三二三—一三〇六	隋	一二	一〇六・四〇	二四・五一	〇・七三五三	開皇調鍾律用尺即北周鐵尺。
一三二二	隋	一三	一一八・〇〇	二七・一九	〇・八一五七	萬寶常律呂水尺。
一三〇五—一二九四	隋	三	一〇二・二一	二三・五五	〇・七〇六五	

第二節　南北朝度量衡制度總論

觀前節考證，知自後漢末迄於隋朝，諸代尺度長短之間至爲複雜。然尺度之增率，尚不過十之三。至於量衡，則複雜尤甚，增率更大。隋志曰：『梁陳依古，齊以古升一斗五升爲一斗，（隋志原載爲「齊以古升五升爲一斗」，「五升」二字上，應有「一斗」二字，見下第八節之三。）以古稱一斤八兩爲一斤，開皇以古斗三升爲一升，古稱三斤爲一斤，大業中依復古制。』此可見朝與朝之間，量衡增損有及倍者，而隋朝一代紀年纔三十，前後相差竟至三而一，此誠屬創聞，經視法度之甚，於此爲極。而中國度量衡至是增損訛替，任意變更，其不統一之實際情形，於此已可見一斑。

王國維曰：『據前比較之結果，（謂比較歷代尺度之長短，隋志所載諸代尺亦在內。）則尺度之制，由短而長，殆成定例。而其增率之速，莫劇於東晉後魏之間，三百年間幾增十分之三。求其原因，實由魏晉以後，以絹布爲調，而絹布之制，率以二尺二寸爲幅，（淮南子謂二尺七寸爲幅，與此異；然此處在論由絹布增制之由，非攷幅度之制。）四丈爲匹，官吏懼其短耗，又欲多取於民，故尺度代有增益，北朝尤甚。案隋志謂魏及周齊貪布帛長度，故用土尺，今徵之魏書高祖紀，太和十九年詔改長尺大斗；又楊津傳，延昌末津爲華州刺史，先是受調絹匹，度尺特長，在事因緣，共相進退，百姓苦之，津乃令依公尺度。案自太和末至延昌，不及二十年，而其弊已如此。』蓋尺度增長之因，實由於此。然此乃據諸代尺度實用之器而較得者，隋書律歷志成於唐李淳風，南北朝諸代之尺，至唐世大半尚在，隋志之記十五等尺，即依實物較得者。王氏亦曰：『唐李淳風撰隋書律歷志，其所據者，大半實物也。』顧此多數實器，乃爲器之量，當時尺度之定制，並非如此之無有標準者，但制久失修，增損訛替，官欲多取於民，反視其所增者以爲定制。吾人之研究，一面要考其致訛之由，一面仍當考求當初定制之本，（詳後各節。）然後庶幾有所準。南北朝諸代尺度致訛之由，固原於官吏多取於民。不可即以其增訛之尺，視爲各代原本定制之準度；而各代每以其增訛後之度，定爲當代之制，此又不可忽略者。明於此種「因果關係，」於中國度量衡之考證，尤以考本時期內度量衡，實有至大之裨益。

尺度之增益，由於多取民之帛，量衡之增益，亦莫不然。顧布手知尺，而尺者識也，尺度之長短，每可以目視成大約之準則，如長度本爲一尺，視之卽爲一尺，今若增長至寸以上，視之卽爲過一尺。故尺度之增，其數必不過巨。至於量衡則不然，視之無準則。取之無定法，欲爲蒙被，卽陡增及一倍，亦不易察覺，故南北朝迄隋代量衡之增益，則達至三倍。在此短時期間，增損之甚，卽由於此。范景仁曰：『量之大，蓋出於魏晉以來之貪政。』司馬光補其意曰：『尺、量、權衡，自秦漢以來，變更多矣；彼貪者，知大其量以多取人穀，亦知大其尺以多取人帛，大其權衡以多取人金。』尺度之增，爲多取民帛，量衡之增，自亦爲多取民穀與民金，此皆增訛之由也。

第三節　三國度量衡

三國全代，對於度量衡之制，無有規定。其時所行使度量衡之器，乃爲新莽之制，經後漢增替，以至其世實際之結果者。晉荀勖較度，始知後漢至魏尺長於古（所謂古者，只有莽之實制。）四分有餘，此卽新莽尺經後漢至三國魏世增訛實至之長度。魏世杜夔以此尺度調律，故隋志謂之杜夔尺，實非魏世所定，而魏世實用之尺度如此，故用之以爲定度。晉書律歷志曰『杜夔所用調律尺，比勖新尺（即晉前尺，合新莽尺之度。）得一尺四分七釐。魏景元四年劉徽注九章云「王莽時劉歆斛尺，弱於今尺四分五釐，比魏尺，其斛深九寸五分五釐，」即荀勖所謂今尺長四分半是也。』王國維曰：『上虞羅氏又藏魏正始弩機，亦有尺度，較建初尺微長，殆卽隋書律歷志所謂杜夔尺也。』後漢建初尺爲隋志所謂漢官尺之傳制，比新莽尺一尺〇三分〇七毫，今魏正始弩機尺，比建初尺略長，與杜夔之調律尺蓋實相合也。於此可證魏世尺度之制！

晉書律歷志：『魏陳留王景元四年，劉徽注九章商功曰「當今大司農斛，圓徑一尺三寸五分五釐，深一尺，積一千四百四十一寸十分寸之三。王莽銅斛，於今尺爲深九寸五分五釐，徑一尺三寸六分八釐七毫；以徽術計之，於今斛，爲容九斗七升四合有奇。」此魏斛大而尺長，王莽斛小而尺短也。』依現在通用圓周率計之，魏斛積爲一四四二·〇一四立方寸，新莽嘉量斛積爲魏尺一四〇五·一一二立方寸，實合魏斛九斗七升四合四勺。新莽尺比魏尺爲九寸五分五釐，新莽斛比魏斛爲九斗七升四合四勺，故曰「魏斛大而尺長，王莽斛小而尺短。」然魏斛魏尺所大所長，並不過巨，此實由新莽制經後漢增替之結果也。

王國維曰：『上虞羅氏舊藏帝武弩機，其望山上，有金錯小尺，與建初尺長短略同。』則蜀漢之尺度，與魏亦略相近。此又可證蜀漢之尺度，亦由後漢尺度增益所致。三國時度量衡，他雖無可考，然至此實可證其全由莽制經後漢二百年間之增訛而其器量略增耳。

第四節　兩晉度量衡

晉承魏國之初，制無改革，其所用者，即魏世之器。至『武帝泰始九年（民國前一六三九）中書監荀勖校太樂八音不和，始知後漢至魏尺，長於古四分有餘。乃依周禮制尺，以尺量古器，與本銘尺寸無差。』此泰始十年（民國前一六三八）事。勖於尺上，刻一銘，共八十二字，如左：

銘曰，晉泰始十年，中書考古器，揆校今尺，長四分米。所校古法有七品：一曰、姑洗玉律，二曰、小呂玉律，三曰、西京銅望臬，四曰、金錯望臬，五曰、銅斛，六曰、古錢，七曰、建武銅尺。姑洗微彊，西京望臬微弱，其餘與此尺同。

荀勗制尺，所校古法有七，皆依實在之物。晉武帝以勗律與周漢器合，故施用之。此蓋爲考定之度制，一矯新莽以後依增替之器爲制之謬。惟晉代對於度量衡亦不注重，除此校律定尺而外，餘無設施。此尺雖經施行，然當時一班無識之士已無創造之能，任意譏誚抨擊，致實際並不能通行。

晉書律歷志云：『荀勗依尺更鑄銅律呂，以調聲韻，……荀勗造新鍾律，與古器諧韻，時人稱其精密；惟散騎侍郎陳留阮咸譏其聲高，聲高則悲，非與國之音，亡國之音，……』此種誚語，影響於其尺之施行，至爲重大；而況施行之後，『始平掘地，得古銅尺，歲久欲腐，不知所出何代，果長勗尺四分，時人服咸之妙，而莫能暨意焉』。攷此古銅尺，不知所出何代，本不可依以爲準；惟因其與時下魏世所傳之尺相合，時人反以爲然，因是新尺度之施行，發生極大障礙，故卒未得通行。

晉書律歷志：『元章後江東所用尺，比荀勗尺一尺六分二釐。趙劉曜光初四年鑄渾儀，八年鑄土圭，其尺比荀勗尺一尺五分。荀勗新尺，惟以調音律，至於人間未甚流布，故江左及劉曜儀表，並與魏尺略相依準。』於此足證勗新造之尺，未能通行，而流行增訛之尺，一仍其舊例。元帝後江東所用尺，又比魏尺增訛一分五釐，而前趙劉曜鑄渾儀土圭，其尺度亦比魏尺增三釐。總之，新制未得通行，一惟增訛之舊慣，而其世尺度無有定制，只有反以其尺，觀其時之度也可。

兩晉尺度之制，增於新莽制，亦乃訛傳之誤。量衡之制不可考，然蓋亦仍魏舊也。

第五節　南朝度量衡

南朝宋接東晉之後，宋齊梁陳又相承繼，其世之尺度，亦由增訛舊例。隋書律歷志第十二等宋氏尺，比晉前尺一尺六分四釐。注曰：『此宋代人間所用尺，傳入齊梁陳，以制樂律，與晉後尺（即元帝後江東所用尺。）劉曜渾天儀尺，略相依近，當由人間恆用增損訛替之所致也。』宋尺比東晉尺略增二釐，蓋一仍人間行用增訛之慣例。可知當時尺度並無定制，即以其時下實用之器，爲其世之代表制者也。

梁武帝鐘律緯稱：『主衣從上相承，有周時銅尺一枚，古玉律八枚，檢主衣周尺，東昏用爲章信，尺不復存，玉律一口蕭餘定七枚，夾鍾有昔題刻，迺制爲尺，以相參驗，取細毫中黍，積次訓定，今之最爲詳密，長祖冲之尺（即晉荀勗尺。）校半分。』梁代承宋之尺，祇爲制驗樂律之用，梁武帝則能考定新制。其考尺度，取法有三：其一、爲古器，其二、爲積毫，其三、爲累黍。所考定之尺，比新莽尺只長半分。梁世增訛之尺，已長至七分一釐，（梁俗間尺。）梁武帝考定尺制，則非依增訛之器。此乃爲本時期自荀勖定新尺制後之第二次考定制度之舉。隋志名之曰梁法尺，稱謂亦當。

梁朝未定法尺以前，民間用尺，較之由宋齊傳入之尺，又有增益，此卽比晉前尺一尺〇七分一釐之俗間尺。隋書律歷志第十五等尺曰：『梁朝俗間尺，長於梁法尺六分三釐，於劉曜渾儀尺二分，實比晉前尺一尺七分一釐。』是梁朝民間俗用之尺，又比宋齊傳入者，增長七釐。武帝旣考定新制，則此俗用尺當廢止之。

梁朝定法尺之外，又定影表尺，專用以測影，非通用之尺，其尺度比晉前尺一尺二分二釐一毫有奇。隋志謂『蕭吉云「出於司馬法，梁朝刻其度於影表，以測影，」案此卽奉朝請祖暅所算造銅圭影表者也。』是尺之度，較新莽尺制所增之數，不過二分有奇，當非由增訛所致者，而其度數小至毫位，尚曰有奇，故隋志謂『卽奉朝請祖暅所算造者。』

南朝量衡之制，無詳細考證。隋志曰：『梁陳依古，齊以古升一斗五升爲一斗，古稱一斤八兩爲一斤，』此不過大概言之。然量衡亦必無定制，所云增損之數，又不過訛替實際之量者也。

第六節　北朝度量衡

北朝度量衡增訛之率，遠甚於南朝，其因，即在多取於民，北朝貪政甚於南朝之故。前第二節引王國維之論，已可見其概略。南朝尺度之增，較新莽制不及寸，量衡亦不過倍。而北朝則不然，尺度增二寸至三寸以上，量衡增二倍至三倍之間，其貪政之甚，即此可見一斑。

隋書律曆志載，第七、八、九、三等尺，爲後魏前、中、後、三尺，其比晉前尺：由一尺二寸〇七釐，而一尺二寸一分一釐，至一尺二寸八分一釐；三尺均比新莽制增二寸以上。其時南朝俗間所行用增訛之尺亦有三，可與後魏三尺相較：其一、爲晉後尺，其二、爲宋氏尺，傳入齊梁陳，其三、爲梁俗間尺。此三尺比晉前尺：由一尺〇六分二釐，而一尺〇六分四釐，至一尺〇七分一釐；均比新莽制所增不及一寸，此二者增訛之差點一。北朝後魏三尺間之增率，中尺比前尺增四釐，後尺比中尺增七分。而南朝三尺間之增率，宋氏比晉後增二釐，梁俗比宋氏增七釐，又比北朝所增者少。此二者增訛之差點二。於是可知北朝尺度增訛遠甚於南朝，蓋根本無有定制者。孔穎達左傳正義曰：『魏齊斗稱於古二而爲一，周隋斗稱於古三而爲一。』此又可見量衡之數，增訛尤甚於度也。

北朝對於尺度之制，亦曾經考定，然其考定之長度，較增訛者尤長。隋書律歷志載，第十等東後魏尺，實比晉前尺一尺三寸八毫。（隋志原載爲「一尺五寸八毫」，「五」字爲「三」字之誤，見下第八節之四。）其說明曰，魏書律歷志云：『公孫崇永平中，更造新尺，以一黍之長，累爲寸法；尋太常卿劉芳受詔修樂，以秬黍中者，一黍之廣，卽爲一分；而中尉元匡以一黍之廣，度黍二縫，以取一分；三家紛競，久不能決。太和十九年，高祖詔以一黍之廣，用成分體，九十之黍，黃鍾之長，以定銅尺。有司奏從前詔，而芳尺同高祖所制，故遂典修金石，迄武定，未有論律者。』觀此，可知此尺度原定於後魏孝文帝太和十九年，（民國前一四一七）用橫累黍所定。至後有縱累、橫累、斜累三法不同，尺度自有長短，有司以橫累之法，合孝文帝之詔，故奏從前詔，以之典修金石。所謂「有司奏從前詔」，此有司之奏，爲東後魏之世，故曰東後魏尺。此亦爲北朝考定尺度之制，非僅仍增訛之例者。

晉荀勖考定尺制，所校古法有七品。梁武帝考定尺制，取法有三，而所校古器僅有一，其三爲累黍。後魏考定尺制，則僅憑累黍，其法自不如前之密。故所考得之尺，失之太長，然較之僅仍增訛之例者，則又勝一着。

魏書律曆志曰：『景明四年（民國前一三〇九）并州獲古銅權，詔付公孫崇，以爲鍾律之準。永平中崇更造新尺，……』考前言公孫崇造新尺，卽以此古銅權爲準。此古銅權，卽隋志所載：『後魏景明中，并州人王顯達獻古銅權一枚』者，是乃新莽之權器。隋志曰：『其時大樂令公孫崇，依漢志先修稱尺，及見此權，以新稱稱之，重一百二十斤。新稱與權合若符契。』據此，可證後魏權衡之制，實與新莽制合。然則新莽度量之制，自後漢以後，已代有增益，其權衡之制，自後漢至南北朝，均無變更耶？

北齊承東後魏之政，故北齊之尺制，亦承東後魏之尺度。隋志第十等尺又說明曰：『齊朝因而用之，』此所謂齊朝，自指北齊而言。孔穎達左傳正義曰：『魏齊斗稱於左二而爲一，』此亦指北朝之魏齊。孔氏言量衡，魏齊並稱，周隋亦並稱，故孔氏之謂魏齊，卽北朝之魏齊。又隋志言量衡，係齊梁陳並稱，自係指南朝。而隋志所載之數，與孔氏所言之數，不同，卽南朝北朝之別也。魏書太祖本紀『：天興元年八月，詔有司平五權，較五量，定五度。』天興元年（民國前一五一四）乃後魏興國之後第十三年，其時尚在後魏初紀，實用之尺度，尚係前尺，而其平權，較量定度，蓋非依前尺，或係全依新莽之制考之。不過雖有此詔，實際並未實行，其實用之尺，仍相繼爲前、中、後三尺。又高祖本紀：『太和十九年六月戊午，詔改長尺大斗，依周禮制度，頒之天下。』所謂長尺，卽東後魏尺之度，大斗卽二倍於古之量。不過當時詔令，是否卽能實行，蓋尚未必，不然，何以高祖詔頒之長尺，而隋志注爲東後魏尺？此可見長尺大斗，自東後魏始見諸實行，至北齊因而用之。又考後魏景明中，獲莽權與後魏新稱合，景明已在太和之後，則太和十九年詔改長尺大斗，權衡必未改制，故孔氏言魏齊之量衡，實自東後魏爲始，而有魏齊之升斗與斤兩之制二倍於古之紀載，而齊朝度量衡之器，本承魏之遺。故二朝之器相承，無有變更，則可斷定。

後魏前、中、後三尺，自後魏初已用，至西後魏所用者，蓋祇爲後尺。北周承西後魏之制，其尺度卽用後尺，此亦爲仍增訛之慣例，而行用之，非考定之制。後魏後尺，因北周用之，故隋志又稱曰後周市尺，而其說明亦曰：『周末用玉尺之前，人間行用此等尺。』

北周行用玉尺，實爲北朝尺度重大之改革，亦爲本時期自後魏後第四次考定尺度之制。隋書律歷志曰：『後周武帝保定中，詔遣大宗伯盧景宣、上黨公長孫紹遠、岐國公斛斯徵等，累黍造尺，縱橫不定。後因修倉掘地，得古玉斗，以爲正器，較斗造律度量衡，因用此尺，大赦，改元天和，百司行用，終於大象之末。』觀此，可知北周武帝確曾考定尺制，惟亦仍累黍之法，故縱橫不定。而其考定之關鍵，則在掘得古玉斗，因以造度量衡，並改元天和（民國前一三四六）蓋以其中天之和。惜其行用之範圍，僅限於官司，而民間行用者，蓋仍爲市尺，故隋興，得以周市尺，命爲官尺，參見前第一節。

北周量衡，亦依玉斗改制。隋書律歷志曰：『後周武帝保定元年（民國前一三五一）辛巳五月，晉國造倉，獲古玉斗，暨五年乙酉冬十月，詔改制銅律度，遂致中和，累黍積籥，同玆玉量，與衡度無差，准爲銅升，用頒天下。』於此更知北周因得古玉斗，更造銅質度量衡標準器，頒發天下，以爲定制。此北周第一次改制頒行。然其尺之制，仍參以累黍積籥之法。銅升上錯一銘，文曰：『天和二年丁亥正月癸酉朔十五日戊子校定，移地官府爲式。』玉斗亦加一銘，文曰：『維大周保定元年，歲在重光，月旅蕤賓，晉國之有司，修繕倉廩，獲古玉斗，形制典正，若古之嘉量，太師晉國公以聞，勅納於天府；暨五年歲在協洽，皇帝乃詔稽準繩，考灰律，不失圭撮，不差累黍，遂鎔金寫之，用頒天下，以合太平，權衡度量。』

北周以玉斗改制其度一尺，得晉前尺一尺一寸五分八釐；量一斗，內徑玉尺七寸一分，深二寸八分，積一一〇·八五七六三九二立方寸；隋書律歷志載稱：『玉斗積玉尺一百一十寸八分有奇，斛積一千一百八十寸五分七釐三毫九抄』，依現在通用圓周率計得之數，與此所差亦至微，茲以現在計得之數爲準。衡四兩，當古稱四兩半。在改制之先，其時增訛之市尺，實長晉前尺一尺二寸八分一釐。保定中雖然得此古玉斗，但其制爲尺度，仍參以累黍之法，此其一；而考定一制，必不離現實當時實用之尺，增率既長至二寸八分以上，其考定之尺，僅長至一寸五分以上，此在當時考定者，固以爲正度，此其二；故玉尺之度，較新莽尺仍長至一尺一寸五分八釐之數。至所謂古玉斗，以量衡二制觀之，或爲新莽以後之物：玉斗一升之容積，較莽量所大不過一二·四公撮，增率僅爲百分之六；而衡四兩當古四兩半，所謂古者，卽莽之制。參見下第八節之一。則是依玉斗量衡之制，所增於莽者並不多，而尺度之增，實由當時市尺之度已太長故也。

又隋書律歷志曰：『甄鸞算術云：「玉升一升，得官斗一升三合四勺，」此玉升大而官斗小也。』此謂官斗當係北周未改玉斗制以前所行用之官斗，其量又小於玉斗之制。官斗一升，實合玉斗一升一百三十四分之一百。

北周統一北方之後，尺度又改制，而行用鐵尺，量衡則仍舊。隋書律曆志載，第十二等尺後周鐵尺同，其說明曰：『周建德六年（民國前一三三五）平齊後，卽以此同律度量頒於天下。』又曰：『後周玉斗，並副金錯銅斗，及建德六年金錯題銅斗實同。』此爲北周第二次改制，頒布施行。其所改者，僅尺度之制，量制雖另造銅斗，但一仍玉斗之制，卽以此鐵尺銅斗，頒於天下，故曰「同律度量。」其不言衡者，蓋權衡則仍玉權之制，而未另爲製造頒發耳。

鐵尺之度，亦由考定者。隋書律曆志曰：『宣帝時達奚震及牛宏等議曰：「竊惟權衡度量，經那懋軌，誠須詳求故實，考校得衷。謹尋今之鐵尺，是太祖遣尙書故蘇綽所造，當時檢勘，用爲前周之尺，驗其長短，與宋尺符同，卽以調鍾律，並用均田度地，……」』是蓋鐵尺之度，定於周初，用以調鍾律，並均田度地，皆朝廷行用者。至建德六年，始以之頒於天下。北周鐵尺與宋尺符同，實比晉前尺一尺六分四釐，鐵尺一尺二寸，爲市尺之一尺。北周民間行用之尺，初本用市尺，至是改用鐵尺，蓋以其度合於南朝，而前此之尺度，增訛太甚，故以之頒於天下。此又爲北朝尺度第二次大改革：第一次，由一尺二寸八分一釐，改爲一尺一寸五分八釐；第二次，改爲一尺〇六分四釐。至是南北兩朝之尺度，已屬相同，卽其增訛之率，一除北朝劇速增加之變態也。

第七節　隋代度量衡

隋承禪北周之政，尺度一仍北周之制。隋書律歷志曰：『後周市尺，開皇初著令以爲官尺，百司用之，終於仁壽。』又曰：『既平陳，上以江東樂爲善，曰：「此華夏舊聲，雖隨俗變改，大體猶是古法；」祖孝孫云：「平陳後，廢周玉尺律，便用此鐵尺律，以一尺二寸卽爲市尺。」』據此，可知隋平定北方之後，以北周市尺頒布施行；平定南方之後，以北周鐵尺合南北兩朝之度，故以之調律，官民實用之尺，則仍爲市尺之度。卽隋之官民尺（北周市尺。）爲律尺（北周鐵尺。）之一尺二寸。此鐵尺律，較當時所謂古法，卽新莽之制，所增有限，故曰「雖隨俗變改，大體猶是古法。」所謂「隨俗變改」者，卽增訛之意，謂非由於考定之制者。又祖孝孫謂「平陳後，廢周玉尺律，」蓋北周玉尺，自頒布之後，民間並不通行，及傳入隋，均僅爲調律之用。至隋平定南方之後始廢之，而改用鐵尺調律，此當爲開皇九年（民國前一三二三）之事。

隋書律歷志曰：『今太樂庫及內出銅律，一部是開皇十年萬寶常所造，名水尺律，實比晉前尺一尺一寸八分。』調律之尺，開皇九年已改用鐵尺，此尺在開皇十年所造，其度較北周玉尺律約長，是蓋萬寶常造尺之時，又參以玉尺較驗。此水尺僅間用以調律，而鐵尺並不廢。

隋文帝一承當時「隨俗變改」之制，至煬帝則好古，大業三年（民國前一三〇五）四月壬辰，改度量權衡，並依古式。惟煬帝雖稱好古，但未有創作，並無定制。其所謂古者，亦當時「隨俗變改」之古制，較之新莽則遠遜矣。隋書律歷志曰：『梁表尺經陳滅入朝，大業中議以合古，乃用之調律，以制鐘磬等八音樂器。』蓋煬帝以梁表尺乃依銅圭影表所制，其長度比荀勖尺所考定亦謂爲合古之尺，所差有限，故以之調律。至是鐵尺律必已廢，而專用表尺。民間所用當亦以表尺頒布，不過仍多私用開皇官尺，隋書律歷志曰：『開皇官尺，大業中人間或私用之，』即其證也。

隋書律歷志曰：『開皇以古斗三升爲一升，古稱三斤爲一斤；大業中依復古制。』隋朝僅二世，而量衡之制則有二次大變更，文帝之量衡三倍於古，煬帝復古制。孔穎達左傳正義曰：『周隋斗稱於古三而爲一，』蓋卽指隋文帝之世而言。至於北周所用爲玉稱，四兩合古之四兩半，所大於古者，僅八分之一，所謂「於古三而爲一，」必非周制；不然，隋志何以無此文？此蓋因隋志謂文帝之斗稱於古三而爲一，隋承周後，文帝之尺度，本因於周，因是斗稱之制，孔氏亦周隋並稱也歟？

南北朝度量衡增替之大，紊亂之甚，實至已極。其增替之事，蓋又每爲官吏之所爲，而人民每無所適從。隋書謂『趙煚爲冀州刺史，爲銅斗鐵尺，置之於肆，百姓便之；上聞，令頒之天下，以爲常法。』故置斗尺之標準器，而人民有所準，行用爲方便矣。

第八節　第三時期度量衡之推證

一、隋書律歷志所謂古制之考證

隋書律歷志每言及「古制，」但並未說明係何代之制。例如：

（一）荀勖校太樂八音不和，始知後漢至魏尺長於「古」四分有餘；

（二）梁陳依「古，」齊以「古」升一斗五升爲一斗，「古」稱三升爲一斤；

(三)開皇以「古」斗三升爲一升,「古」稱三斤爲一斤,大業中依復「古」制。

考後漢本承新莽之遺制,至建初尺度已漸差訛而增長,及至魏世增長四分有餘。荀勖校尺:一則曰、後漢至魏尺長於「古」四分有餘;再則曰,中書考古器,所校古法有七品,五曰銅斛,六曰古錢,銅斛古錢,即新莽之制,前已考證。而又明曰:後漢至魏長於「古」,則其所謂「古」者,爲自新莽爲始,自無疑義。故荀勖所謂古尺者,新莽尺也,此其一。新莽改制,下最大決心,前漢之制已爲毀滅無餘,而又頒發標準器於各郡,至百份以上,是故直接傳於後世之標準器者,出土發見者自爲例外。亦爲新莽之器。如隋書律歷志,即載明新莽嘉量二次傳見於魏晉之世,新莽衡權亦二次傳見於後趙後魏之世,除新莽之物外,其餘掘土發見之物,均未曾斷定朝代,此即明證。而所謂依「古」者,倍「古」者,又必依實器校驗,則其所用以校驗之古器,自必爲莽制,此其二。又新莽改制,號稱依古,後世亦多以實依古目之,故所謂古,即指新莽之制。如荀勖謂新莽制爲古,即其明證,此其三。故隋志所謂古制,實即新莽之制。知於此,而後其比較之值,庶得有所依準。

二、由荀勖尺論及周漢制之考證

荀勖依周禮制尺，號稱合古周之度，並證以魏襄王冢中所得玉律及鐘磬。又曰：『於時郡國，或得漢時故鐘，吹律命之皆應，』因是秤其與周漢之器合。關於合周一節，已明於前。第五章第五節之四。而謂合漢，亦須推證。考荀勖考古器有七品，一曰姑洗玉律，二曰小呂玉律，朱載堉曰：『梁武帝鍾律緯云：「古五律八枚，惟夾鍾有題刻，餘無題刻，」荀勖求諸無題之姑洗小呂，不能的知何律，比較長短，與彼偶同，吹或應之，因謂相協。』荀勖考古器之第一第二兩品，不知出於何代，不能謂爲合周或合漢。至其第三第四兩品爲望臬，前人已謂爲新莽之制者。故荀勖之尺實乃合莽制，非合前漢之制，亦非合古周之制。至以此而謂與周漢兩代制合，實屬不經之論。

三、南齊升容量之考證

隋書律歷志曰：『齊以古升五升爲一斗。』新莽量制，一升容量合一九八·一公撮，齊制若爲莽制之一半，則齊一升僅合九九·一公撮，相當今之一合。然考南北朝之世，度量衡之大小，均有增益，未聞有減少。隋志下文有曰：『齊以古稱一斤八兩爲一斤，』蓋齊制量衡之大小，均爲莽制之一倍半，衡制爲然，量制亦然。又隋志言量衡，梁陳並稱，其斗及稱均依古，齊之斗及稱，自係均爲古之一倍半。故齊制一升之容量，爲莽制之一升半，卽「齊以古升一斗五升爲一斗。」今本隋志「五升」之上無「一斗」二字者，蓋隋志非本無「一斗」二字，乃後世之漏傳。

四、東後魏尺長度之考證

隋書律曆志曰：『東後魏尺，實比晉前尺一尺五寸八毫，』據馬衡考證，五寸之「五」字，當作「三」。嘗考一制之立，一事之興，不可忘記現實，雖極大之改革，及至實施之後，亦必多遷就現實。後魏之後尺，比晉前尺一尺二寸八分一釐。今此東後魏尺度，原制於後魏之中葉，其時實用之尺，或爲中尺，最長亦不過爲後尺。北朝尺度之增率固甚速，然前中後三尺之增率已甚明顯，此東後魏尺長度，卽由後尺增長，亦當不至增二寸以上。再，東後魏尺又憑橫累黍所定，卽在南北朝之世，由累黍定尺或驗度，爲梁法尺，北周鐵尺等，其長度所長於晉前尺者，均不過寸，然此等尺與當時現實之尺度，亦均略相當。今東後魏尺，必當與後魏後尺之度相當，則馬衡之考證是，卽東後魏尺實比晉前尺一尺三寸八毫。

五、吳大澂蜀漢建興弩機尺之考證

吳氏藏有建興弩機一，其形如圖。

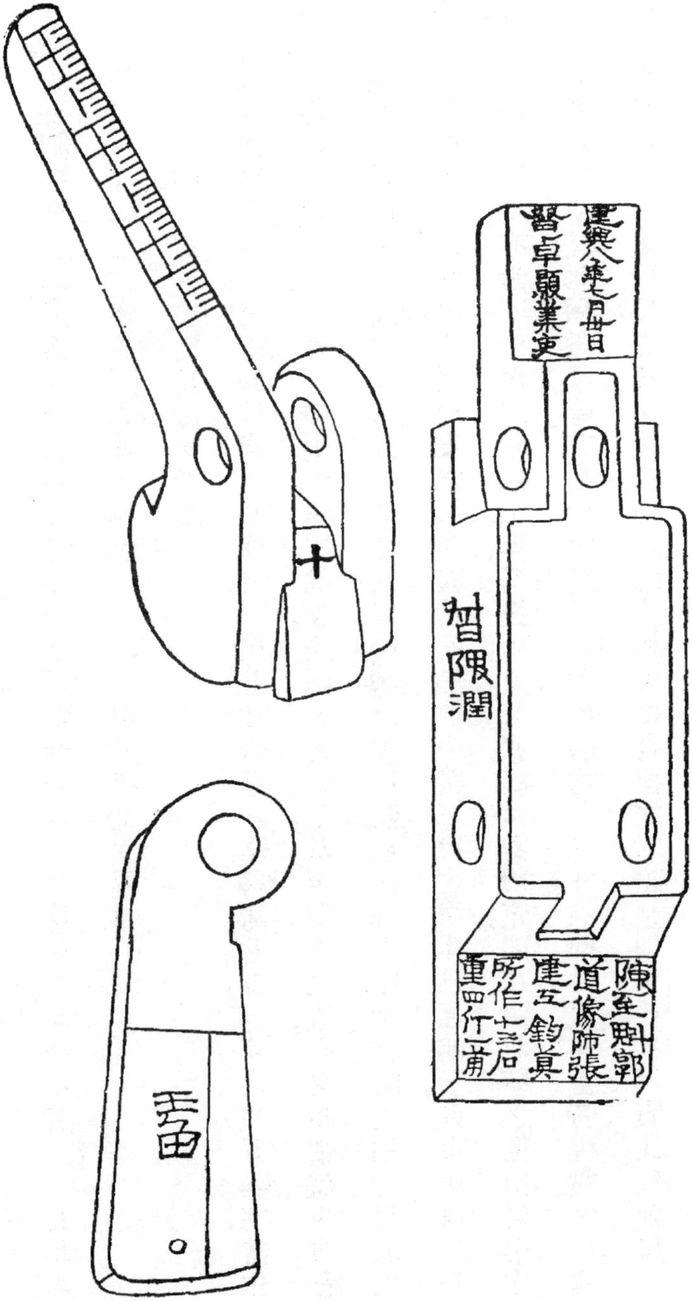

第一七圖　蜀漢建興弩機圖

吳氏曰：『據其分數，定爲蜀漢尺，較周鎮圭尺，僅短半分，當時必有所本。』考三國盛行弩機，亦刻分數，此弩機題有建興八年（民國前一六八二）當時蜀漢之物。然其分數之度乃三分進度，由三而六而十二者，非十分整分之度。當時刻此度者，未必據當時實用尺度之分數。吳氏依此弩機，定蜀漢尺度，乃係以其分積十命爲寸，由是而爲尺，其長度較古今最短之周尺，猶短半分，據圖實測推其一尺，僅得一九一·六公釐。王國維曰：『上虞羅氏舊藏有章武弩機，其望山上有金錯小尺，與建初尺長短略同。』則建興時蜀漢之尺度，當不如是之短。吳氏命其分數進十爲寸，恐有誤也。

若以其自然分法，十二分爲一寸，如淮南子紀數以十二之例，（十二粟而當一寸，十寸而當一尺）。則計其十寸爲尺之長度，當合二三〇公分與新莽尺度近同，是尙可證．然建興是否以十二分命寸，此尙爲一疑也。

六、仿造晉前尺之考證

王國維曰：『世所謂晉前尺拓本，皆出王復齋鐘鼎款識，國朝（清）諸大家皆以爲是眞晉尺。然其銘詞，則曰：「周尺、漢志劉歆銅尺、後漢建武銅尺、晉前尺、並同，」凡一十九字，與隋書律歷志所載晉前尺銘不合。』（荀勖尺銘八十二字，與此不合。）此晉前尺據吳大澂摹入之圖，如左。

吳氏曰：『據阮刻王復齋鍾鼎款識，宋拓本摹入，短於建初六年慮傂銅尺二分強。』吳氏亦據王復齋鍾鼎款識，並據其摹入圖上之銘詞，則吳王二氏所謂晉前尺，同此一尺。王氏又曰：『且此尺苟爲荀勖所制，尤無自稱晉前尺之理，疑爲宋人仿造。余考之宋史律曆志，知即宋高若訥所造隋志十五種尺之一。（參見下第八章第七節。）』吳氏亦曰：『宋拓本摹入，』是爲宋人仿造無疑。吳氏謂短於建初六年慮傂銅尺二分強，依慮傂尺圖測得之數二三五·四公釐計之，此尺度正合荀勖造尺之長，是蓋宋高若訥本用新莽貨泉尺寸以仿造者。（據吳氏所摹後漢建初六年尺，與此晉前尺，二尺圖長度之間，並不能合「二分強」一語之度，然此不合者，乃摹入時之差。）又宋史律曆志載：『高若訥卒用漢貨泉度尺寸，依隋書定尺十五種上之，藏於太常寺。一、「周尺，與漢志劉歆銅斛尺，後漢建武中銅尺，晉前尺同。」……』此與王吳二氏所記此尺之銘，多「與」「斛」「中」三字，而少一「並」字。故此尺爲宋高若訥所仿制，其長度雖合晉前尺，然非晉荀勖所制者。

第八章　第四時期中國度量衡

第一節　唐宋元明度量衡制度總考

本時期開始爲唐代，唐承隋之後，度量衡之制，本仍隋之舊，此乃爲本時期與第三時期中國度量衡關鍵之所在，亦卽爲本時期度量衡制度之總關鍵，今考明之。

唐會要：『武德四年，鑄開元通寶錢，徑八分，重二銖四絫。』開元錢鑄於唐代開國後武德四年，（民國前一二九一）其時未聞有改定度量衡之舉。則所謂錢之徑及重，必用隋朝舊制，此其一。唐六典有積秬黍爲度量權衡，然後以一尺二寸爲大尺，三斗爲大斗，三兩爲大兩。又曰：『凡積秬黍爲度量權衡者，調鍾律，測晷景，合湯藥及冠冕，則用之。內外官私悉用大者。』其言積秬黍者，非唐代之定制，乃後之著書，仿漢志之說。參見下第二節。其所言小制大制，一仍唐初隋之遺制。而隋開皇以北周鐵尺調律，以北周市尺爲官尺，供官私使用，市尺亦爲鐵尺之一尺二寸。而隋大業以後以梁表尺調律，表尺議以合古者。又隋開皇以古斗三升爲一升，古秤三斤爲一斤，大業依復古制。蓋唐因隋制，卽合用其二代之大小二制，此其二。

考中國度量衡之制，先定度，而後生量與衡，故籍載大多均詳於度，而略於量衡。今考唐因隋朝之制，於此合考二證之外，又可專由尺度考之，復得二證。（仍參見下第二節。）王國維曰：『宋史律歷志載：「丁度議，今司天監表尺，和峴所謂西京望泉者，蓋以爲洛都故物，今以貨泉、錯刀、貨布、大泉等校之，則景表尺長六分有奇，略合宋周隋之尺，由此證之，銅斛貨布等尺寸，昭然可驗。有唐享國三百年，其間制作法度，雖未逮周漢，然亦可謂治安之世，今朝廷必欲尺之中，當依漢泉分寸。若以太祖膺圖受禪，嘗詔和峴用景表尺，典修金石，七十年間薦之郊廟，稽合唐制，以示貽謀則可，且用景表舊尺云云，」如是則丁度以宋司天監所用景表爲唐尺，其尺當漢泉尺一尺六分有奇，故丁度等謂唐尺略合於周隋之尺。』考唐用小尺測晷景，今此所謂景表爲唐尺，比晉前尺一尺六分有奇，正與鐵尺律度約相符合，此一證。據朱載堉之論，唐小尺與新莽尺之比，爲一〇〇與一·〇八分之一〇〇之比，則唐小尺應合新莽尺一尺〇八分。而隋鐵尺律長，比晉前尺一尺〇六分四釐，相差一分六釐。此差數並不算大，而當時比較推算又非十分正確，不可以此差數，而謂爲不合，此二證。如云「開皇官尺，卽鐵尺一尺二寸」，官尺長比晉前尺一尺二寸八分一釐，則鐵尺比晉前尺應爲一尺六分七釐五毫，而隋志載爲一尺六分四釐，此卽推算之差。

然不特唐因隋制，卽宋亦因於唐制，而明又因於唐宋之制。程文簡演繁露云：『官尺者與浙尺同，僅比淮尺十八。蓋見唐制，而知其來久矣，……國朝事多本唐，豈今宋之官尺，卽用唐秬尺秬黍所制之小尺。爲定耶？』王國維曰：『今觀唐六牙尺與宋三木尺，此唐宋之尺見下第九節之二。知程氏之言不誣。』此宋因唐制之一證。唐鑄錢計重，改稱十錢爲一兩，宋廢銖絫之制而稱錢、分、釐、毫，此宋因唐制之二證。唐以開元錢經爲八分，累十二有半，是爲大尺，而明亦有鈔尺，朱載堉曰：『寶鈔黑邊外齊作爲一尺，名曰今尺，明卽唐六典所謂大尺是也。』此明尺卽爲唐大尺，是明因唐制之一證。清末重定度量權衡制度斛說曰：『今之斛式，乃宋賈似道之遺，元至元間，中丞崔彧上言，遂頒行之，明仍元制。』此明斛卽宋之斛，是明因宋制之一證。總之，自唐迄明歷代度量衡之大小，實緣於增替之所致，而度量衡之制，則並未嘗考定。又其增替之率，並不如南北朝之甚，蓋又緣於貪政以南北朝爲甚故也。

王國維曰：『自唐迄今，尺度所增甚微，宋後尤微，求其原因，實由魏晉以降，以絹布爲調，官吏懼其短耗，又欲多取於民，故尺度代有增益，北朝尤甚。自金元以後，不課絹布，故八百年來，尺度猶仍唐宋之舊。』蓋本時期尺度之增替實甚微。朱載堉曰：『以黃鍾之長，均作八寸，外加二寸爲尺，此唐尺也；以黃鍾之長，均作八十一分，外加十九分爲尺，此宋尺也。宋尺以大泉之徑爲九分，今明營造尺卽唐大尺，以開元錢之徑爲八分。宋尺之八寸一分，爲今尺之八寸。』據此，可知唐宋明三代之尺度，幾完全相同。

何以曰：中國度量衡制度，由第三時期增替，而爲第四時期之總關鍵？蓋中國度量衡增替之事，至隋而已極，唐以後歷朝對於度量衡行政雖有所設施，而於度量衡制度並未嚴行考定。唐仍隋之舊，宋以後仍唐之舊，雖其間亦有參差，乃由於實際增替所致，而增率又不比南北朝之甚。總個第四時期中國度量衡制度，導出於第三時期增替之結果，所謂總關鍵，卽在此也。

第二節　唐代度量衡及其設施

唐代度量衡，有大小二制，大制爲因於南北朝增替最後之結果，卽隋開皇之大制，大制爲隋大業議以合古之小制。隋開皇官尺，卽北周市尺，乃後魏之後尺，此種尺度，官民公私用之以爲然。又隋開皇官斗，以古斗三斗爲一斗，官秤以古秤三斤爲一斤，唐承隋之後，以開皇官制，官民已通行，故頒之爲大制。而唐代政事，亦每求合於古制，隋大業中已改用小制，尺用梁表尺，斗秤依古，廢三倍之大制，故唐又以頒之爲調鍾律，測晷景，合湯藥及冠冕之制，此唐制之大概。可從次之三點觀察之。

一，唐政稽求於古，所謂古者，又如何求之？考中國度量衡制度詳備於漢書律歷志，唐六典：「凡度，以北方秬黍中者，一黍之廣爲分，十分爲寸，十寸爲尺，一尺二寸爲大尺，十尺爲丈。凡量，以秬黍中者，容一千二百黍爲龠，二龠爲合，十合爲升，十升爲斗，三斗爲大斗，十斗爲斛。凡權衡，以秬黍中者，百黍之重爲銖，二十四銖爲兩，三兩爲大兩，十六兩爲斤。凡積秬黍爲度量權衡，調鍾律，測晷景，合湯藥，及冠冕之制，則用之，內外官私悉用大者。」是唐亦以漢志之說爲古，惟祇憑積秬黍以爲制，故唐代度量衡，根本不可從此中求之。再考其立說之由，一則固由於漢志言黍之貽誤，二則實由於唐代未曾作實際之考定。其所言積秬黍之法，卽依漢志憑空作說，以其說合於漢志，遂謂爲古，而其實合古與否，則未究也。

二，唐小制所謂合古者，可再從此行用方面考求之。第一、謂用以調鍾律，是卽出於漢書律歷志本爲定黃鍾六律之制之論。第二、謂用以測晷景，此乃出於隋煬帝定梁表尺之制，梁表尺本爲測影表者，故唐因隋大業之小制，定其尺爲測晷景之用。第三、謂用以合湯藥，此乃出於裴頠之說，晉書律歷志曰：『元康中，裴頠以爲醫方人命之急，而稱兩不與古同，爲害特重，宜因此改治衡權，』醫藥用衡權之制，必求合古，故唐以小制定爲合湯藥之用。第四、謂用以合冠冕，考中國朝廷冠冕禮服之制，每視爲大典，必求合古，故唐以小制爲合冠冕之用。古今圖書集成言：『唐時權量是小大並行，太史、大常、太醫、用古』者，謂此也。

三，隋有大小二制施行於前後，唐以之頒布並行，而分別使用之範圍。唐旣承隋制，何以又求於積秬黍以爲定？前已言之，蓋爲著書者憑空作合古之說，非當時實由積秬黍以求之，觀其定小制使用範圍，已甚明瞭。故除前四者用小制而外，其餘悉用大制。此實由時勢轉然，非不欲全行小制。隋大業中頒行梁表小尺之制，而開皇官尺之大尺仍通行於人間。古今圖書集成曰：『隋煬帝大業三年四月壬辰改度量權衡，並依古式，雖有此舉，竟不能復古，至唐時猶有大斗小斗大兩小兩之名。』故唐時一面固未考定制度，一面卽以此大制已通行，祇好適合時勢之轉移。

唐之大小二制，卽隋之開皇大業前後之二制，再從實量方面推求之。

一，唐大尺卽隋開皇官尺，比晉前尺一尺二寸八分一釐。唐小尺卽隋大業表尺，比晉前尺一尺○二分二釐一毫，則唐大尺小尺之比，恰符十與八之比。大尺合小尺之一·二五三尺，小尺合大尺之○·七九九尺，約爲十比八。唐開元錢徑八分者，大尺之八分，合小尺爲十分，故開元錢平列十枚爲小尺，平列十二枚半爲大尺，此大小二尺最精密比較之法。朱載堉曰：『唐尺有二種，黍尺以開元錢之徑爲一寸，大尺以開元錢之徑爲八分』者，是也。研究唐代大小二制，必須明於唐因隋朝前後二代之定制。故唐黍尺所謂小尺者，乃出自大業之表尺，非北周遺制之鐵尺。不過大業之表尺，傳入於唐，後世又有增訛，故唐小尺之長度，實較大業之尺度爲長，而與北周之鐵尺長短近同。此乃增替後而相近同，但唐小尺之制非導出於鐵尺。唐六典謂：「一尺二寸爲大尺」，二寸乃大尺之二寸，大尺實合小尺一尺二寸五分，小尺爲大尺之八寸，八寸而加二寸，故曰一尺二寸爲大尺。又唐大小二尺，與新莽尺之比，爲一二五及一○○與一·○八分之一○○之比。而隋開皇之官尺及大業表尺，與晉前尺之比，爲一二八·一及一○二

•二一與一〇〇之比。此二者比例不能相通，卽唐尺之長度，實際又有增於隋也。且（一）晉前尺制定之時，雖用新莽嘉量度數校正，而嘉量之器製造並不精準，以之定度，根本有差。（二）開元錢鑄造之時，徑度亦非完全正確，於是由錢徑考定尺度，亦非得中。（三）比較之差訛，所謂寸寸而累之，又不能無稍贏餘。（四）推算之差誤，如李氏所據推算之數不準，而彼此推算又非一律。總之，唐大小二制，係出自隋開皇大業前後之大小二制，而比數不符者，增訛所致。然隋制依隋尺實度比得，唐制依唐錢實徑較得，兩朝之度量，不必強求之合，而兩朝之制度，則不可不證其相承也。

二，唐大斗大秤，卽隋開皇三倍之制，唐小斗小秤，卽隋大業合古之制。隋制斗秤實量已不可考，而唐制斗量亦不可考。前章已推證古制實卽新莽之制，唐小斗小秤及隋大業之制，當合新莽量衡之制，唐大斗大秤及隋開皇之制，當合新莽量衡三倍之制。不過增替之訛，考校之差，在所不免，斗量既無從考實，卽依莽制決定。而唐代衡之重量，則可由開元錢較之，前第二章第五節已言及，吳大澂較得唐錢一兩卽合淸庫平之制，此實不誣。古今圖書集成亦曰：『唐武德四年鑄開元通寶錢，重二銖四絫，積十錢重一兩，得輕重大小之中，所謂二銖四絫者，今淸一錢之重。』是故唐之衡一兩，實重三七·三〇一公分，而新莽權衡一兩合一三·九二〇六公分，所謂三倍，實尚不及，此由增替之訛，非制之改變。

唐代大小二制並行，所謂小尺爲大尺十之八，小斗爲大斗三之一，及小兩爲大兩三之一，此又可證之於唐宋人之言。如唐人杜佑通典，宋人程文簡演繁露等均然也。杜氏曰：『六朝量三升當今一升，秤三兩當今一兩，尺一尺二寸當今一尺。』六朝者，吳、東晉、宋、齊、梁、陳，而晉、宋、梁、陳，均行古制，僅齊制大於古。則杜氏以唐制與六朝制比較，實卽無異與新莽制比較。量衡三倍之說，不待再證。六朝尺度之制，爲由一·〇四七而一·〇六四而一·〇二二一之比例。杜氏所謂六朝當又以最後之尺度爲比較，唐大尺卽開皇官尺，合一·〇二二一之度尺者之一·二五倍，此卽十之八。程氏曰：『官尺比淮尺（皆宋尺名。）十八，蓋見唐制，而知其來久矣，……官尺卽唐之秬尺。』則程氏明以唐大尺小尺爲十八之比者也。

唐初度量衡，本於隋開皇之制，而參依漢志積秬黍之說，以定爲大斗大兩大尺之制，見唐初長孫無忌敕撰唐律疏議。而著分大小二制，並明定分制行用之範圍，則始於唐玄宗御撰唐六典之言，其年蓋在開元九年，（民國前一一九一）可證之於演繁露之言。

唐代對於度量衡行政之設施，亦頗嚴厲，規定每年定期平校印署，然後始准使用。並定明法律，凡執行平校之人員所校不平，及私作者不平而仍使用，或雖校平而未經官印者，均分別治罪。監校官不覺，及知情者，亦分別論罪。管理度量衡行政之權，屬於太府，故規定每年八月，詣太府寺平校，不在京者，詣所在州縣官校。總之，唐代對於度量衡平準之政，可謂極善，是或因南北朝取民無法，任意增損，而致官民用器各行其是，弊害特甚，故及唐而有此嚴厲律禁之規定歟？

考唐律乃由隋律增損出入，號稱得古今之平，故宋世多採用之，明清律例，亦以爲本。則觀於唐律中度量衡之律令，而於宋明之制，當可思過半矣。

唐律疏議雜律門「校斛斗秤度」之文，錄之於左：

（一）校斛斗秤度

諸校斛斗秤度不平，杖七十，監校者不覺，減一等，知情與同罪。

疏議曰：校斛斗秤度，依關市令，每年八月，詣太府寺平校，不在京者，詣所在州縣官校，並印署，然後聽用。其校法雜令：量、以北方秬黍中者，容一千二百爲龠，十龠爲合，十合爲升，十升爲斗，三斗爲大斗一斗，十斗爲斛；秤權衡、以秬黍中者百黍之重爲銖，二十四銖爲兩，三兩爲大兩一兩，十六兩爲一斤；度、以秬黍中者，一黍之廣爲分，十分爲寸，十寸爲尺，一尺二寸爲大尺一尺，十尺爲丈。有校勘不平者杖七十，監校官司不覺，減杖者罪一等，合杖六十，知情與同罪。

（二）私作斛斗秤度

第一條　諸私作斛斗秤度不平，而在市執用者，笞五十，因有增減者，計所增減準盜論。

疏議曰：依令，斛斗秤度等，所司每年量校印署充用。其有私家自作，致有不平而在市執用者，笞五十，因有增減贓重者。計所增減準盜論。

第二條　即用斛斗秤度，出入官物而不平，令有增減者坐贓論，入己者以盜論，其在市用斛斗秤度雖平，而不經官司印者，笞四十。

疏議曰：即用斛斗秤度出入官物，增減不平，計所增減，坐贓論，入己者，以盜論，因其增減得物入己，以盜論，除免倍贓依上例。其在市用斛斗秤度雖平，謂校勘而不經官司印者，笞四十。

唐代度量衡之制作，無可考。又如唐會要云：『大歷十一年（民國前一一三六）十月十八日太府少卿韋光丰奏請改造銅斗斛尺稱等行用，』可知法律雖嚴，校勘難準，故請改造銅質之器，是或亦為標準器也。又南部新書：『柳仲郢拜京兆尹，置權量於東西市，使貿易用之，禁私製者，北司史入粟違約，仲郢殺而尸之，自是人無敢犯。』於此又可知當時私作度量衡，必仍暗中行使，故置公量於市，以為公用，又禁私作。此為置公用器之制。

第三節　五代度量衡

五代之世，天下混亂，未遑制作。其世官民所行用之器，乃仍唐之舊制，必無疑義。

宋史律歷志曰：『今司天監圭表，乃石晉時，天文參謀趙延乂所造。』又曰：『今司天監表尺，和峴所謂西京望臬者，今以貨泉、錯刀、貨布、大泉等校之，則景表尺長六分有奇。』則是後晉所造圭表之尺度，當係依唐小尺為之，其尺比新莽尺長六分有奇。唐初小尺之長度，延至唐末，已有差訛，晉造圭表，亦未必無差，而宋人之比較，又未必精準，故後晉造圭表，乃依唐測晷景之小尺之制，不過長度

又有訛致

後周王朴亦累黍造尺，以尺定律，宋謂之「王朴律準尺，」比新莽尺長二分有奇。於此可證後周律尺，一本唐小尺之度。王朴雖用累黍之法，而其用以校驗其尺度者，必爲唐律尺之度。宋會要曰：「五代之亂，大樂淪散，王朴始用尺定律，」又曰：「王朴剛果自用，遂專恃累黍。」宋史律歷志：「丁度表曰，王朴律準尺，比漢泉尺寸長二分有奇。」觀此，亦可明五代尺度制之概略。

第四節　宋代度量衡及其設施

宋代度量衡，一承唐之大制，其量之大小，雖有些微之差異，乃由於器具實量增損之訛。度量衡三制之中，亦以度制爲最易證實。律呂新書載，謂由溫公尺圖，宋太府布帛尺，比晉前尺一尺三寸五分。考宋代度量衡行政，亦屬於太府，此太府布帛尺度，即宋代傳統之制度。唐大尺比新莽尺亦爲一尺三寸五分，（唐大尺與新莽尺之比，爲一二五與一·〇八分之一〇〇之比。）是唐宋二代尺度，實屬相等。朱載堉曰：宋太府尺之八寸一分，爲今明營造尺即唐大尺之八寸，」則知宋尺當短於唐尺一分餘。考宋尺以大泉之徑爲九分，唐尺以開元錢之徑爲八分，故唐宋二朝尺度，並非完全相同。而溫公尺圖載宋尺之比數，係依實器比得，雖合唐尺之比數，但非爲制之本。

宋太府定制之尺，本於唐大尺，而民間則並用唐大小二尺。程文簡演繁露云：『浙尺僅比淮尺十八，蓋見唐制，（指唐有大小二制者。）而知其來久矣。』王國維曰：『淮尺雖略長於唐大尺，而歲久差訛，與製法疎拙，略有異同，亦固其所，且唐有大小二尺，而官私用大尺，宋有淮浙二尺，而繒帛用淮尺，二尺之間，其差皆十與八之比，則宋尺承用唐尺明矣。』按此浙尺淮尺，乃宋民間用尺之名，其長度與唐大小二尺合。（參見下第九節之三。）又宋官帛用淮尺，是卽太府布帛尺。觀此，足以證宋尺乃出於唐制者。（非謂與唐尺完全無差。）

沈括夢溪筆談曰：『予考樂律，及受詔改鑄渾儀，求秦漢以來度量，斗升計六斗當今宋一斗七升九合，稱三斤當今十三兩，爲升中方古尺二寸五分十分分之三，今尺一寸八分百分分之四十五強。』考沈括之筆談，已在宋之中葉，其時實用之器量又有增益。所謂求秦漢以來度量，其當有實物爲依據，又必係指新莽之制。新莽尺與宋尺之比，爲一八・四五與二五・三之比，依此以求宋尺，合清營造尺（爲與下第九節所據以清營造尺，爲比較之主故也。）九寸八分七釐三毫，較前第三章所定宋尺之度，（合清營造尺九寸六分。）長二分七籥，此爲器量之訛，非制度有異。又宋一斗當莽一斗之一·七九之六倍，即三·三五二倍，較唐之三倍於古者，又大〇·三五二倍。又宋之一斤當莽一斤之〇·八一二五之三倍，即三·六九二倍，較唐之三倍於古者，又大〇·六九二倍。然考唐之一斤，已等於清庫平之制，若宋又大於唐，相沿而下，清制必不致反小於宋，此中必有錯誤，或沈氏當時所據以爲比較之物，非前代度量衡實器，而以算數之術求之者乎？再考宋代權衡改制，參見下第六節。實本於唐開元錢之制，又癸巳存稿亦云：『宋以開元錢十枚爲一兩，』則宋之斤兩重量實與唐同，亦與清同。而量之容量大小，最難準確，則宋之量大於唐之量，自又爲意中事。

宋代於度量衡之設施，可於宋史中見之。今彙錄於左，並加考證。

（一）『宋既平定四方，凡新邦悉頒度量於其境，其僞俗尺度踰於法制者去之。乾德中，又禁民間造者，由是尺度之制，盡復古焉。』考此文之上，尙有曰：『審度者，本起於黃鍾之律，以秬黍中者度之，九十黍爲黃鍾之長，而分、尺、寸、丈、引之制生焉。』朱載堉曰：『宋李照范景仁魏漢津所定律，大率依宋太府尺，黃鍾長九寸，』又曰：『宋黃鍾在宋尺爲九寸。』據此，則宋初所頒尺度，即宋太府尺，而其他通俗尺度均廢之並禁私造。所謂盡復古者，蓋指僞俗之尺已盡去，民又無私造，尺度之制已劃一，而盡用太府尺。此太府尺當卽由唐太府寺傳入者，故曰復古。

（二）『太祖受禪，詔有司精考古式，作爲嘉量，以頒天下。……凡四方斗斛不中用者皆去之。嘉量之器，悉復升平之制焉。』其所謂精考古式者，當係唐代嘉量之器。

（三）『建隆元年（民國前九五二）八月，詔有司按前代舊式作新權衡，以頒天下，禁私造者。及平荆湖，卽頒量衡於其境。』所謂按前代舊式，當卽爲唐代舊式。玉海：『建隆元年八月十九日丙戌，有司請造新量衡以頒天下；詔精考古制，按前代舊式作之，禁私造者，』玉海之言，可相通。蓋太祖恐制作無定式，故詔精考前代舊代，自爲唐代之舊式也。

（四）『淳化三年（民國前九二〇）三月三日詔曰：「書云，協時月正日，同律度量衡，所以建國經，而立民極也，國家萬邦咸乂，九賦是均，顧出納於有司，繫權衡之定式，如聞秬黍之制，或差毫釐，錘鉤爲姦，害及黎庶，宜令詳定稱法，著爲通規。」事下，有司監內藏庫崇儀使劉承珪言：「太府寺舊銅式，自一錢至十斤，凡五十一，輕重無準，外府歲受黃金，必自毫釐計之，式自錢始，則傷于重。」遂尋本末，別制法物。至景德中，承珪重加參定，而權衡之制，益爲精備。其法蓋取漢志子穀秬黍爲則，廣十黍以爲寸，從其大樂之尺，就成二術，因度尺而求釐，自積黍而取絫，以釐絫造一錢半及一兩等二稱。」據此，可知宋太祖雖頒度量衡之式，然權衡仍無準則，故太宗復詔定權衡之式。至眞宗景德（民國前九〇八——九〇五）中，劉承珪始考定：以度尺定分釐之名，由積黍求銖絫之量。所謂「就成二術」者，卽其下文「因度尺而求釐，自積黍而取絫」之意。而太府寺舊銅式，（卽今之法馬。）起自一錢，此卽宋因唐制之明證，唐制十分兩命曰錢，宋沿用之。而劉承珪以自錢始則傷於重，必自毫釐計之。毫釐者，爲度尺以下之名，（在當時已視釐毫之名，爲度名，故曰：「因度尺而求釐」。）欲權衡制度之精備，亦須因度尺而求釐以下之命分，自積黍以定其重量之準則。此種命分準則之法，詳見下第六節。所謂從其大樂之尺，卽自黃鍾而生之太府尺者是也。

（五）『景祐二年（民國前八七七）九月十二日，依新黍定律尺，每十黍爲一寸。』考此所定之尺，於景祐三年丁度等上議：以『黍有長圓大小，歲有豐儉，地有磽肥，一歲之中，一境之內，取以校驗，亦復不齊，……再累成尺不同，其量器分寸，既不合古，卽權衡之法，不可獨用，』詔罷之。

（六）『紹興二年（民國前七八〇）十月丙辰，班度量權衡於諸路，禁私造者。』此爲南宋高宗之事。

觀前紀之文，可知宋代度量衡行政，採官製之制，禁私造，是卽因唐之遺法。而其所頒度量衡之器，一採唐朝舊式，不過新製造耳。

宋代管理度量衡行政之權，亦屬於太府，所有內外官司及民間需用，均由太府掌造。但校印非每年舉行，凡遇改元之年，印烙器具。而印分方、長、八角三種。宋史律歷志曰：『度量權衡，皆太府掌造，以給內外官司及民間之用，凡遇改元，卽差變法，各以年號印而識之。其印面有方印、長印、八角印、明制度，而防僞濫也。』

第五節　宋代權衡之改制及頒行

宋劉承珪制二稱，爲權衡改制之新法，亦爲中國度量衡史上權衡重大之改革。其改制之由，乃爲『太府寺舊銅式，自一錢至十斤，凡五十一，輕重無準，外府歲受黃金，必自毫釐計之，式自錢始，則傷于重，……」考南北朝以前出納賦稅，均爲粟帛，故以斛斗丈尺計量。後改爲錢糧之制，乃用金銀出納，故以權衡計重，計金銀之重量，必及小數，而銖絫計兩，非十進，計算又不方便。故劉氏「就成二術，因度尺而求氂，自積黍而取絫，以氂絫造一錢半及一兩等二稱，」以氂制及絫制定分量。用者從氂制，久而絫制廢矣。

宋史律歷志曰：「二稱各懸三毫，以星準之。等一錢半者，以取一稱之法，其衡（衡者取平，卽秤之桿。）合樂尺（從其大樂之尺。）一尺二寸，重一錢，錘重六分，盤重五分；初毫星準半錢，至梢總一錢半，析成十五分，分列十氂；中毫至梢一錢，析成十分，分列十氂；末毫至梢半錢，析成五分，分列十氂。等一兩者，亦爲一稱之則，其衡合樂尺一尺四寸，重一錢半，錘重六錢，盤重四錢；初毫至梢一兩，布二十四銖，下別出一星，等五絫；中毫至梢五錢，布十二銖，銖列五星，星等二絫；末毫至梢六銖，銖列十星，星等絫。以御書眞草行三體淳化錢較定，實重二銖四絫爲一錢者，以二千四百得十有五斤，爲一稱之則。其法初以積黍爲準，然後以分而推忽爲定數之端。故自忽、絲、毫、氂、黍、絫、銖，各定一錢之則。忽萬爲分，絲則千，毫則百，氂則十，轉以十倍倍之則爲一錢。黍以二千四百枚爲一兩，絫以二百四十，銖以二十四，遂成其稱。稱合黍數：

則一錢半者，計三百六十黍之重，列爲十五分，則每分計二十四黍，又每分析爲一十釐，則每釐計二黍十分黍之四，每四毫一絲六忽有差爲一黍，則釐絫之數極矣；一兩者，合二十四銖，爲二千四百黍之重，每百黍爲銖，二百四十黍爲絫，二銖四絫爲錢，二絫四黍爲分，一絫二黍重五釐，六黍重二釐五毫，三黍重一釐二毫五絲，則黍絫之數成矣。其則用銅，而鏤文，以識其輕重。」

欲明二術之用，先將二稱之構造，表明如左：

第四四表　宋代權衡改制之二稱構造表

稱量	桿長	桿重	錘重	盤重	初毫（第一紐）			中毫（第二紐）			末毫（第三紐）		
					起量	分量	末量	起量	分量	末量	起量	分量	末量
一錢半	一．二尺	一錢	六分	五分	○．五錢	一釐	一．五錢	○	一釐	一錢	○	一釐	○．五錢
一兩	一．四尺	一．五錢	六錢	四錢	○	五絫	二四銖（一兩）	○	二絫	一二銖（五錢）	○	一絫	六銖

次解釋其說明：

（一）一稱爲十五斤，合二百四十兩，卽二千四百錢。故曰：「二銖四絫爲一錢者，以二千四百得十有五斤，爲一稱之則。』由斤進稱，爲「一五」之倍數；由兩錢進稱，爲「二四」之倍數。

（二）釐毫進位法：1錢＝10×1分＝10×10釐＝10×100毫＝10×1,000絲＝10×10,000忽（以分而推忽，爲定數之端。）

絫黍進位法：1兩＝24銖＝240絫＝2400黍（初以積黍爲準。）

（三）等一錢半之稱量爲「一五」分，計三百六十黍每分「二四」黍，每釐「二四」黍，故曰「以取一稱之法。」

（四）等一兩之稱量爲「二四」銖，計二千四百黍二百四十黍計爲絫，「二四」絫爲錢，「二四」絫爲分，故曰「爲一稱之則。」

至此二術之用已明，此爲中國度量衡史上權衡改制，由絫黍改爲釐毫，古今重大之改革。既用二術，製成新制之二稱，遂頒發於內外府司四方應用。又比用大稱，悉由黍絫而齊其斤石，不得增損。又令每用大稱，縣稱於架，人立以視，不得抑按，因是奸弊無所指，中外以爲便。宋史律歷志曰：『新法既成，詔以新式留禁中，取太府舊稱四十，舊式法馬六十，以新式校之，乃見舊式所謂一斤而輕者有十，謂五斤而重者有一。式既若是，權衡可知矣。又比用大稱，如百斤者，皆懸鉤於架，植鐶於衡，鐶或偃手，或抑按，則輕重之際，殊爲懸絕，至是更鑄新式，悉用黍絫而齊其斤石，不可得而增損也。又令每用大稱，必懸以絲繩，既置其物，則卻立以視，不可得而抑按。復鑄銅式，以御書淳化三體錢二千四百，暨新式三十有三，銅牌二十，授于太府。又置新式于內府外府，復頒于四方大都凡十有一副。先是守藏吏，受天下歲貢金帛，而太府權衡舊式失準，得因之爲姦，故諸道主者坐逋負而破產者甚衆。又守藏更代校計爭訟，動必數載。至是新式既定，姦弊無所指，中外以爲便。』

第六節　宋代量之改制

唐以前均以十斗爲斛，斛乃五量之大者。然斛之容量，經南北朝增大至三倍後，至宋又有增，已超過三倍以上，而古斛之容量至宋不過約爲宋之三斗，此其一。清末重定度量權衡制度斛說云：『今之斛式，上窄下廣，乃宋賈似道之遺。』所謂「上窄下廣」者，乃上口小，下底大，均方形，是即爲截頂方錐形之式，即所謂清之斛式，見下第九章。此其二。今即從此二點，研究宋代對於量之改制。

斛之進位，本爲十斗，宋改爲五斗。蓋因（一）自古均以斛爲代表量器之名，如今俗名量器均曰斗然，參見前第四章。古量小，因以古斛之器，視作五斗或二斗五升之器，因此以五斗或二斗五升爲斛。然以二斗五升爲斛，不過習俗有其用，朝廷定法，則仍以五斗爲進位，（二）漢志嘉量重二鈞。而四鈞爲石，嘉量之大量爲斛，因以二斛爲一石。於是又多出「石」之名。此爲量法之改制。

古之嘉量斛爲圓柱形，宋之容量既大至三倍以上，若仍爲圓柱形，則上口大而難平準。故元中丞崔彧言宋斛之遺式，「口狹底廣，出入之間，盈虧不甚相遠，」因是而改用截頂方錐形之式。此爲量器之改制。

改制後，量器之大者仍爲斛，容量爲五斗。於是較嘉量斛之容量，所大者不及倍，而得有所平準。因既改以五斗爲一斛，則須另命十斗進位之量名，因「石」爲量之名，早見於秦漢之世，又以嘉量之重二鈞，二倍之則四鈞爲石，與嘉量之大量爲斛，亦二倍之二斛爲石之進數相合。故卽以十斗爲一石。

改斛之進位爲五斗，置石爲十斗，以補斛名之缺，其法乃始於宋。又改斛之式，由圓形而爲截頂方錐形，亦始於宋。此宋代量之改制，亦爲中國度量衡史上之一改制關鍵。

第七節　宋代考校尺度之一般

宋代太府寺舊傳之尺，蓋卽唐尺，此爲宋代第一等尺。

五代王朴律準尺，傳入宋朝，爲宋代第二等尺。

宋初太常寺和峴曰：「尺寸長短，非書可傳，故累秬黍求爲準的，後代試之，或不符會，西京銅望臬可校古法，卽今司台影表銅臬下石尺是也，影表測於天地，則管律可以準繩。」上乃令依古法，以造新尺。此爲宋代第三等尺。

宋仁宗景祐（民國前八七八——八七五）中，鄧保信阮逸胡瑗等奏造鍾律。阮逸胡瑗橫累百黍爲尺，此爲宋代第四等尺；鄧保信縱累百黍爲尺，此爲宋代第五等尺。

皇祐（民國前八六三——八五九）中，詔累黍定尺，高若訥以漢貨泉度一寸，依隋書定尺十五種上之，藏於太府寺，此爲宋代第六等至第二十等尺。

徽宗（民國前八一一——七八七）時魏漢津大晟樂成，其所定之尺，爲宋代第二十一等尺。此尺本定於哲宗元祐中（民國前八二六—八一九）。

以上共二十一種尺度，僅第一等尺爲宋代施用之尺度。其餘僅爲考校鍾律時所定之尺度，不見於施用。而第六等至第二十等之十五種尺，卽隋志所載諸代尺度一十五種者，不過爲高若訥之重制，非實由南北朝傳入之尺也。由前代傳入之尺有二：卽第一等太府尺，及第二等王朴尺。其第三等，第四等，第五等，及第二十一等四種尺，均爲宋朝所造者。今依律呂新書將此六種尺比新莽尺之度數，表明於次：

（一）宋太府尺，乃宋尺之正度，比新莽尺一·三五尺。見溫公尺圖。

（二）王朴律準尺，比新莽尺一·〇二尺。見宋史律歷志。

（三）和峴景表石尺，比新莽尺一·〇六尺。見宋史律歷志。

（四）阮逸胡瑗橫黍尺，比新莽尺一·〇六一一尺。比太府尺七尺八分六釐。見胡瑗樂義。

（五）鄧保信縱黍尺，比新莽尺一·二二八五尺。短於太府尺九分。見鄧保信奏議。

(六八)大晟樂尺，比新莽尺一・二九六尺。短於太府尺四分。見大晟樂書。

第八節　元明度量衡及其設施

元代度量衡，籍無紀載，其所用之器，必一仍宋代之舊。而元代度量衡制度，即謂爲宋制，自無不可。

輸米進糧，每須於量。元世祖至元二十年（民國前六二九）崔彧上言：『宋文思院小口斛出入官糧，無所容隱，所宜頒行。』上從之，遂頒行。元史謂：『世祖取江南，命輸米者，止用宋斗斛，以宋一石當今元七斗。』觀此可知元實仍宋之制，而量制又增大其量耳。按元至元十三年（民國前六三六）入宋臨安，則所謂取江南，當是指是年也。

明代度量衡，亦承前代之制。惟於實制如何，籍不詳載。明會典對於度量衡之法式製造行政，歷言甚詳，而於制度如何，則反不及一言，是即其制度一仍唐宋之制耳。

清末重定度量權衡制度斛說曰：『今之斛式，上窄下廣，乃宋賈似道之遺，元至元間，中丞崔彧上言，其式口狹底廣，出入之間，盈虧不甚相遠，遂頒行之，史所謂宋文思院小口斛是也，明仍元制。」據此，可知明會典所謂頒降斛式，乃宋之遺制。

明代所頒鐵斛，據三通考輯要謂：『依清寶源局量地銅尺，斛口外方一尺，內方九寸，斛底外方一尺六寸，內方一尺五寸，深一尺，厚三分，平稱重一百斤；依古橫黍度尺，斛口外方一尺二寸八分，內方一尺一寸五分強，底外方二尺〇五分，內方一尺九寸二分，深一尺二寸八分，厚四分。』清寶源局量地銅尺，當係當時實用之尺，非定制之度，不知其爲何種尺度。但又以古橫黍度尺言之，考清定橫黍律尺之度，每即視爲古橫黍尺，其長度爲清營造尺之八寸一分。今依此橫黍尺計之，斛積爲三〇八二·八一三四四立方寸，合清營造尺度爲一六三八·三三四五七立方寸，五十分之一爲升，應合三二·七六六六九立方寸。

中國度量衡器具之種類，至明已大備，度器有銅尺木尺，量器有斛、斗、升，衡器有稱，等，天平，法馬等種。均製樣頒發，不准有出入，詳見明會典，茲照錄於次，以見其設施之一斑。

洪武元年（民國前五四四）令鑄造鐵斛斗升，付戶部收糧，用以較勘，仍降其式於天下。令兵馬司，並管市司，三日一次較勘街市斛斗秤尺，並依時估定其物價，在外府州各城門兵馬，一體兼領市司。

二年（民國前五四三）令，凡斛斗稱尺，司農司照依中書省原降鐵斗鐵升，較定則樣，製造發直隸府州，及呈中書省轉發行省，依樣製造，較勘相同，發下所屬府州。各府正官提調，依法製造較勘，付與各州縣倉庫收支行用。其牙行市鋪之家，須要赴官印烙，鄉村人民所用斛斗秤尺，與官降相同，許令行使。

二十六年（民國前五一九）定凡使用斛斗稱尺，著令木稱等匠，記算物料，如法成造。所用鐵力木杉木版枋生鐵等項，行下龍江提舉司等衙照數放支。其合用錘鉤，行下寶源局督工鑄造，如是成造完備，移咨戶部較勘收用。凡天下官民人等，行使斛斗秤尺已有一定法則，須行各司府州縣收掌，務要如式成造較勘相同，印烙，給降民間行使。其在京倉庫等處合用斛斗秤尺等項，本部較勘，印烙，發行。

宣德七年（民國前四八〇）令，重鑄鐵斛，每倉發與一隻，永爲法則，較勘行使。

正統元年（民國前四七六）奏准蘇松等處，原降鐵斛斗升，行南京工部照舊式鑄造，給領收掌，以備較勘。又令各處斛斗稱尺，府州縣正官照依原降式樣，較勘相同，官民通行，仍將式樣常于街市懸掛，聽令比較。令各布政司府州縣倉，分歲收糧五十萬石，及折收倉庫歲收布絹等物十萬疋以上者，工部各給鐵斛一張，銅尺木尺各一把。

景泰二年（民國前四六一）令工部成造等稱天平各四十副，頒給戶部及在外收支衙門，掌管用使，其所屬衙門，許依式成造應用。

成化二年（民國前四四六）題准私造斛斗稱尺行使者，依律問罪，兩隣知而不首者，事發一體究問。

五年（民國前四四三）以新舊鐵斛大小不一，仍令工部照依洪武年間鐵斛式樣，重新鑄造，發江南江北山東河南兌糧去處，令各處兌糧官員依式置造木斛，送漕運衙門較勘，印烙，給發，交兌，以爲永久定規。

十五年（民國前四三三）令，鑄鐵斛，頒給江西湖廣二布政司，及各兌糧水次，並支糧倉分，較造木斛，印烙收用。其鐵斛仍識以「成化十五年奏准鑄成永爲法則」十三字，及監鑄官員匠作姓名於上。

正德元年（民國前四〇六）議准工部，行寶源局，如法製造好銅法子，一樣三十二副，每副大小二十箇，俱鏨「正德元年寶源局造」字號，送部印封，發浙江等處布政司，及各運司，並南直隸府州，各依式樣支給官錢，一體改造，頒降用使。

九年（民國前三九八）議准吏部，揀送諳曉書算吏役四名，塡註戶部陝西清吏司支科二名，專管撥糧斛，註銷淸册金料二名，專管鹽法，後役滿之日，將文卷簿籍，交代明白，方許更替。

嘉靖二年（民國前三八九）議准京通二倉，合用糧斛，坐糧員外郞將鐵鑄樣斛，較勘修改相同，火印烙記，發倉，仍前二張，送漕運衙門收貯，以後新斛，俱依鐵斛，並較定斛樣成造。

八年（民國前三八三）奏准製天平法馬，一樣七副，六副分給各司並監收內府銀科道官，一副留部堂爲式。凡斛戶及本部送進內府銀兩，俱照戶部則例，給文掛號，領票關給，預先稱驗包封，會同該監較收。

令順天府，將官較稱斛，印烙，給送監收科道員各一副，凡解戶到部，即領票關給稱斛，預先稱量，包封，候進納報完監局各衙門，會同照樣較收，以革姦弊。

又令工部寶源局，如式鑄造大小銅法子，給發內外各衙門。

二十七年（民國前三六四）題准行各倉場，照依原降鐵斛，置造斛斗，仍置官稱，較量平準，一併送巡撫及管糧郎中主事，烙記發用。如有私造斛稱，通商作弊，各該管通判不行覺察，一體究罪。其宣府一鎮，往時收用市斛，放用倉斛，合行查革，以後收入放出，俱以倉庫爲準。

四十五年（民國前三四六）題准南京供用庫斛斗升稱等，行南京工部，撥匠科造三千八百七十六副。

第九節　第四時期度量衡之推證

一、唐開元錢尺之考證

吳大澂以開元錢十枚平列爲一尺，曰開元尺；王國維以開元錢十二有半亦累爲尺，曰開元錢尺。此二者尺之製法不同，而命名均同。此應注意。吳氏依開元錢徑作十分，是爲唐小尺之制；王氏以開元錢徑爲八分，乃爲唐大尺之制。小尺與大尺之比，亦恰與開元錢十枚與十二枚半之比，即所謂小尺爲大尺十八。今以開元錢徑二四・六九公釐十二倍半計之，得三〇・八六二五公分，與前第三章所定唐尺之度，相差僅約二・四公釐。

二、唐宋明三代尺度實考

唐尺實器今之可考者，有唐鏤牙尺一種。據王國維曰：「唐鏤牙尺，烏程蔣氏藏，拓本長營造尺九寸四分弱，刻鏤精絕，唐六典中尙署令注云：「每年二月二日進鏤牙尺」，即此是也。」又曰：「日本奈良正倉院藏唐尺六，乃日本孝謙天皇天平勝寶八年（當唐至德二年，民國前二五五）其皇太后獻於東大寺者，凡紅牙撥鏤尺二，綠牙撥鏤尺二，白牙尺二，曾影印於東瀛珠光中。余從沈乙庵先生借摹，以今工部營造尺度之：綠牙尺乙長九寸五分五釐，紅牙尺乙長九寸四分八釐，白牙尺二均長九寸三分，紅牙尺甲與綠牙尺甲均長九寸二分六釐。其最長者與余所製開元錢尺略同。此云「紅牙撥鏤尺，綠牙撥鏤尺，」並唐舊名。」將開元錢累得唐大尺，以清營造尺度分之，得九寸六分四釐餘，與唐牙尺之最長者九寸五分五釐累同。

宋尺實器今可考者有木尺一種。據王國維曰：「宋鉅鹿故城所出木尺三，藏上虞羅氏，以同時掘出之慶歷政和二碑觀之，是北宋故物也。度以今工部營造尺，其一，長九寸七分，與唐開元錢尺正同，其二又較長五分，蓋由製作麤觕，非制度異也。」

明尺實器今可考者，亦有明嘉靖牙尺一種。據王國維曰：「明嘉靖牙尺，拓本長營造尺一尺微弱，武進袁氏藏，側有款曰「大明嘉靖年製。」」

吾人知一尺之爲器，出於制度，而制非由器出。不過由實器以考制度，每可爲有力之實證，今觀此唐宋明三代尺之實器，若唐及明之牙尺，或出於制度，而若宋之木尺，是否由制出，又屬疑問。故今以此三代之尺，作三代尺度之制之一證。準此以推之，唐牙尺之最長者，較唐開元錢尺合清營造尺九寸六分四釐餘之度，短約營造尺度之九釐，而較前第三章所定唐尺之度合清營造尺九寸七分二釐。短一分七釐。今此唐七牙尺間之差，則至二分九釐。據此，足見當時製造在準度上，尚未精密考求。雖七尺皆較短，而反足以證唐尺之制。宋木尺之最短者，較前第三章所定宋尺之度，合清營造尺九寸六分。長一分，而三木尺同時出土，則差至五分，故由此又足以證宋尺之制。明牙尺又較前第三章所定明尺之度亦合清營造尺九寸七分二釐。長約二分，而嘉靖又去明初一百五十年以上，又當係由實際增替之所致也。

唐宋明三代尺度，能證其各自相合，卽足以證三代尺度實出於一制。故世所傳尺之器，雖有長短之不齊，乃製不準度又實際增替，二者之所致，非根本之制度有大不同也。

三、宋三司布帛尺之考證

王國維曰：『宋三司布帛尺，藏曲阜孔氏，原尺世未得見，世所謂摹本，長工部營造尺八寸七分強。吳大澂實驗攷中摹入之度卽同此。案玉海列三司布帛尺，於皇祐古尺按當卽係高若訥依隋志造尺十五種者。元祐樂尺按當卽係魏漢津所造之樂尺。之前，又元豐改官制按卽王安石改新法。後，更無三司使之名，則此尺乃宋初尺。惟諸書所記三司尺，長短頗有異同。程文簡演繁露謂：『浙尺比淮尺十八，』趙與旹賓退錄謂：『省尺者，三司布帛尺也，周尺當布帛尺七寸五分弱，於今浙尺爲八寸四分，』案省尺七寸五分，當浙尺八寸四分，以比例求之，則省尺當浙尺之一尺一寸二分，浙尺當省尺之八寸九分四釐有奇。徵之布帛尺摹本，則其八寸九分四釐，略同唐秬尺。唐秬尺合清營造尺七寸七分七釐六毫，宋浙尺合清營造尺七寸七分七釐八毫，故曰宋浙尺略同唐秬尺。浙尺比淮尺十八。淮尺自當略同唐大尺。則程氏謂浙尺淮尺出於唐尺，其說甚是。嘗考尺度之制，由短而長，殆爲定例，此三司布帛尺之大於唐

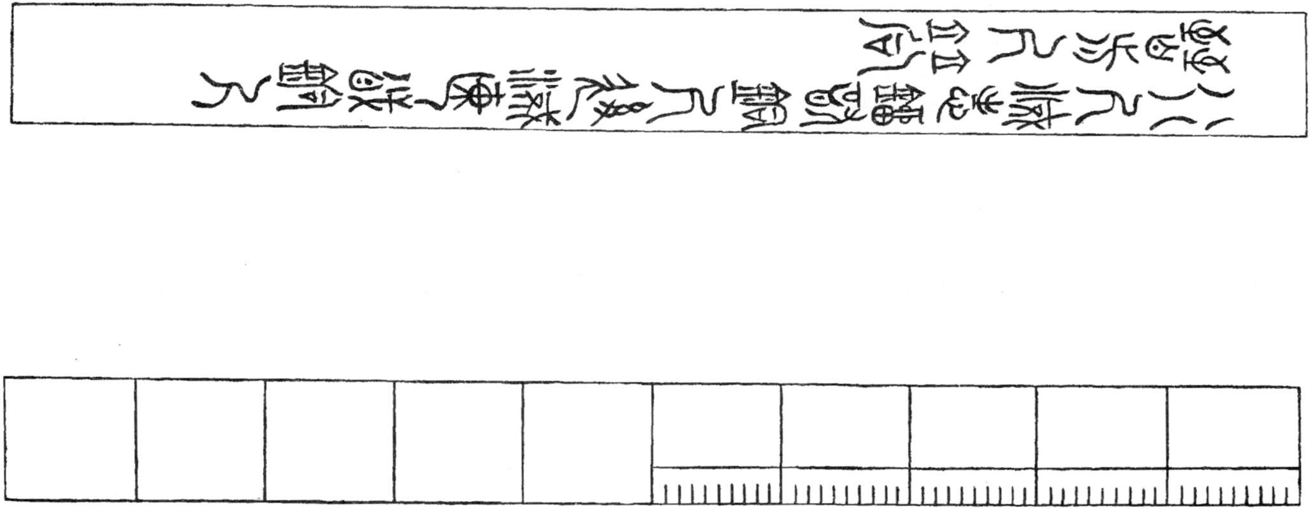

第一八圖 宋仿造晉前尺圖

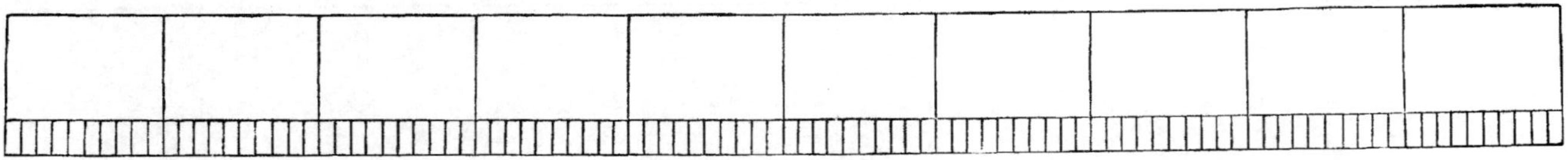

第一九圖　宋三司布帛尺圖

秬尺，亦不外此例。唐以大尺四丈爲匹，宋以布帛尺四十八尺爲匹，（據程氏說）增於唐者，已踰十分之一，而民間所用浙尺淮尺，則尚仍唐舊，知此，可以明此布帛尺與唐尺及宋淮浙二尺不同之故矣。』是屬誠然，宋淮浙二尺，實由唐大小二尺傳入於民間者，而宋三司布帛尺，蓋本唐小尺增替所致。然宋三司布帛尺，又爲宋之三司（按卽鹽鐵，度支，戶部，三司也。）量布帛所用，非太府寺布帛尺，卽非宋代定制之尺度，不可以宋尺制目之也。

第九章　第五時期中國度量衡

第一節　清初官民用器之整理

清朝開國之初，百事草創，於明代典章制度，未能完全革新，度量衡之標準，悉本黃鍾六律之說，沿襲明朝遺制，並無若何變更；而民間以五方風氣不同之故，狃於所習以致行使之度量衡器不能齊同，有種種之差異發生。故在順治年間，清廷對於度量衡，卽已着手整理。

順治五年（民元前二六四年）頒定斛式　其時因官司出納漫無準則，乃頒定斛式，由戶部較準斛樣，照式造成，發給坐糧廳收糧；又令工部造鐵斛二，一存戶部，一存總督倉場；再造木斛十二，頒發各省。

十一年（民元前二五八年）飭遵部定法馬；私自增減者罪之。

十二年（民元前二五七年）重訂鐵斛頒發各省　時題准較製鐵斛，存戶部一，發倉場、總漕各一，頒發直省各一，布政司照式轉發糧道各倉官較製收糧。

十五年（民元前二五四年）定各關秤尺　其時議准各關量船稱貨，務使秤尺準足，不得任意輕重長短。

清代整理度量衡之計劃，雖在順治年間，卽已着手進行，但是我國度量衡制度，自三代而降，屢有變更，以量與權衡之大小，皆由於尺度之長短，尺度之長短，原於定黃鐘之各異，又系於累黍之不同，遞遺嬗變，數千年來度量衡之名稱既差，實制亦異，市儈乘機又復奸詐百出，思欲革除積弊，詢非易易；是以康熙嗣位乃有進一步之整理計劃。

第二節　清初度量衡制度之初步考訂

康熙元年（民元前二五〇年）頒定新法馬。

四十三年（民元前二〇八年）議定斛式，併停用金斗關東斗。

其時清廷曾降旨：以各省民間所用衡器，雖輕重稍殊，尚不甚相懸絕，惟斗斛大小，迴然各別，不獨各省不同，卽一縣之內，城市鄉村，亦不相等，此皆伢儈評價之人，希圖牟利之所致；又升斗面寬底窄，若稍尖量卽致浮多，若稍平量卽致虧損，弊端易生，於民間殊爲不便，嗣後各直省斗斛大小作何劃一，其升斗樣式可否底面一律平準以杜弊端，至盛京金石金斗關東斗亦應一倂劃一，着九卿詹事科道詳議具奏云云。尋由清廷臣工遵旨議定直隸各省府州縣所用斛面俱令照戶部原頒鐵斛之式；其升斗亦照戶部倉斗倉升式樣，底面一律平準；盛京金石金斗關東斗，俱停其使用；並鑄鐵斗鐵升各三十具，發盛京、戶部、順天府五城倉場總漕直隸各省巡撫，令轉發奉天府、寧古塔、黑龍江等處及各該省布政司糧道府州縣倉官，一體通行。

按康熙四十三年議改升斗斛之式樣，其斛制上窄下廣，乃宋賈似道遺制，史所謂宋文思院小口斛是也，元至元間頒行使用，明朝仍之，淸仍明制，以其式口狹底廣，出入之間，盈虧不甚相遠，且口狹易於用概，可以祛弊也。

五十二年（民元前一九九年）御製律呂正義，以累黍定黃鐘之制，並製數理精蘊定度量衡表。

第二〇圖

清初工部營造尺與律尺比率圖

律尺圖

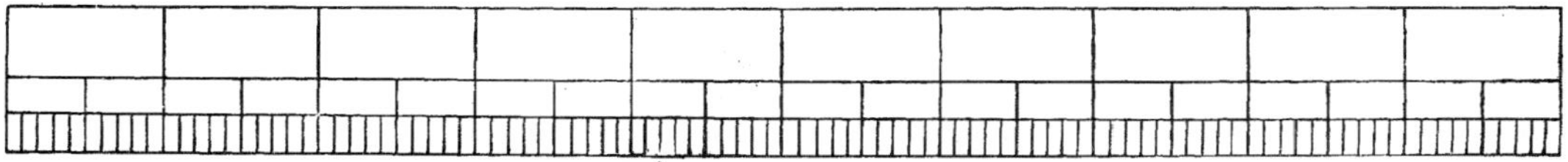

營造尺圖

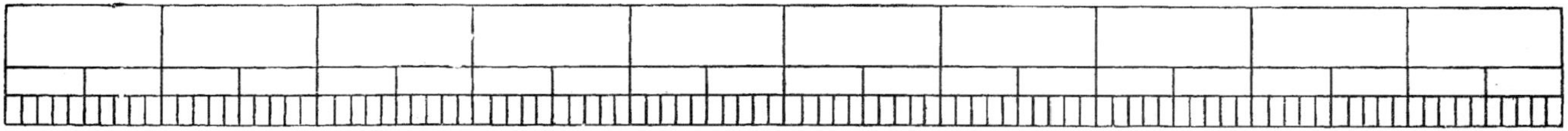

律呂正義曰：「黃鐘之律有長與圍徑，則有尺度，然後數立焉，黃鐘之聲，原未絕於世而造律之尺獨難得其眞，隋志載歷代尺一十五等，其後改革益甚。至律呂新書所載：如周尺……等二十餘種，（參見第八章第七節）然尺者所以度律，而黍者所以定尺，古今尺度雖各不同，而律之長短自不可更，黍之大小又未嘗變，故黃鐘之分，參互相求而可得其眞也。宋李照以縱黍累尺，管容千七百三十黍，空徑三分，固失於大；胡瑗以橫黍累尺，管容千二百黍，空徑三分四釐六毫，亦非眞度。通志載：夏尺十寸，商尺十有二寸，周尺八寸，自三代而後，尺雖不一，大約長不踰商尺，短不減周尺，今黃鐘之長九寸，非夏尺之九寸，商尺之九寸，亦非歷代諸尺之九寸，乃本造律度十分之九也。夫以夏尺商尺之度，制爲黃鐘之龠，其容受逾於千二百黍固不必言；嘗以今尺之八寸爲周尺立法，制爲黃鐘之龠，其容黍又少歉；更以今尺之八寸一分立法，乃恰合千二百黍之分，始知古聖人定黃鐘之律，蓋合九九尺數之全以立度也。且驗之今尺，縱黍百粒得十寸之全，而橫黍百粒適當八寸一分之限，明鄭世子載堉律呂精義審度篇，亦載橫黍百粒，當縱黍八十一粒。又前漢志曰黃鐘之長以子穀秬黍中者，一黍之廣度之九十分黃鐘之長，一爲一分，夫度者橫之謂也，九十分爲黃鐘之長，則黃鐘爲九十橫黍所累明矣。以橫黍之度比縱黍之度，即古尺之比今尺，以古尺之十寸爲一率，今尺之八寸一分爲二率，黃鐘古尺九寸爲三率，推得四率七寸二分九釐，即黃鐘今尺之度也。夫考圖而不審度，固無特契之理，審度而不驗黍，亦無恰合之妙，依今所定之尺制爲黃鐘之律，考之於聲，既得其中，實之以黍，又適合千二百黍，然則八寸一分之尺，豈非古人造律之眞度耶。

按清代康熙年間，既如律呂正義所載，躬視累黍布算而得今尺八寸一分，恰合千二百黍之分，遂以橫累百黍之尺爲「律尺，」而以縱累百黍之尺爲「營造尺，」是爲清代營造尺之始，舉凡升斗之容積，法馬之輕重，皆以營造尺之寸法定之，此在當時科學未興，舊制已紊之時，舍此已別無良法，沿用數百年，民間安之若素，其考訂之功，可謂宏偉。

數理精蘊所定度量衡表：

營造尺　以分兩定尺寸之準。

赤金每立方寸重十六兩八錢。

白銀每立方寸重九兩。

紅銅每立方寸重七兩五錢。

黑鉛每立方寸重九兩九錢三分。

法馬　以寸法定輕重之率。

赤金方寸，白銀方寸，紅銅方寸，黑鉛方寸，與前分兩相符，卽得部頒法馬等秤輕重之準。

鐵升斗斛　以寸法定容積之準。

升方三十一寸六百分。

斗方三百一十六寸。

斛方一千五百八十寸。

兩斛爲石，方三千一百六十寸。

與右寸數相符，卽得部頒升、斗、斛容重之準。

清初度量衡，經過康熙時代之整理與制度之考訂，漸有劃一之趨勢，所以當時有言：「市廛之上，閭閻之中，日用最切者，無過於丈尺升斗平法，其間長短大小，亦或有不同，而要以部頒度量衡法爲準，通融合算，均歸劃一』云。

第三節　清初具體制度之實現

乾隆六年（民元前一七一年）清帝以官民所用度量衡器，猶未能完全劃一，詢問羣臣，所以未能齊同之原因，會有刑部部臣張照奏稱：『康熙時代既以斗、尺、稱、法馬、式樣頒之天下；又凡省府州縣皆有鐵斛，收糧放餉一準諸平，違則有刑；並恐法久易湮，訂定度量衡表，載入會典，頒行天下，在今日度量權衡猶有未同，並非法度之不立，實在奉行之未能。』遂條陳二事：

一、命有司照表製造尺、秤、法馬、斗、斛、頒行天下，再爲聲明違式之禁，務使劃一；併令直省將會典內權衡表，刊刻頒布，使人人共曉。

二、立法固當深密，而用法自在得人。度量權衡之制度雖經訂定，而官司用之，入則重，出則輕，以爲家肥；更甚者轉以爲國利，行之在上，百姓至愚，必以爲度量權衡，國家本無定準，浸假而民間各自爲制，浸假而官司轉從民制，此歷代度量權衡不能齊同之本也，欲期民間之恪守，必先從官司之恪守云。

七年（民元前一七〇年）御製律呂正義後編定權量表。

權制，形圓，以寸法定輕重之率，黃銅方一寸，重六兩八錢，凡法馬之尺寸，皆列之爲表。（詳見後節）

量制，形方，以寸法定容積之率，升方積三十一寸六百分，斗方積三百一十六寸，斛方積一千五百八十寸，其升斗斛面底高之尺寸均有規定，雖與數理精蘊所定度量衡表之尺寸微異，而其容積則一也。（詳見後節）

九年（民元前一六八年）仿造嘉量方圓各一，範銅塗金，列之殿庭。乾隆年間，清廷得東漢圓形嘉量，因考唐太宗時張文收所造方形嘉量圖式，仿製方圓形嘉量各一。嘉量之形式，上爲斛，下爲斗，左耳爲升，右耳上爲合，下爲龠，其重二鈞，聲中黃鐘之宮，乾隆親爲之銘，並刻方圓度數於其上，備清漢文銘曰：『皇帝聖祖，建極憲天，度律均鐘，洞契元聲，微顯闡幽，何天衢亨，小子纘緒，寰區撫臨，協時月正日，同律度量衡，茲製法器，列於大庭，匪作伊述，大猷敬承，遵鍾得度，率度量成，是爲權輿，律偕六英，猗聖合天，天心聖明，七政是齊，爲萬世法程，如衡無私，如權不凝，如度制節，如量祇平，律得環中，紹天明命，永保用享子孫繩繩，我日斯邁，而月斯征，中元甲子，乾隆御銘。」據會典：

嘉量圓制（以營造尺命度以律尺起量）

嘉量斛積八百六十寸九百三十四分四百二十釐，容十斗，

深七寸二分九釐，

冪一百十有八寸九分八十釐，

徑一尺二寸二分六釐二毫。

嘉量斗積八十六寸九十三分四百四十二釐，容十升，

深七分二釐九毫，

冪一百十有八寸九分八釐，

徑一尺二寸二分六釐二毫。

嘉量升積八千六百零九分三百四十四釐二百毫，容十合，

深一寸八分二釐二毫五絲，

冪四百七十二分三十九釐二十毫，

徑二寸四分五釐二毫。

嘉量合積八百六十分九百三十四釐四百二十毫，容二龠，

深一寸零九釐六毫，

冪七十八分五十三釐九十八毫，

徑一寸。

嘉量龠積容深爲合之半，冪徑與合同。

嘉量方制以營造尺命度以律尺起量

嘉量斛積八百六十寸，九百三十四分四百二十釐，容十斗，

深七寸二分九釐，

冪一百十有八寸九分八十釐，

方一尺零八分六釐七毫。

嘉量斗積八十六寸九十三分四百四十二釐容十升，
深七寸二分九釐，
冪一百十有八寸九分八十釐，
方一尺零八分六釐七毫。
嘉量升積八千六百零九分三百四十四釐二百毫容十合，
深一寸八分二釐二毫五絲，
冪四百七十二分三十九釐二十毫，
方二寸一分七釐三毫。
嘉量合積八百六十分九百三十四釐四百二十毫容二龠，
深八分六釐零九絲，
冪百分，
方一寸。

嘉量龠積容深爲合之半，冪方與合同，

律呂正義後編曰：『按「周禮」「漢斛，」皆云深尺內方尺而圜其外，度同而容積不同，故先儒皆遷就以爲之說，究其所謂方尺者，實不止方尺，故曰旁有庣焉，則其度數亦未爲定法也。今以律尺起量而以營造尺命度，則古今度量權衡同異之數瞭然可見，斛積八百六十寸九百三十四分四百二十釐，卽律尺一千六百二十寸，斗積八十六寸九十三分四百四十二釐，卽律尺一百六十二寸，升積八千六百零九分三百四十四釐二百毫，卽律尺一萬六千二百分，合積八百六十分九百三十四釐四百二十毫，卽律尺一千六百二十分，龠積爲合之半，卽律尺八百一十分也；斛深七寸二分九釐爲黃鐘之度，卽律尺九寸，斗深七分二釐九毫，爲黃鐘十分之一，卽律尺九分也；升深一寸八分二釐二毫五絲，爲黃鐘四分之一，卽律尺二寸二分五釐也；深除積得冪，而圜徑方邊數各不同，以冪開平方得方邊，以圜積圜徑定率比例得圓徑，至於合龠，則圜徑方邊俱爲營造尺一寸，在律尺爲一寸二分三釐四毫五絲六忽七微九纖，卽古尺今尺之異也；以方徑自乘而得面冪，以圜徑求得圜周，周徑相乘四除之得圜面冪，斛深七寸二分九釐，斗深七分二釐九毫，並底厚八釐一毫，共八寸一分，律尺全度也。折尺爲寸，而古之寸法在是，累寸爲尺，而今之尺法亦在是，則古今度法之同異可見。從度起量，斛容二千龠，其實十斗，以今量法準之，只二斗七升二合餘，斗之容積爲今二升七合餘，升之容積爲今二合七勺餘，則古今量法之同異可見。從量起衡，斛容二百四十萬黍，重一千兩，以今之權法準之，止重五百三十一兩餘，嘉量之體重二鈞，計九百六十兩，以今權法準之，只重五百十兩餘，則古今權法之同異可見矣。推原其故，則權量皆自度始，蓋律尺爲橫累百黍之度，營造尺爲縱累百黍之度，而橫黍尺十寸當縱黍尺八寸一分，古之權量以橫黍之度起龠，尺小故權量亦隨之而小，今之權量以縱黍之度起龠，尺大故權量亦隨之而大。今律尺雖亡，而營造尺則未之有改，明冷謙制律用營造尺，其律固失之長，而權量之法大率由是而起。試以營造尺九寸制爲黃鐘之管，命其所容爲一龠，則二斛十斗之積，當爲營造尺三千二百四十寸，命其一龠之重爲五錢，則律尺一龠之重當爲二錢六分五釐七毫二絲零五微，而律尺十斗二千龠之重，當爲五百三十一兩四錢四分一釐。我朝權量之制，大抵皆仍前明之舊，今考戶部量法，二斛十斗之積爲三千一百六十寸，比之營造尺起龠者少八十寸，而權法則與營造尺起龠者相合，然則今之權量，其亦有所本矣」云。

第四節　清初度量衡制度之系統

清代度量衡制度，經過康熙乾隆兩時代之釐定，始有具體制度實現，其行政上之設施屬於戶部，而以工部製造法定器具，以爲統一全國度量衡之標準，考其制度之系統：（一）以縱黍之度製成工部營造尺，以爲度制之準；（二）以鐵鑄成漕斛，以爲量制之準；（三）取五金之立方寸爲衡制之準，名曰庫平；而又以五金立方寸之分兩定營造尺寸法之準，質言之，度量衡之標準，係以縱黍百粒之長度製爲營造尺，以營造尺之寸法定容積之率，並取金銀銅鉛四種金屬，製爲方寸之立體物，卽以此立體之重量定輕重之率；再以此立體之方寸爲尺寸之率，此其三者互相爲用之標準也。

第四五表　清初度量衡系統表

以縱黍百粒之長度製成營造尺
- 以營造尺定長度之率
- 以營造尺之寸法定容積之律
  - 升積三十一寸六百分
  - 斗積三百一十六寸
  - 斛積三千一百六十寸
- 以金銀銅鉛四種金屬一方寸之立體之寸法及分兩定度量衡之標準

以營造尺之寸法定輕重之率

- 赤金立方寸重十六兩八錢
- 白銀立方寸重九兩
- 紅銅立方寸重七兩五錢
- 黑鉛立方寸重九兩九錢三分

度法：丈（十尺）、尺（十寸）、寸（十分）、分（十釐）、釐（十毫）、毫（十絲）、絲（十忽）、忽（十微）、微（十纖）、纖（十沙）、沙（十塵）、塵（十埃）、埃（十渺）、渺（十模）、模（以下皆以十折）、模糊、逡巡、須臾、瞬息、彈指、刹那、六德、虛空、清淨。

尺之種類有二，一種爲橫黍尺，一種爲縱黍尺，考其所定度制，大要一本於律以累黍定分寸之率，以一黍之廣度爲一分，橫累十黍得橫黍尺一寸，以一黍之縱度爲一分，直累十黍得縱黍尺一寸，準橫黍之度以審樂，存之禮部，是爲「禮部律尺」，定縱黍之度以營造，存之工部，是爲「工部營造尺」，頒之各省，亦名「部尺」。

營造尺與律尺之比率，（圖二〇）卽：

營造尺七寸二分九釐等於律尺九寸。（卽清定黃鐘之長）

營造尺八寸一分，等於律尺一尺。

營造尺一尺，等於律尺一尺二寸三分四釐五毫。

量法：石、二斛 斛、五斗 斗、十升 升、十合 合、十勺 勺、十撮 撮、十秒 秒、十圭 圭、六粟 粟，

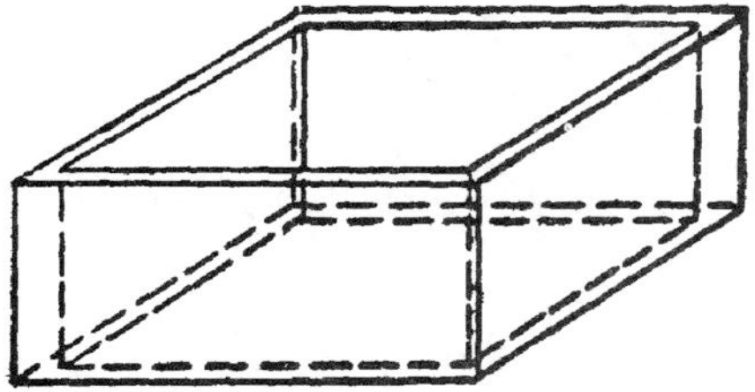

第二一圖

清初量器升形圖（比例尺五分之一）

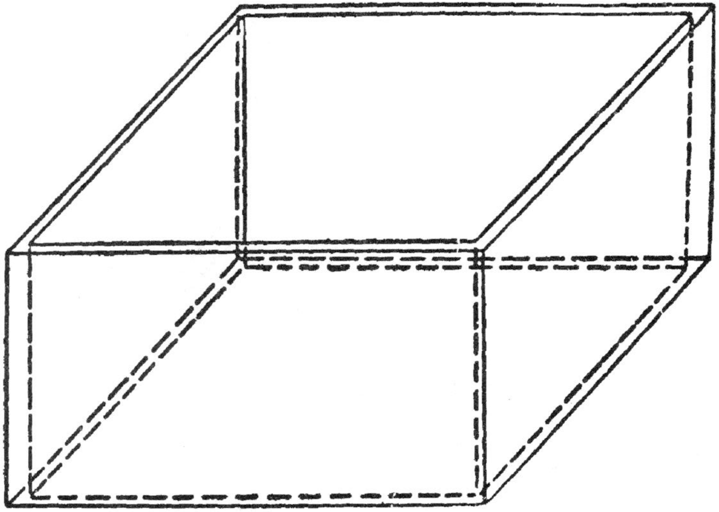

第二二圖

清初量器斗形圖（比例尺五分之一）

勺以下撮秒圭粟等名稱並不恆用，康熙年間議修賦役全書，歸秒勺之制，斷始於勺。

量之祖器爲鐵斛、鐵斗、鐵升，存之戶部，乾隆年間飭工部以鐵鑄造漕斛，頒之各省。升方形，積三十一立方寸又六百立方分，面底方四寸，深一寸九分七釐五毫。（如圖二一）斗方形，積三百一十六立方寸，面底方八寸，深四寸九分三釐七毫五絲。（如圖二二）

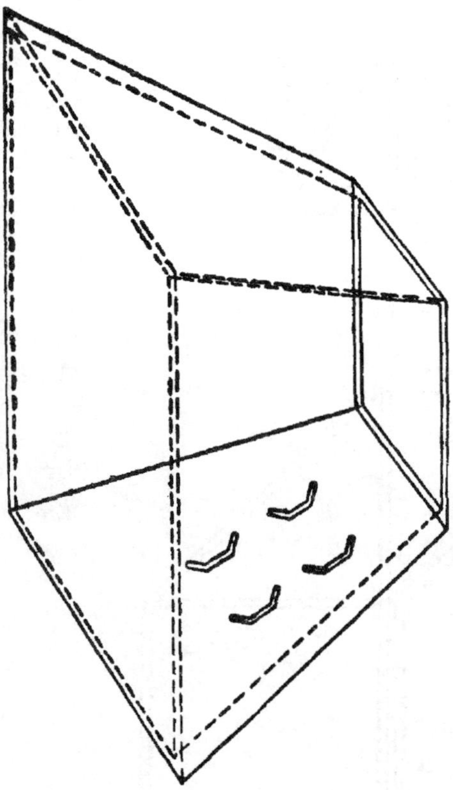

第二三圖　清初量器斛形圖（比例尺五分之一）

斛截方錐形，積一千五百八十立方寸，面方六寸六分，底方一尺六寸，深一尺一寸七分。（如圖二三）

據會典『戶部量鑄鐵爲式，形方，升積三十一寸六百分，面底方四寸，深一寸九分七釐五毫，斗積三百一十六寸，面底方八寸，深四寸九分三釐七毫五絲，斛積一千五百八十寸，面方六寸六分，底方一尺六寸，深一尺一寸七分，此皆以工部營造尺命度者也。斗升皆以方自乘再乘深得積，斛以面方自乘，底方自乘，面方底方相乘，併三數以深乘之三歸得積，斛容五斗，即倉斛也。黃鐘之容一千二百黍，律尺量法即嘉量一斛二千龠爲十斗，戶部量法爲五斗，律尺十斗爲營造尺方八百六十寸九百三十四分四百二十釐，戶部量法一斗爲營造尺方三百一十六寸，以戶部斗積除律尺斛積得二斗七升二合四勺。』此即戶部量與嘉量容積之差數也。全國度量衡局存有戶部倉斗一件。

衡法：斤、十六兩 兩、十錢 錢、十分 分、十釐 釐、十毫 毫、十絲 絲、十忽 忽，以下並與度法同。

康熙年間，御製律呂正義，以古十二銖爲今二錢五分，十錢爲兩，十六兩爲斤，三十斤爲鈞，四鈞爲石，旋以黍銖輕重古今歧異，復編訂度量衡表，取金屬之立方寸爲衡制之準，名之曰「庫平。」又度法衡法毫以下其數至微，並不恒用，乾隆年間定地丁銀數以釐爲斷。

田法：頃、百畝畝、積二百四十步分，積二十四步

順治十二年（民元前二五七年）定丈量規則，頒部鑄步弓尺，凡州縣用步弓，依秦漢以來舊制，廣一步縱二百四十步爲一畝，各旗莊屯田用繩，每四十二畝爲一繩。六畝爲晌，七晌爲繩。乾隆十五年（民元前一六二年）以部定五尺之弓，二百四十弓爲一畝。據會典：『凡丈地五尺爲弓，二百四十弓爲畝，畝方十五步又三十一分步之五。百畝爲頃。』頃方百四十步又三百九分步之二百八十四。數理精蘊載：『每方里積五百四十方畝等分之，即爲畝制之一。』又戶部則例載：『每畝直測之爲廣一步，縱二百四十步，方測之爲橫十五步，縱十六步。』考中國舊一方里爲三萬二千四百方丈，合十二萬九千六百方步，每步五尺，俗亦作弓。則清代定制，畝均六十方丈，或二百四十方步，是六十方丈，即一畝之單位也，其積算地面多寡，則用十進十退位法，如以營造尺方五尺爲步，畝積二百四十步，十進之爲十畝，十退之爲分、釐、毫、絲、忽，以其便於計算也。

按清初關於田畝之清丈，原規定每五年舉行一次，並令各省將營造尺及地畝所用尺度之長短標準，刻石立碑以垂永久，圖二四即各省地方所立石碑之一。

里法：　三百六十步計一百八十丈爲一里。

據會典：『度天下之土田，凡地東西爲經，南北爲緯，經度候其月食，緯度測其北極，以營造尺起度，五尺爲步，三百六十步爲里，凡緯度一，爲里二百，經度當赤道下亦如之……』又據數理精蘊：『古稱在天一度，在地二百五十里，今尺驗之在天一度，在地二百里。（古尺得今尺之十分之八。）』則清代

第二四圖

清初地畝尺勒石圖

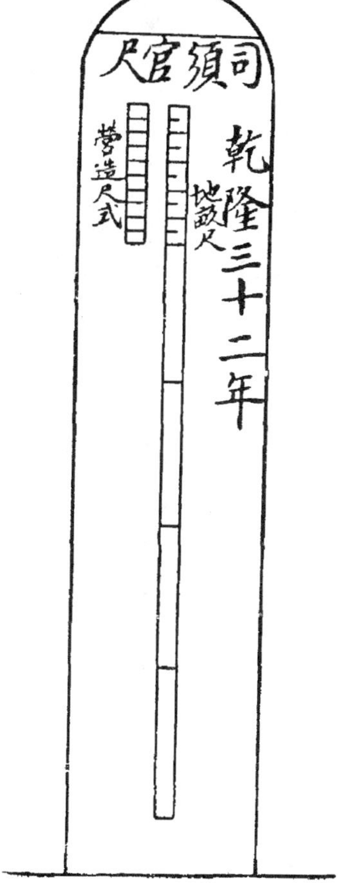

度制雖仍取法於累黍，而揆諸在天一度在地二百里，及每里一千八百尺之文，實合赤道周以三百六十度等分之密率，而與營造尺三十六萬相脗合也。

凡度量衡自單位以上，則曰十、百、千、萬、億、兆、京、垓、秭、穰、溝、澗、正、載、極、恆河沙、阿僧祇、那由他、不可思議、無量數。

據數理精蘊：『自億以上有以十進者，如十萬曰億，十億曰兆之類；有以萬進者，如萬萬曰億，萬億曰兆之類；有以自乘之數進者，如萬萬曰億，億億曰兆之類；今立法從中數。』即萬進法也。

清初度量衡法，並無所謂基本單位與往代相同，其命位法據數理精蘊：『凡數視所命單位爲本，如度法命丈爲單位，則尺寸分釐皆爲奇零，命尺爲單位，則寸以下爲奇零，而丈則進而爲十，若命寸爲單位，則分以下爲奇零，而尺則進而爲十，丈則進而爲百；量法命石爲單位，則斗升合勺皆爲奇零，命斗爲單位，則升以下爲奇零，而石則進而爲十，若命升爲單位，則合以下爲奇零，而斗則進而爲十，石則進而爲百；衡法命兩爲單位，則錢分釐毫爲奇零，命錢爲單位，則分以下爲奇零，而兩則進而爲十，若命分爲單位，則釐以下爲奇零，而錢則進而爲十，兩則進而爲百云。」是知清初度量衡法，並無基本單位也。

第五節　清初度量衡之設施

清初度量衡行政，並無具體辦法，僅對於各省地方作爲標準或官司出納之器，規定均由中央頒發，在當時雖覺整齊劃一，但對於官民所用不合法定之器具，並未嚴格執行檢查取締，致蹈歷代有法無政之覆轍，所以清代官民用器，始終未能完全劃一，茲述其施行狀況於次：

度器之種類，經規定者僅直尺一項，其名稱爲「律尺」與「營造尺」，但是對於民間通用之「裁衣尺」，仍聽其沿用，並定其比例率營造尺一尺爲裁衣尺九寸，營造尺一尺一寸一分一釐一毫，爲裁衣尺一尺，律尺一尺爲裁衣尺七寸二分九釐，律尺一尺三寸七分一釐七毫爲裁衣尺一尺。

量器之頒發及檢驗辦法，係由工部依照戶部庫儲式樣，製造鐵斛鐵斗鐵升各若干具，鐵斛一存戶部，一發倉場，一發漕運總督，其餘頒發各省布政使司糧道及內務府官三倉恩豐倉各一具，鐵斗鐵升亦頒發各直省通行遵用，各倉所用木斛，均以鐵斛爲標準之器；又戶部頒發漕斛倉斛辦法，各省徵收漕糧及各倉收放米石，俱由部頒發鐵斛，令如式製造木斛，較準備用，各州縣製造木斛，所需木料，應於春間預辦板料曬乾然後成造，八月送糧道較驗烙印，其毋庸換造者，亦將舊斛送道較驗加烙某年復驗字樣。京道各倉木斛，三年一製，呈明倉場烙印。凡收放米糧日期，所用斗斛，每晚隨廒封驗，次早驗封給發，通倉由倉場查驗，京倉由查倉御史查驗，監收旗員一律嚴較，如與鐵斛稍有贏縮，飭令隨時修理。

按清初各倉收兌糧米，雖經規定以漕斛爲官用之器，但官吏並未能始終奉行，據戶部則例進倉驗耗門內載：『坐糧廳收兌糧米俱用洪斛，進京倉洪斛每石較倉斛大二斗五升，進道倉洪斛每石較倉斛大一斗七升，是按正兌加耗二五，改兌加耗一七核算。至光緒二十七年始改新章，取銷正兌改兌各項耗米，一律按平斛（平斛即倉斛）兌收。各倉放米，亦以平斛開放云云。』當時官用漕斛與洪斛及關東斛之比例率，據會典載：『戶部倉斛十二斗五升爲洪斛十斗，倉斛十斗爲洪斛八斗，倉斛十斗爲關東斗五斗，洪斛十斗爲關東斗六斗二升五合。』

權衡器具之種類，分天平、砝碼、戥秤四種，天平砝碼之形式與其製造之材料，據會典載：

平者爲衡，重者爲權，衡以鐵爲之，其上設準爲兩尖齒形，衡以鐵方鐶正立，上齒貫方鐶上周，尖向下，適當鐶中不動，下齒屬於衡，尖向上插入方鐶下周之空縫，綰之以樞，使衡可左右低昂，而齒亦與之左右，衡之兩端各以鐵鈎二，綰鐵索四，懸二銅盤，左右適均，上齒本有孔貫以鐵鈎，懸於架用時一盤納物，一盤納權，視方鐶中上下兩齒尖適相値，則衡平而權與物之輕重均（如圖二五）

砝碼爲扁圓形，上下面平，質用黃銅，以寸法定輕重之率，黃銅方一寸重六兩八錢。關於砝碼之深徑體積，均有規定，如圖二六所示，爲清初一百兩法馬形式。

砝碼之組織，如一百兩砝碼每副自一分至一百兩共二十八件。一千兩砝碼，每副自一分至五百兩共三十二件。一千六百兩砝碼，每副四圓，每圓四百兩。頒發辦法，自道庫以上及西安駐防營坐糧廳，均發給一百兩砝碼二副，一副爲正砝碼，一副爲副砝碼。盛京、吉林、黑龍江等處，發給一千兩正副砝碼各一副。各省彈兑銅鉛，發給一千六百兩正副砝碼各一副。各處赴部請領時，工部司官會同戶部司官，及該處委員公同較準，具結發用。如正砝碼使用日久銅輕，即以副砝碼兑放應用，將正砝碼送部換鑄，副砝碼用久亦照此辦理，不得將正副二砝碼同時請換。全國度量衡局存有清初較準砝碼。

第二五圖

清初部庫天平形式圖

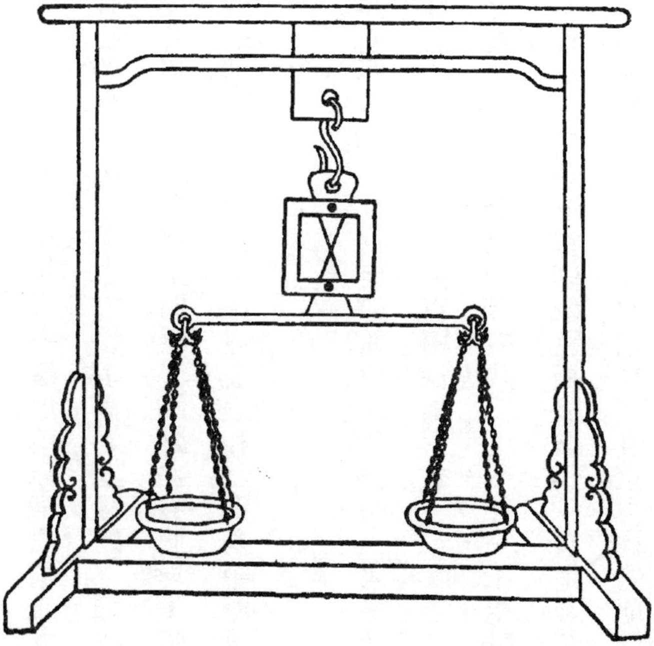

第二六圖　清初砝碼形式圖

秤之最大秤量：大秤百斤，小秤十斤至五十斤，小盤秤二斤至十六斤。戥之最大秤量：大戥五十兩至百兩，小戥十兩至三十兩。內外各公家機關如需用戥秤之類，並由工部令秤匠製造發給應用。此外各州縣地方所用準度營造出納邦賦之度量衡器，係由布政使司依照部頒器具之形式大小製造發給所屬地方應用，凡官司所掌營造官物收支錢糧貨賦以及市廛里巷商民日用之度量衡器具，皆須如式較定，方准行用。

清廷於法定制度施行後，又恐日久玩生或有弊竇發現，規定法律數行如左：

一、各省布政使將錢糧解部時，庫官應以庫存法馬較準輕重，如果與報告之數目相符，方可兌收，否則該省解官，卽須聽候參辦。

二、收支錢糧之官吏，倘將自己保管之部頒權度私自改鑄，應受笞刑一百，其因行使私鑄權量而得利益者，按坐贓論罪，代鑄之工匠亦應受笞刑八十，監督官吏若知情不舉與犯者同罪，但死罪減一等，若不知情僅失於覺察，由死罪減三等論罪，並受笞刑一百。

三、民間如有不遵法律私造或私用不合規則之度量衡，或在官府業經檢查之度量衡上加貼補削者，應受笞刑六十，工匠同罪。

四、私用未經官府較勘烙印之度量衡，雖大小輕重與法定制度相等，亦受笞刑四十。

五、各衙門製造之度量衡，若不守法定形式，主任官吏與工匠應受笞刑七十，監督官吏不知情者同罪減一等，知情同罪。

第六節　清代度量衡行政之放弛

清初考定度量衡制度頗爲愼重，規定之法律亦甚嚴厲，設能重視檢定檢查辦法，則官司出納及社會交易所用之度量衡器，自可永久保持整齊劃一狀況，顧以行政上並無系統，各省官吏均是陽奉陰違，積時漸久，致蹈歷代積弊覆轍。在清代中葉，官民用器又復紊亂如前；且政府制器，一經頒發，從未聞有較準之舉，而有司保守不愼，屢經兵燹，已無實物可憑。卽以有清一代度量衡之祖器而言，中間亦經重製。據漕運全書建造斛支門內載：「康熙年間戶部提準鑄造鐵斛，頒發倉場總漕及有漕各省，戶部存祖斛一張、祖斗一個、祖升一個，至乾隆五十二年（民元前一二五年）戶部所存之鐵斛鐵斗鐵升，竟遭回祿，五十三年經工部另鑄，嘉慶十二年（民元前一〇五年）以戶部所存之鐵斛斗升，係經另鑄之器，乃咨取倉場康熙年間所鑄鐵斛斗升與戶部所存之器比較，結果鐵斛相符，鐵斗鐵升校對相差，移咨工部查照倉場所存鐵斗鐵升，另行鑄造」等語。又據戶部則例收較斗斛事宜載：「戶部印庫所儲鐵斛一張、鐵斗一個、鐵升一個，係嘉慶十二年由工部照倉場鐵斗鐵升鑄造」等語。具見清代度量衡祖器之業已毀失，而保守官吏之不愼與當時政府對於度政之懈弛情形，亦可想見矣。

清政府對於統一度量衡之計劃，旣未能始終努力，於是各省官吏均採用姑息放任政策，因之度量衡制度逐漸嬗變，愈趨愈亂，就法定之營造尺而論，其在北京實長九寸七分八釐，其在太原長九寸八分七釐，其在長沙長一尺零七分五釐；同一斗也，在蘇州實容九升六合一勺，在杭州容九升二合四勺，在漢口容一斗零一合一勺，在吉林容一斗零零六勺；同一庫平兩也，其在北京實重一兩零零五釐，其在天津重一兩零零一釐五毫；此特就合乎制度之器具而言。至於未經法定之器，名目紛歧，尤屬莫可究詰，在度有高香尺、木廠尺、裁尺、海尺、寧波尺、天津尺、貨尺、桿尺、府尺、工尺、子司尺、文工尺、魯班尺、廣尺、布尺之分；量有市斛、燈市斛、芝蔴斛、麵料斛、楓斛、墅斛、公斗、仙斛、錦斛之分；權衡有京平、市平、公砝平、杭平、漕平、司馬平之分；一一比較，均不相同，甚至有大進小出，希圖牟利之事實發生，所以當海禁開放以後，東西各國藉口官民用器，漫無準則，遂在條約上規定一種標準，即所謂海關權度。此清政府對於度政廢弛之情形也。

第七節　海關權度之發生

清道光以後，中外通商漸臻繁盛，於是有海關之設，以便稽徵進出貨稅，自咸豐八年（民元前五四年）中英、中美、中法天津條約訂立以後，各約所附通商章程，規定邀請外人幫辦稅務，而海關行政權即已旁落，清廷於是年聘用英人需司爲總稅務司，組織海關衙門，即賴之以爲賠款償還及借款抵押之擔保品。其後因借債機會，英商復持其在國際貿易第一位之資格，保證其總稅務之地位，而吾海關行政權可謂完全操於外人之手，一切自成其制，早已不在中國行政系統之內，所用度量衡幣，亦間在中國法律規定之外，爲圖彼方便利計，藉口我國度量衡龐雜紛亂，漫無一定，故常有專款規定互相折合之辦法。自咸豐八年爲始。所謂海關權度制卽已發生,名曰「關平」「關尺」較康熙時部定制度已相去漸遠矣。

通商條約規定之度量衡,互相折合辦法,約可分爲五類:

一,以英制爲標準規定中制者:凡有稅則內所算輕重長短,中國一擔卽係一百斤者,以英國一百三十三磅零三分之一爲準,中國一丈卽十尺者,以英國一百四十一因制爲準,中國一尺卽英國十四因制又十分英制之一,英國十二因制爲一幅地,三幅地爲一碼,四碼欠三因制,卽合中國一丈,均以此爲例。(見淸咸豐八年中英通商章程第四款)此類折合辦法,英吉利、美利堅、丹麥、比利時等國均屬之。

二,以法制爲標準規定中制者:凡有稅則內所算輕重長短,中國一擔卽係一百斤者,以法國六十吉羅葛稜應零四百五十三葛稜應爲準,中國一丈卽十尺者以法國三邁當零五十五桑的邁當爲準,中國一尺,卽法國三千五百五十八密理邁當,均以此爲例。(見咸豐八年中法通商章程第四款)此類折合辦法,法蘭西義大利等國均屬之。

三，以德制爲標準，規定中制並附載法制者：凡有稅則內所算輕重長短，中國一擔卽係一百斤者，以普國暨德意志公會各國一百二十啅喊（Plimd）二十七嗶喊（Lot）一古應喊（Qnent）八唿喊（Zent），卽法國六十吉羅葛稜㕻零四百五十三葛稜㕻，是爲中國一百斤，中國一丈卽十尺者，以普國暨德意志公會各國十一呋嘶（Fusz）三咋哩（Zoll）零九分，卽法國三邁當零五十五桑的邁當，是爲中國一丈，中國一尺，卽普國十三因制零七分，卽法國三百五十八密理邁當，照此爲例。（見咸豐十一年中德通商章程第四款）此類折合辦法，德意志奧地利亞等國均屬之。

四，以粵海關定式爲標準，製定器具發給以供應用者：瑞典國挪威國等各口岸領事官處，應由中國海關發給丈尺秤碼各一副，以備丈量長短權衡輕重之用，卽照粵海關部頒之式，蓋戳鐫字，五口一律，以免參差滋弊，（見道光二十七年中國瑞典挪威貿易章程第十二款）秤碼丈尺均按照粵海關部頒定式，由各監督在各口送交領事官以照劃一。（見同治三年中國日斯巴尼亞條約第三十款及光緒十三年中葡條約第四十款）

五，以奏定劃一標準，各省一律採用，以利中外商民爲辭者：中國因各省市肆，商民所用度量權衡參差不一，並不遵照部定程式，於中外商民貿易不無窒礙，應由各省督撫自行體察時勢情形，會同商定劃一程式，各省市民出入一律無異，奏明辦理，先從通商口岸辦起，逐漸推廣內地，惟將來部定之度量權衡與現制之度量權衡有參差或補或減，應照數核算，以昭平允。（見光緒二十九年中日通商行船續約第七款）

以上與我國訂約通商之國，其列明關於稅則所用之度量衡，如英、美、丹、比、法、義、德、奧諸國，均各將其國所用之制度與吾國之一擔一丈一尺列明比較數於條文，當時英、美、丹、比同爲英制，法義用法制，德奧用德制，現比、德、奧均改從法制，故現在條約上有效之比較數，不外海關制與英制法制比較數兩種。據上列之折合數既不合於吾國舊有制度，且條約上原訂之比較數已不合於各國現行制度，故海關制度之本身，標準不定，早不成其爲獨立制度矣。

第八節　清末度量衡之重訂及其設施

清末重訂度量衡劃一辦法之議，肇端於光緒二十九年，（民元前九年）彼時因各省商民，所用度量衡器，並不遵照部定程式，各地自爲風氣，參差錯雜，不可究詰，遂經中外通商條約規定，先行劃一程式，從通商口岸辦起，逐漸推及內地。當時政府正在變政維新之際，對於度政日日宣言改革，但以瓻弊已久，一時並無切實辦法，直至光緒三十三年（民元前五年）清廷又命農工商部及度支部限六個月內會同訂出程式及推行辦法，次年三月，兩部會奏，擬訂劃一度量衡制度及推行章程。考其原奏列舉事略，約可分爲四端：

一、仍縱黍尺之舊，以爲制度之本；

二、師周禮煎金錫之意，以爲製造之本；

三、用宋代太府掌造之法，以爲官器專售之計；

四、採各國邁當新制之器，以爲部廠仿造之地。

會奏既上，依議進行，農工商部遂派員至國外考察，並咨行駐法使臣商同巴黎萬國權度公局，製定鉑銥合金原器，鎳鋼合金副原器，及精密檢校儀器，宣統初年該項原器副原器，均由萬國權度公局精密較準給予證書賚送來華，卽在部內設立度量權衡局，辦理推行事務，並購地址一區，建設機械製造工廠，廠內所用汽機及帶動大小機床，均係購自德商。其尺秤升斗有須手工製者，另設手工廠。旋以廠址建築告成，於宣統二年（民元前三年）開工，此爲清末重訂度量衡經過之情形也。後以正在進行之際，國體變更，工廠中輟，於是改革度量衡之議，卒未果行，但當時所擬劃一制度，一切應用科學方法，以萬國公制之公分長度與公分重量，規定營造尺之長度與庫平砝碼之重量，爲近代嚴密度量衡之發端。茲述其制度及推行章程於次：

A、釐定標準：

一、度——仍以營造尺爲度之標準，彼時因清初工部營造尺之祖器業已無存，欽天監所存康熙乾隆兩朝之儀器及內務府所有乾隆時之嘉量因質有漲縮，或器經重製，其尺寸與載籍均微有不符，未可引以爲據。惟倉場衙門所存康熙四十三年之鐵斗，其面底方寸之度，與欽定律呂正義所圖營造尺之度若合符節，最堪依據，即以律呂正義之尺度定爲營造尺之尺度，並以之與法國邁當尺相較，適合法尺三十二生的邁當（即三十二公分）之數，即法制一尺合中國營造尺三尺一寸二分五釐之數，遂依此長度，向法國定製鉑銥原器及鎳鋼副原器，作爲度之標準，歸農工商部恆久保藏，以昭信守。

二、量——仍以漕斛爲量之標準，以倉場衙門所存鐵斛一隻，係乾隆十年部鑄準倉斛，其式口狹底廣，易於用槩，故仍舊其尺寸形式。

三、衡——仍以庫平爲權衡之標準，在法國定製庫平兩砝碼鉑銥原器及鎳鋼副原器，改清初所訂衡之標準，金銀每立方寸之比重，爲純水一立方寸之比重，其說云：「會典原定權之輕重，係以黃銅方一寸重六兩八錢爲率，與數理精蘊所載以金銀銅鉛定寸法之數，已未必盡符。今理化之學日精，五金質地純雜稍殊，即輕重立判，未便仍泥舊法，當從各國之制，以營造尺一立方寸純水之重爲權之重率，而以西書所載，純水與五金之比重，爲金銀每方寸之重，以免差異云。」

B、增定器具之種類：

清末重訂度量權衡辦法時，爲適於行用計，對於度量衡器具之種類，略有增加，對於度量衡器具之形式，亦多改善，例如：

度器內增定「矩尺」「摺尺」「鏈尺」「捲尺」四種，其所具理由『會典營造尺之外，僅有裁衣尺名目，與營造尺同爲直尺，各省木工間用曲尺，周規折矩，自較直尺爲便，近日鐵工亦有用之者，故增定曲尺一種，而正其名爲「矩尺；」又直尺過長，不便攜帶，東西各國皆有摺尺之制，實爲簡便詳密，漢志度制用銅，長一丈，用竹長十丈，疑亦是摺尺，否則十丈之尺，安所置之，故採取其制增定「摺尺」一種；又按皇朝通志，順治十年定丈量規則，頒步鑄步弓尺，凡州縣量地用步弓，各旗莊屯田用繩，今各省量地罕用弓步，多用木尺，開廣並有用康熙錢十枚排爲一尺以代弓步者，惟旗地尚多用繩，現南苑墾務之繩尺，係用鐵製，以一尺爲一節，每五尺加一鐵圈，每繩長二十弓，與東西各國鏈尺之制相同，卽各處鐵路勘線，亦用外國鏈尺不用步弓。詳考舊日弓形可以意爲長短，並得手爲高下，滋弊既多，勢須改作，繩尺雖較弓形爲準便，然亦有斜曲之虞，擬卽一律改用「鏈尺，」以爲計里計畝之標準；再測量地形，登山涉水，所用之尺，自以捲尺爲便，各國所製，有用革、用蔴、用金類之不同。各省丈量木牌，向有用篾尺圍其圓徑，謂之灘尺，海關卽多用皮帶圍之，擬卽增定「捲尺」一種，以備量圓及估計凸凹之用。」

量器內增定勺合二種；並以民間量油酒之器，多用圓形，各省量穀亦有用圓筒爲升者。量酒雖論斤，而斗亦有用圓竹筒者。故於此規定勺合升斗各量器，均兼備方圓二種；又以會典無槩之制，然各處多用之量器除流質物易於眂平外，如米穀乾質物類，於面積上小有窪隆，則糶糴之間，必有收其耗者，故於此增定槩制，用丁字式。

權衡器內，將天平之方環改爲圓圈，兩夾改爲對針，將法馬改爲圓筒形，不用扁形舊式；又以會典權制，每千兩之法馬自一分至五百兩凡三十二件，而各國之制每數一位，用權四件，權十以內，奇偶之數皆可適用，故採取其制，定分之位爲一分者一，二分者二，五分者一，列奇數如三、七，偶數如四、六、八、〇，皆可分權，自一錢至五錢，一兩至五兩，十兩至五十兩，百兩至五百兩，皆用此法，每一位爲四件，並增定一釐、二釐、五釐、一毫、二毫、五毫六種砝碼；此外桿秤、戥秤、均仍舊式製備；並以英國磅秤可權重物，關權商埠多用之，擬卽採用，惟磅係英權之名，茲用中數記斤兩，不用英數，亦不再沿磅秤之名稱，改名爲重秤，雖兼列英數以便比較，但耑用中權，以昭劃一。

C、推行章程：

一、製造原器及用器，以原器爲劃一全國度量權衡之本，故向法國訂製最精細之營造尺及庫平兩砝碼各一具，以爲正原器；再照原器大小式樣，造成鎳鋼副原器二份，其一代正原器之用，其一歸度支部保藏，以備隨時考校之用；又照副原器大小式樣，造成地方原器頒發各直省，爲檢定各種度量權衡之標準；並造各種檢定器具頒發各地方官署及各商會，爲檢查度量權衡之用。各直省之度量權衡，無論官用民用，悉以部頒原器爲標準，並一律行使部廠所製之用器。

二、官民改用新器之先後，行用新制各器，當先從官用之物一律改起，再及於商用民用之物。官用度量衡器，如在京各部院衙門，外省藩司運司糧道各庫以及關差釐稅各局各府廳州縣等，凡官用之物，自奉到部發用器後，限三個月內一律改用新器；商民改用新制之器，當由京師及各省會各通商口岸辦起，再推及於內地各府州縣之城鄉市鎮。商民所用度量權衡之器，有各地方習用已久難於驟改者，自部製新器頒省之日始，予限十年，十年之後，一律不准行用，但需用之舊器，無論度量權衡，每處每樣以留最通行之一種爲斷，在十年限期之內，定以分年辦理之法，卽省城及商埠所留之舊器，在前三年應改用新器，再以三年之期，使各廳州縣所留之舊器，全改用新器。

三、設局推行新制——各直省設立度量權衡局一所，承督撫之命，督察各地方專理度量衡事宜，各省度量權衡局自奉到奏定新章之日始，限一個月內即行設立，各省度量權衡局設立之後，即應遴派人員分赴各處會同地方官及商會，將應行留用之舊器一種檢定，並將應行廢止之舊器調查明晰，限一年內呈報督撫送部核定。

四、防弊辦法——所留舊器准用而不准造；所有製造舊度量衡器之店，自各處奉到部頒新器，三個月之內，一律停其造賣，其店主及行夥，准其入部設製造廠學習；以販賣或修理新制度量衡爲業者，應由地方官呈請農工商部註册給照，准其販賣修理，惟尺及砝碼不能修理。

第四六表　清代度量權衡名稱及定位表

度	
毫	十絲即尺之萬分之一
釐	十毫即尺之千分之一
分	十釐即尺之百分之一
寸	十分即尺之十分之一

尺	十寸定爲度之單位
步　亦稱弓	五尺
丈	十尺
引	十丈
里	一百八十丈卽三百六十弓
地積	
方尺	一百方寸
方步	五尺平方卽二十五方尺
方丈	四方步
分	二十四方步卽六方丈
畝	二百四十方步卽十分
頃	百畝
方里	五百四十畝
量	

勺	十撮卽升之百分之一
合	十勺卽升之十分之一
升	十合定爲量之單位
斗	十升
斛	五斗
石	十斗
衡	
毫	十絲卽兩之萬分之一
釐	十毫卽兩之千分之一
分	十釐卽兩之百分之一
錢	十分卽兩之十分之一
兩	十錢定爲衡之單位每水溫攝氏四度時之純水一立方寸之重今重八錢七分八釐四毫七絲五忽忽以下四捨五入
斤	十六兩

上述清末重訂度量衡劃一辦法與清初舊制有不同之點：

關於原器方面　吾國歷代度量衡之標準，因農爲立國之基，故取度以秬黍爲則，衡則以金類一立方寸之重爲基本，清初仍之，一切均非科學方法，原無固定不變之標準。清末科學漸有輸入，朝野上下羣倡改革之議，農工商部重訂劃一度量衡時，因當時部臣處於專制淫威之下，恪遵祖制，自屬不容異議，但於奏定營造尺庫平制爲標準以後，卽派員至國外考察，並向萬國權度公局制定鉑鉱原器及鎳鋼副原器精密檢校儀器，一切應用科學方法，以萬國公制之公分長度與公分重量規定營造尺之長度與庫平砝碼之重量，於是始有近代確定之標準，實爲中國度量衡沿革上之一大進步也。

關於制度方面　以里法歸入度數，並以度法衡法自毫以下之小數名稱均不恆用，故擬定度與衡之單位皆起於毫。又清初度量衡制並無基本單位之規定，而清末重訂之制，則規定度法以尺爲基本單位，量法以升爲基本單位，衡法以兩爲基本單位。

此外關於用器　增定之種類，已詳前節，比較適於行用，雖所定天平之構造仍係清初舊式，不能十分精準，但當時中國幣制多用生銀，稱銀動至千百兩，且時時用之，各國精製天平不堪應用，故未仿製也。

第九節　關於第五時期度量衡之推證

清初工部營造尺，其眞確之長度，經種種推測，有次述諸說：

一、據李善蘭氏談天凡例，據數理精蘊載在天一度在地二百里之文，又以英尺所計赤道周之密率以三百六十度等分之，推得一工部營造尺，等於公尺之三〇·九公分。

二、據鄒伯奇遺書圖式，推得一工部營造尺等於公尺之三一·三公分。

三、據會典圖式，推得一工部營造尺等於公尺之三一·七公分。

四、據吳大徵實驗考圖式，推得一工部營造尺等於公尺之三〇·七九公分。

按清末重訂度量衡制度時，以倉場衙門所存康熙四十三年之鐵斗，其面底方寸之度，與欽定律呂正義所圖營造尺之度，若合符節，定爲一工部營造尺，等於公尺之三二·〇公分。該項鐵斗，現經編者考證其面底方寸之度，平均數爲二五・六公分，證以清初定制斗式面底方八寸之說，推得工部營造尺之長度，與清末之考證相符。但執器以求數，寒暑不同，漲縮互異，本難得其準的，據圖以求數，槧刊偶誤，所差實多，亦難依以爲據；又按我國古時所謂周天，實卽周地，今以周天作爲三百六十度，取地球赤道周爲計量，則四萬公里分爲三百六十度，每度應合一一一・一公里，數理精蘊載在天一度在地二百里，如是清代里制，每里應合○・五五五六公里，每一千公尺爲一公里，則清代里制每里應合五五五・六公尺，清代里制係以一千八百尺爲一里，則每尺應合○・三○八六七公尺，卽合三○・八六七公分。上述諸說，互有出入，勢難臆斷也。

下編　中國現代度量衡

第十章　民間度量衡過去紊亂之一般

第一節　紊亂之原因

中國度量衡之紊亂，其原因甚多，若概括而論，約有五端：

一、歷代度量衡之制，雖大要一本於黃鍾之律，而黍有長短，律有變遷，度量衡之起源，既無絕對之標準，且乏永久不變之性質。

二、歷朝定鼎之始，均以制禮作樂爲先急之務，律尺之考證，乃爲士大夫所樂爲，而對於民間所用度量衡之是否適於行用，則往往採用放任政策，未能深切注意。

三、政府對於統一度量衡，未能始終努力以求貫澈，歷代於開國之初，對於度量衡間有定式較勘之舉，但僅推行一時，每以時期不久，督察之力卽漸弛，而取締之功效亦隨之俱失矣。

四、官司出納之度量衡，未能實事求是，往往巧立名目，出入均失其平，其用於收入者，必較支出者爲大，以致上行下效，人民利己心重，隨亦各自爲制，以較大之度量衡爲買進貨物之用，以較小之度量衡，爲賣出之用。

五、政府對於度量衡行政，並不注重檢定檢查政策，雖有定期較勘之規定，從未聞有實行檢查較準之舉，人民利用政府此種弱點機會，得以任意將度量衡私下改製，以求不正當之利益。

第二節　度之紊亂

尺之普通應用，在我國歷史上及民間習慣，不外三種：

一、「律用尺，」所謂同律度量衡者是，爲合現今市用制六寸至七寸之尺，除制樂外，民間少有用之者。

二、「營造用尺，」卽凡木工、刻工、石工、量地等，所用之尺均屬之，通稱木尺、工尺、營造尺、魯班尺等，營造尺爲工人所用，推行較廣，故尺寸之流傳，自不能盡行一致，各地流行之營造尺，以合現今市用制九寸上下者爲最多；但自前清末年，規定營造尺爲合三十二公分，數十年來，民間採用此種標準者，爲數亦自不少。此項舊定營造尺，實合現今市用尺之九寸六分，而實際上各地所用營造尺，常有合市尺一尺以上者。

三、「布尺」或「裁尺」，則係量布及裁衣之用，通稱裁尺。我國加尺風氣見於布疋之交易者最盛，故民間應用之裁尺，有合現今市用尺一尺至一尺零五六分者。至織布用尺常有合一尺五寸以上者。

玆將各地尺度在未到一前之複雜情形，列舉數例於次：

第四七表　民間度器紊亂情況表

地點	度器名稱或其用途	單位	折合市用尺數
福州	舊木尺	每尺	〇、五九八
象山（浙江）	舊木尺	每尺	〇、六一〇

蘇州	舊營造尺	每尺	〇、七二八
福州	舊織物尺	每尺	〇、七四五
杭州	舊木尺	每尺	〇、八四〇
上海	舊大工尺	每尺	〇、八四八
廈門	舊木尺	每尺	〇、八八二
汕頭	舊木尺	每尺	〇、八九九
青島	小販用舊竹尺	每尺	〇、九〇〇
廈門	舊裁尺	每尺	〇、九〇〇
赤峯	舊大尺	每尺	〇、九〇六
營口	舊裁尺	每尺	〇、九二八
許昌	舊裁尺	每尺	〇、九三〇
蘇州	舊織物尺	每尺	〇、九三五
濟南	舊木尺	每尺	〇、九三七
瀋陽	舊工尺	每尺	〇、九四一

長春	舊木尺	每尺	〇、九四四
太原	舊營造尺	每尺	〇、九四八
成都	石匠用舊尺	每尺	〇、九五四
西安	舊木尺	每尺	〇、九六〇
天津	舊木尺	每尺	〇、九七三
青島	舊濰班尺	每尺	〇、九八四
張家口	舊裁尺	每尺	〇、九九〇
北平	舊裁尺	每尺	〇、九九四
成都	舊木尺	每尺	一、〇〇〇
濟南	舊裁尺	每尺	一、〇二〇
貴陽	舊紗布尺	每尺	一、〇二一
天津	舊裁尺	每尺	一、〇二二
青島	舊櫃尺	每尺	一、〇三二
杭州	舊三元尺	每尺	一、〇三六

太原	舊裁尺	每尺	一、〇三七
瀋陽	舊裁尺	每尺	一、〇三七
長沙	舊官尺	每尺	一、〇四一
開封	舊裁尺	每尺	一、〇四四
西安	舊布尺	每尺	一、〇五〇
漢口	舊算盤尺	每尺	一、〇五二
貴陽	舊公議尺	每尺	一、〇五三
成都	舊裁尺	每尺	一、〇五三
煙台	舊裁尺	每尺	一、〇五八
貴陽	舊裁尺	每尺	一、〇六二
蘭州	舊裁尺	每尺	一、〇六八
福州	舊裁尺	每尺	一、一一〇
汕頭	舊木尺	每尺	一、一一八
南寧	舊排錢尺	每尺	一、一二二

上海	舊造船尺	每尺	一、二〇一
廣州	舊排錢尺	每尺	一、二四七
無錫	舊布尺	每尺	一、六二〇
開封	舊布尺	每尺	一、六八五
熱河	舊大尺	每尺	一、八〇六
營口	舊大尺	每尺	一、八八八
遷安（河北）	舊布尺	每尺	二、六〇〇
清河（河北）	舊布尺	每尺	三、〇九〇
穆林阿（吉林）	舊裁尺	每尺	三、七四一

第三節　量之紊亂

我國關於容量之量器，普通以「斗」爲單位，但民間實際應用，斗之大小相差極多，並且除斛斗升等外，更有桶及管或筒之名稱，而此桶管及筒之大小，既無明確之標準，若干筒或若干管爲一桶，或若干斗爲一桶，亦漫無一定，大抵一筒或一管之容量，多在半升至四分一升上下，我國古升之容量甚小，所謂斛管者，殆卽古升之標準。各地量器常稱爲若干桶或若干管之斗者，卽以此斛管爲計量單位。

我國舊制之升，雖只比現今市升略大數勺，但民間實際應用之升，其容量卻有十倍此數，爲數至爲參差。爰舉數例於次：

第四八表　民間量器紊亂情況表

地點	量器名稱或其用途	單位	折合市升數
賀縣（廣西）	舊通用升	每升	〇、四七六
濟南	舊糧行筒	每升	〇、五四七
啓東（江蘇）	舊通用升	每升	〇、七四一
廈門	舊圓錐斗	每升	〇、八九〇
福州	舊米升	每升	〇、九一五

南昌	舊米升	每升 ○、九二○
蘇州	舊通用斛	每升 一、○○六
漢口	舊公斛	每升 一、○三○
杭州	舊杭升	每升 一、○五三
安慶	舊米升	每升 一、○五六
上海	舊廟斛	每升 一、○七五
廈門	舊鼓形斗	每升 一、○七七
張家口	舊九筒斗	每升 一、一一○
北平	舊西市斛	每升 一、一七九
北平	舊糧麥斛	每升 一、一九八
漢口	舊樊斛	每升 一、四二二
開封	舊通用斗	每升 一、四五○
西安	舊米升	每升 一、六三○
大谷（山西）	舊官斗	每升 二、○二九

瀋陽	舊瀋斗	每　升	二、二五七
太原	舊官斗	每　升	二、三八二
長春	舊官斗	每　升	二、四二一
綏遠	舊官斗	每　升	二、五三五
煙台	舊錦斛	每　升	二、八二六
長春	舊通用斗	每　升	二、九六一
成都	舊通用斗	每　升	三、二〇〇
齊齊哈爾	舊通用斗	每　升	四、二二一
廣州	舊米斗	每　升	四、八六五
赤峯	舊通用斗	每　升	五、〇六五
圍場	舊通用斗	每　升	六、一〇六
榮城（山東）	舊廂升	每　升	八、〇〇〇
蘭州	舊市升	每　升	八、四〇〇

第四節　衡之紊亂

向者民間關於輕重之計量，普通應用多以「斤」爲單位，清代規定衡制之標準雖爲庫平；但因物品之種類不一，售賣之方法不同，（零售或躉售）於是秤之種類，亦極形複雜，通常以水菓肉類之秤比較爲最小，而以棉花燃料之秤爲最大，舖店零星賣出大抵通用十四兩上下之秤，其重量常在現今市斤之八折至加五釐之間，有時水菓秤不及市斤半斤。舖店大批買進，多用較大之秤，平均約合現今市斤之加一至加二之秤，所謂足十六兩秤，住家備用，並攜出市面買菜用之秤，亦屬此類，是乃城市民衆及有產階級，攜用大秤以與肩挑負販及農家苦力之小秤，較其錙銖也；甚且店家大批向農家採集原料燃料等，其所用之秤，常合現今市斤一斤半上下，其超出二市斤者，亦間有之。言其砝碼，亦有數種：如漕砝約合庫平十六兩爲一斤，蘇砝約合庫平十四兩四錢爲一斤，廣砝約合庫平十五兩四錢爲一斤，秤之大小並不拘拘於砝碼，就其大小隨意而定，普通所謂漕砝秤、蘇砝秤、折秤，或會館秤，千變萬化，不一而足。茲舉數例於次：

第四九表　民間衡器紊亂情況表

地點	衡器名稱或其用途	單位	折合市斤數
杭州	舊炭秤	每斤	〇、五七〇
濟南	舊對合秤	每斤	〇、五七八
赤水（貴州）	舊通用秤	每斤	〇、六五五
江陰	舊錫秤	每斤	〇、八〇〇
廈門	舊廈秤	每斤	〇、八二七
福州	舊平秤	每斤	〇、九〇一
北平	舊水菓秤	每斤	〇、九四四
上海	舊茶食秤	每斤	〇、九八七
上海	舊會館秤	每斤	一、〇五六
漢口	舊小盤秤	每斤	一、〇二六
圍場	舊通用秤	每斤	一、〇三五

青島	舊三百秤	每	斤	一、〇六二
北平	舊平秤	每	斤	一、〇六六
寧波	舊官秤	每	斤	一、一〇六
呼蘭（黑龍江）	舊通用秤	每	斤	一、〇八〇
漢口	舊公議秤	每	斤	一、一〇二
開封	舊平秤	每	斤	一、一一〇
張家口	舊平秤	每	斤	一、一二五
西安	舊通用秤	每	斤	一、一四三
鳳陽（安徽）	舊漕秤	每	斤	一、一五一
爐山（貴州）	舊通用秤	每	斤	一、一五二
太原	舊鈎秤	每	斤	一、一五四
南昌	舊通用秤	每	斤	一、一六二
永順（湖南）	舊鹽秤	每	斤	一、一六九
南寧	舊司馬秤	每	斤	一、一六九

開封	舊戥秤	每斤	一、一七〇
南京	舊漕秤	每斤	一、一七三
濟南	舊庫秤	每斤	一、一九四
廣州	舊司馬秤	每斤	一、二〇〇
上海	舊司馬秤	每斤	一、二〇九
正定（河北）	舊棉花秤	每斤	一、四一三
昆明	舊十分戥	每斤	一、四八一
眉山（四川）	舊天平秤	每斤	一、八〇二
桂陽（湖南）	茶墟用舊秤	每斤	二、一三三
蘭州	舊雙秤	每斤	二、三〇四
稾城（河北）	舊線子秤	每斤	四、九二一

第五節　畝之紊亂

我國地積之量法，向來規定以「畝」爲單位，但普通除用畝爲計算單位外，更有種種標準在東北各省，有以「晌」「天」「方」爲計算單位者。遼寧南部各縣，每「天」約合六畝。北部則稱「晌」，每晌合十畝接近。內蒙各地之新墾地，則按「方」計算，卽每方之土地，合四十五晌。吉林省量地以「晌」爲單位，每晌爲二百八十八方弓，亦有合二千五百方弓者。黑龍江每「晌」合二千八百八十方弓。在湖北省及江以南等省以「石」「斗」爲計算單位者，每畝平均可收穀二石零。在湖南以「石」「斗」「蓮」爲計算單位者，如益陽每石約合六畝零，澧州一斗二升約合一畝，邵陽五石約合一畝，辰谿每蓮可收穀一石。此外江西省有以「把」「擔」「扛」「工」「斗」爲計算單位者。在雲南省以「段」，廣西省以「臼」「墇」「戸」爲計算單位者。陝西省以「墒」，山西省以「坰」爲計算單位者。更有以「座」「方」「繩」爲計算單位者。並有以一人一日栽秧之面積，或以下種之多寡爲計算單位者。其複雜情形，不一而足。

各省丈量地畝，所用之器，亦無一定，有用弓者，有用繩者，有用桿子者，有用普通尺者。卽同用弓尺丈量，其長短亦不相等，例如：江蘇崇明縣量地所用之弓，等於營造尺四尺八寸，青浦縣之弓，等於營造尺六尺。浙江永康以營造尺四尺二寸爲一弓，德淸以五尺一寸八分七釐五毫爲一弓，平陽以五尺三寸一籠爲一弓，崇德、新昌、武康、以六尺爲一弓，孝豐以六尺二寸爲一弓，桐廬定海等縣並以魯班尺六尺爲一弓，此僅就江浙二省而言可概一般。

再就同一單位之畝積而言，其廣狹亦不一致，我國定制，通常以二百四十方步爲一畝，然實際各地，並不完全遵照法定標準，畝之大小並不相同，即一省之內或一縣之內，畝之大小亦不盡同。茲舉數例於次：

第五〇表　地積紊亂情況表

地點	單位	折合市畝數
寧波	舊一畝	〇、二二四
無錫	舊一畝	〇、四〇二
江寧	舊一畝	〇、四一五
寧波	舊一畝	〇、四三一
杭州	舊一畝	〇、七一一
汕頭	舊一畝	〇、七六八

洛陽	舊一畝	〇、八六六
開封	舊一畝	〇、八七一
天津	舊一畝	〇、八七九
長安	舊一畝	〇、八八二
昌黎	舊一畝	〇、九〇五
邯鄲	舊一畝	〇、九四〇
南通	舊一畝	〇、九五九
福州	舊一畝	〇、九六九
南昌	舊一畝	一、〇二〇
成都	舊一畝	一、〇二四
蘇州	舊一畝	一、一〇五
徐州	舊一畝	一、一四〇
漢口	舊一畝	一、一五四
哈爾濱	舊一畝	一、一九六

蕭山	舊一畝	一、二一一
南寧	舊一畝	一、二六〇
廣州	舊一畝	一、二七二
江寧	舊一畝	一、六五九
濰縣	舊一畝	三、四〇九
濰縣	舊一畝	四、八二九

第十一章　甲乙制施行之前後

第一節　採用萬國公制之擬議

當民國成立之初，一般人士以吾國度量衡舊制，無一定準則，紊亂錯雜，自爲風氣，承其弊者數千年於玆矣。前淸末季，雖曾有統一全國度量衡之計劃，卒因時日尙淺，成效未覩。民國新立，爲根本改革絕好時機，乃有適應世界潮流直接採用萬國權度制，藉以消滅對外貿易阻礙之擬議；關於此項擬議，經工商部反覆討論，揆之學理，按之事實，均認爲便利可行，及徵詢其他行政機關意見，亦皆贊同斯議，遂將改革舊制之原因，採用新制之理由，彙爲說明書，提交國務會議通過，咨交臨時參議院會議，惜此案迄於國會成立，並未議決，致未果行。

民初工商部廢除舊制採用新制，其所具理由係以舊制度量衡無確切之依據，且複雜參差，進位之法毫無一定，量衡與度相關之數亦復畸零不整，不便計算；而萬國權度制，則依據確當，計算簡明，比例簡切，利於科學。至其推行辦法，則係完全採用密達制，推行期限，則區別官商區域各有先後，以十年爲期，推行全國。查其咨國務院原文有：『嘗絜比古今之定制，與商民之現情，知欲實行劃一，非全廢舊制不可；又嘗參觀各國之成法及世界之大勢，知欲重訂新法，非採用萬國通行之十分米達制不可。』等語，可謂排除一切，獨見其大，頗具革命精神。

當工商部採用萬國權度制時，因係創舉，必須參照各國成法以便制定法規，曾於民國二年派陳承修鄭禮明調查歐洲權度，派張瑛緒錢漢陽調查日本權度，奉派人員曾往法、比、德、荷、奧、意及日本等國調查，並參加萬國權度公局會議，對於度量衡行政及製造方法，均詳爲考察，各有報告，比淸季之調查，又進一籌矣。

工商部以度量衡制度既經改革，名稱自當確定，乃進行編訂通行名稱，當編訂名稱時，曾有二種主張：一曰譯音，如云密達、立脫耳、克蘭姆之類。一曰譯義，如云法尺、法里之類。譯音之說，乃義取大同，意謂採用密達制之各國，其定名悉從原音，吾國仿而行之，既省重譯之勞，又可獲交易之便；譯義之說，在以習慣爲前提，意謂密達雖爲法制，一經吾國採用，即爲吾國固有之制，不得不用吾國固有之名稱，既可合民間之習尚，當可以省推行之窒難。二說相提並論，其理兩勝，後經詳加審查，認爲譯音，不如譯義，譯義不如仍用舊有之「尺」「升」「斤」「兩」等字之有標準，意謂譯音雖取大同之義，然大同之實際在制度，不在名稱，若謂從原音可省重譯之勞，則必確切於原音而後可。然以法譯漢，不惟難於確切，並求其近似亦不可得，度量衡之爲物，與民生日用關係至爲密切，推行之難易，自當視大多數人民之程度以爲轉移。密達制之名稱，至多二十有奇，譯出之音，又常佶屈聱牙，奇瑰絕倫，若用譯音之法，則名詞難解，人民必以難於記憶之故，不肯奉法定之準繩；且名稱之發生，根據於學理者半，根據於社會之習慣者亦半也。吾國國人習慣，每於新入之物品，不問其性質若何，但視其形式種類，與舊有之物相類似者，恆仍以舊名稱之，而於其上冠洋字或其他之字，以爲區別，如洋油，洋船，皆其例也。習尚所移，如水赴渠，與其強爲規定，致增駢疊之憂，何若利用舊習，俾收便民之效，故曰譯音不如譯義，譯義不如仍用舊有之「升」「斤」「兩」等字之爲得也。爰經工商部詳加研究，擬定名稱如左：

第五一表　民初編訂通行名稱表

度名表

法文原名	新名	比例
Kilometre	新里	千新尺
Hectometre	新引	百新尺
Decametre	新丈	十新尺
Metre	新尺	準個
Decimetre	新寸	十分之一新尺
Centimetre	新分	百分之一新尺
Millimetre	新釐	千分之一新尺

量名表

法文原名	新名	比例
Kilolitre	新石	千新升
Hectolitre	新斛	百新升

Decalitre	新斗	十新升
Litre	新升	準個
Decilitre	新合	十分之一新升
Centilitre	新勺	百分之一新升
Millilitre	新撮	千分之一新升

衡名表

法文原名	新名	比例
Kilogramme	新斤	千新錙
Hectogramme	新兩	百新錙
Decagramme	新錢	十新錙
Gramme	新錙	準個
Decigramme	新銖	十分之一新錙
Centigramme	新累	百分之一新錙
Milligramme	新黍	千分之一新錙

第二節　甲乙兩制並行之擬訂

民國元年，工商部廢除舊制採用萬國公制之議，因國會未予通過，其議卒不果行，嗣農商部成立，長部者爲張謇以公尺過長，公斤過重，數千年之民情習俗不易變更，迺于民國三年，擬訂權度條例草案，決定採取兩制並行之法，卽一爲營造尺庫平制，省稱甲制，一爲萬國權度通制，省稱乙制，甲乙兩制雖同爲法定制度，而甲制不過爲過渡時代之輔制，比例折合，均以萬國權度通制爲標準。至於通制名稱，當時聚訟紛紜，莫衷一是，日本縮名不便應用，學者有議取「厂」「里」「行」等而實以十百千等字者，經研究結果，以其說太偏，不易實行，施於田畝體積，其用亦窮。權度爲民生日用所必需，非如化學之可以金字偏旁別金屬與非金屬也。造字不可，則譯音之說起，但當時農商部以吾國之於通制之尺，有譯爲邁當者，有譯爲密達者，有從日譯爲米突者，而十百千倍之名稱，尤爲佶屈聱牙，難於卒讀，同一斤也，或爲吉羅葛稜磨，或爲基羅克蘭姆，或爲啓羅格蘭姆，民元工商部對於此問題，曾函致各部派員討論，分爲譯音譯義兩派，最後決定以中國原有名稱而冠以新字啓羅格蘭姆與啓羅邁當謂之新斤新里，其意甚善。後權度法以「新」字爲冠首不成名詞，依照國會（時嚴復任權度審查長）改用萬國公制之「公」字，遂定焉。

四年一月北京政府大總統以權度法公布之。

民四權度法摘要

一、權度以萬國權度公會所制定鉑銥公尺公斤原器爲標準。

二、權度分爲左列二種：

甲、營造尺庫平制　長度以營造尺一尺爲單位，重量以庫平一兩爲單位。營造尺一尺，等於公尺原器在百度寒暑表零度時首尾兩標點間百分之三二，庫平一兩，等於公斤原器百萬分之三七三〇一。

乙、萬國權度通制　長度以一公尺爲單位，重量以一公斤爲單位，一公尺等於公尺原器在百度寒暑表零度時首尾兩標點間之長，一公斤等於公斤原器之重。

四年三月，農商部將原有之度量衡製造所，易名爲權度製造所，開始製造標準器具，嗣奉大總統令，趕製通用新器，因推行期迫，民廠設立需時，令由權度製造所一面製備官用標準器，一面趕製民用權度器，以足敷北京市用為度，並擇地開設新器販賣所，以備商民購用，而權度製造所經費，因歷來財政部所發之款，不敷甚距，每月由農商部設法墊付，幾不足維持現狀，故趕製京師市面應需之各項民用器具，未能按照原定計劃，如期一律造齊。

四年六月，農商部於權度製造所外，並設立權度檢定所，辦理權度檢定及推行事務，其辦法係由農商部與教育部商定，選用國立北京工業專門學校第一期畢業生，由該校酌量增加鐘點，由部指定赴歐調查權度回國之鄭禮明氏主持訓練，授以權度必要課程，俟其畢業後，選其成績優異者十六名，充任檢定人員，所有北京調查事務，即責成該員等會同警區在京師區域以內分區調查製造修理權度器具之店鋪，職工數目，及市面舊有權度器具種類之概數，並分任編製舊器與新器各種折算圖表，檢定權度製造所製之標準及民用權度器具等工作。當時計劃，並擬增設津、滬、漢、粵檢定所四處，同時舉辦，藉收速效。其接近四處通都大埠之推行事務，如濟南、煙臺、開封、奉天等處，歸天津檢定所辦理，南京、蕪湖、蘇州、杭州等處，歸上海檢定所辦理，南昌、九江、岳州、長沙等處，歸漢口檢定所辦理，汕頭、厦門、福州等處，歸廣州檢定所辦理；並編製預算書，提交財政部核辦，後因政局關係，及推行政令各省未能切實奉行，所有津、滬、漢、粵四處檢定所，並未實行成立。

第三節　京師推行權度之試辦

權度法公布以後，北京中央政府，以京師爲首善之區，民智較爲開通，警政亦甚完備，宜首先提倡以爲各地模範，乃定爲試辦區域，以次推及商埠省會，農商部遵令籌辦，飭由權度製造所趕製京師商民用器，並設立推行權度籌備處，遴派人員分赴各商店調查所用舊器之種類數量，彙爲報告以策進行。旋卽成立權度檢定所，辦理推行事務，徒以經費支絀之故，原議辦法，未能立卽施行；又以商民一再籲請體恤商艱，亦未便操之過急，致生紛擾。嗣奉明令，定於六年一月一日實行，當由檢定機關，先期遣派檢定人員，會同各區警署，前赴各商舖執行特別檢查，將所有度量衡舊器與法定新器，一一比較，其有合於法定營造尺庫平制各器，卽鏨蓋互字圖印，准其行用；此外不合法定之器具，概行鏨蓋弋字圖印，只准使用至規定換用新器之日爲止。並以舊器之材料，亦有可以改造利用者，爲體恤商艱計，准其以舊器換用新器，因擬定辦法，將營業上所用舊器分類收集，限自六年一月起，度器以一月爲期，量器以二月爲期，衡器以三月爲期，一律辦理完竣，每類收集期滿，即行使用新器。其收集方法，一由各行商會將各舖所用舊器，分別收集，彙送權度製造所，改造或銷毀；一由權度檢定所會同各區警署，前赴各商舖，將所有舊器，分別收集，彙送權度製造所改製。至新舊器具，折合大小，互有不同，並由權度檢定所製定折算對照表，分送各商舖，自更換新器之日起，所有買賣物價，均須照表折合。復以京師地廣人稠，深恐未能週知，發生誤會，除委派人員前往京師總商會隨時宣講外，並委託學務局宣講所，代爲分赴各處廟會宣講，俾商民漸次明瞭推行新制之意義，此因革新伊始，市民疑阻叢生，欲求實施，洵非漸進不能爲功也。

自民國六年，農商部推行新制之日起，北京市面及四郊商舖，所用度器漸次劃一，衡器量器經商民購置者，爲數亦多，但以政變關係，商民意存觀望，致未能劃一。民國十二年，農商部復有賡續劃一京師量器衡器之舉，而其結果，亦僅於北京一市，勉強實現。嗣後政變頻仍，戰禍迭起，經費無着，權度政務，政府亦無暇過問，永陷入若有若無狀態中矣。

第四節　各省試辦之經過

自民四權度法公布以後，山西省以舊有權度，至極複雜，非急圖統一，不足以謀商業使用，旋經擬定推行權度各項單行規章，於八年四月咨經農商部轉呈核准，卽由省公署着手籌備。嗣會商農商部調用權度檢定所檢定人員，設立劃一權度處，成立以後，首先公布推行日期，將度量衡三項，分七八九三月次第實行。推行之先，從事調查各縣舊器以作比較，並其實需數量，預爲準備，後經呈請中央，頒發各縣標準器，以爲檢定及製造之用。至其新器之供給，一面向農商部權度製造所訂購，一面招商承造，至各縣舊業秤工，因刀紐秤非所諳習，隨飭各縣選派送往權度製造所實習種種技術，前後共選送一百餘名，實習期滿，經考驗合格，卽送回各縣專司修製各種衡器；復編發度量衡器製造法，以爲承造各商之參考。次籌及檢定事宜，係由各縣選派一人來省，卽由劃一權度處，編印講義，分班教授，期滿分發原縣充任檢定生。至於推行手續，取締舊器推行新器，均係各縣一致，同時積極舉行，所訂各縣推行度量衡辦理程序、度量衡營業特許暫行規則、度量衡檢查執行規則等一切設施，均以農商部法令爲準。而物價之折合，亦依據新舊器之比較辦理，推行之後，復派員嚴密考查各縣，是否遵章辦理，折合公允，及有無藉端需索各情弊，其推行成績，頗有可觀。

此外如滇省在標準器頒發到省時，曾經訂定章程辦法，按期分區次第推行，所有新器之供給，係由官辦之模範工藝廠，依式製造，由實業廳逐細檢查發售，附近省城及較爲繁盛之大縣，頗有實行者。其他各省，如冀省於十四年設立權度檢定所。擬定統一權度規則八條。豫省於十年擬定劃一權度簡章，並擬於省垣設立製造所及檢定所，魯省於十六年在實業廳內附設統一度量衡籌備處，擬定進行步驟，第一年爲調查及設所傳習，第二年爲製造及實行。浙省於十四年呈准設立檢定傳習所，招考學生一百餘人，加以訓練，嗣以政變，劃一事宜未能進行。閩省於十四年設立劃一權度處，進行劃一事宜。粵省權度之檢定，係由實業廳特設專局暨各處分局，嗣以辦理毫無成績，除省佛兩局外，所設專局及其他各局，一律取銷。總之當時政府推行新權度，不得謂全無計劃，而其結果，各省區除山西曾經實行外，其餘毫無成績之可言，政變頻仍，號令不行，固爲一大原因，而中央於開辦此項行政之初，經費即感困難，以後則左支右絀，計劃未能周密，安得不止於半途。其最大缺點，則各省並無專門檢定人才及政令不能一貫云。

第十二章　中國度量衡制度之確定

第一節　度量衡標準之研究

當國民政府於十五十六年間，由廣東出師北伐時，以度量衡與人民福利及國家政治，均有密切關係，故每值光復一省，依照中國國民黨第二次全國代表大會之議決，即將劃一度量衡列入該省政綱；同時中國工程學會，於十六年秋間會組織度量衡標準委員會，從事研究，並由上海特別市政府呈請國府確定標準頒行。陝西省政府有請國府頒發度量衡制度，安徽省政府咨據安慶市請劃一度量衡標準，建設委員會咨據專家呈請實行劃一權度以利民用，而福建省政府並不待中央之明令規定權度標準，曾將前北京農商部所頒布之法律條文竄改施行，其希冀早日劃一權度之苦心可見。又上海米業輕斛問題，幾起風潮，曾經舉行較核仁穀堂公所海砠斛容量及敦和公所魚秤。又江蘇省政府據商民協會之呈請，嚴禁米業船客發生輕斛擡高價格之弊。復有上海市政府轉據敦和魚業公所、商民協會茶葉分會、蔬菜公所、水菓業公所及商民協會、米業公會等先後自動請求設法劃一度量衡。至於中央方面對於度量衡早在籌劃之中，中央執行委員會委員亦曾有敦促劃一，以爲我國度量衡之不劃一，弊竇叢生，不獨國家感受莫大影響，不肖官吏及奸宄之徒復從中舞弊，出納無常，國民經濟受無窮虧損；又不獨國家之統計有莫大困難，且妨建設事業之發展等意見提出會議，請迅速規定公布施行。大學院召集之第一次教育會議及財政部召集之全國經濟會議及第一次財政會議均有提早劃一之議案。此爲度量衡標準研究之緣起也。

以上各種提議，卽經國民政府於十六年春建都南京之後，先後發交工商部核辦，該部以事關國家大計，應愼重商量，曾加詳細研究，博採周諮，並經派定吳健、吳承洛、壽景偉、徐善祥、劉蔭茀等員負責進行。茲將各方面先後對於度量衡之提議列表於左：

第二節　度量衡標準之審查及制度之訂定

就前節各專家所擬各制，概括言之，最有力之主張不外二種：

（一）完全推翻萬國公制，而根據科學原理與科學之進步，並中國習慣，規定獨立國制，費德朗、劉晉鈺、陳儆庸、錢理、阮志明、范宗熙、曾厚章屬之。（二）完全採用萬國公制，並根據中國國民之習慣與心理，規定暫用輔制以資過渡，而輔制與公制應有最簡單之比率，錢漢陽、周銘、施孔懷、徐善祥、吳承洛、吳健、劉蔭茀、阮志明、甚郁姆、高夢旦、段育華等，以及陳儆庸之另制屬之。因之雙方主張既有不同，理由自各有異，見仁見智，論戰一時，最後由工商部負責委員詳慎討論，僉以（一）科學界已完全採用公制，科學大同，爲萬國權度之先聲；（二）我國已毅然放棄陰歷而採用大同之陽歷，權度之刷新，亦應採取此種革命手段；（三）萬國公制，已經民國二年工商部全國工商會議議決採用，民國四年農商部頒布定爲乙制與甲制（營造庫平制）同時並行，十七年大學院全國教育會議議決，在教育界首先推行；（四）我國工程上以及郵政鐵路軍事測量各機關，均已早用公制；

(五)世界上完全採用公制，已有五十國之多，故萬國公制在國際上已佔重要位置；(六)理想的新制，在未經世界學者愼重研究認爲確有價值之前，不宜率爾採用。有此數種理由，故對於中國度量衡制，應以採用曾經美國權度公會所議決之萬國公制爲最合宜，若政府之意，爲公制之尺過長，公制之斤過重，遽行更改，恐不便於民間習慣，則惟有於公尺公斤之外，同時設一市用之制，暫行通用；惟此過渡制，必須與標準制(公制)有極簡單之比率，遂於十七年六月由工商部根據負責各委員意見，擬定三項辦法，呈請國民政府核議施行，計討論此案歷時已逾兩月之久，至其所擬三種辦法，爲：

一、請國府明令全國通行萬國公制，其他各制一概廢除。

二、定萬國公制爲標準制，凡公立機關官營事業及學校法團等皆用之；此外另以合於民衆習慣且與標準制有簡單之比率者爲市用制，其容量以一標升爲市升，重量以標斤之二分之一爲市斤(十兩爲一斤)，長度以標尺之三分一爲市尺(一千五百市尺爲一里，六千平方市尺爲一畝)。

三、以標尺之四分一爲市尺，（二千市尺爲一里一萬平方市尺爲一畝）餘與辦法二同。三種辦法之中，據該部之研究所得，似以辦法二與萬國公制有最簡單之一二三比率，且其尺與吾國通用舊制最爲相宜，惟辦法三市尺之長，雖較舊制諸尺爲特短，然其畝（一萬平方尺）與舊畝相近，故欲貫徹十進制，此辦法似亦可用。

關於標準制定名稱，亦曾經登報徵求時賢意見，均以沿用民四權度法所定爲宜。

提議既上，嗣經國府第七十二次委員會會議決推選蔡元培、鈕永建、薛篤弼、王世杰、孔祥熙諸委員會同審查，並邀徐善祥、吳承洛出席，如是經過兩次審查會議，始一致同意，以「劃一權度標準方案，業經詳細審核，並調集各方意見書及比較表等，悉心研究，反覆討論，僉以全國權度亟宜劃一，民間習慣亦當兼顧，」擬具中華民國權度標準方案，呈報國府，敬候公決。後經國府委員會議修正公布，以示周知而昭鄭重，時在民國十七年七月十八日也。茲將所公布之中華民國權度標準方案，列舉如左：

一、標準制，定萬國公制（即米突制）爲中華民國權度之標準制。

長度，以一公尺（卽米突尺）爲標準尺。

容量，以一公升（卽一立特或一千立方生的米突）爲標準升。

重量，以一公斤（一千格蘭姆）爲標準斤。

二、市用制，以與標準制有最簡單之比率而與民間習慣相近者爲市用制。

長度，以標準尺三分之一爲市尺，計算地積以六千平方尺爲畝。

容量，卽以一標準升爲升。

重量，以標準斤二分之一爲市斤（卽五百格蘭姆），一斤爲十六兩（每兩等於三十一格蘭姆又四分之一）、

至該兩制各項單位之名稱及定位，乃於十八年二月十六日所頒度量衡法中詳爲規定，按工商部原擬之一二三權度市用制，以一斤分爲十兩，貫徹十進制，國府各委員審查結果亦如是，迨國府會議時，以市制旣屬過渡又係遷就習慣，則不如仍用十六兩爲斤，故標準方案之公布，仍維持一斤十六兩之舊制。

第五二表 度量衡標準提議摘要表

提議摘要	提議標準分析				提議人姓名
	長度	地積	容量	重量	
提用國際單位制（又稱A.B.C.制）	1正尺＝32.689公分 $=12\frac{7}{8}$英吋	1正畝＝6000平方正尺 ＝6.14114公畝	1鎰＝1立方正尺 ＝34.9305立方公寸 1㻫＝1立方正寸 ＝34.9305立方公分 1升＝$\frac{3}{100}$立方正尺 ＝1.0479公升	1正兩＝34.9296公分 1磅＝349.296公分	寶道師（法人） 劉晉鈺 陳儆庸
擬最後採用公制惟在過渡時期輔以副制	1尺＝32公分 ＝1營造尺	1畝＝6000平方尺 ＝1營造畝	1升＝1.0354688公升 ＝1營造升	1兩＝37.5公分 1斤＝600公分	錢漢陽 周銘 施孔懷
擬採用公制惟在過渡時代主張舊制各單位與公制成一簡單之比例	1尺＝30公分 ＝光之速度系數 （光之速度每秒鐘合3×10^{10}公分）			1兩＝27公分 ＝國幣一圓之重 （即七錢二分四釐）	阮志明
以標準大氣壓力即在海水平面上以水銀柱之升高度爲標準創造度量衡新制	1中山尺＝$\frac{1}{2}$水銀柱上升之高 ＝38公分	1中山步＝$(2\times76)^2$平方公分 ＝23104平方公分	1中山升＝$\left(\frac{76}{8}\right)^3$立方公分 ＝857.375立方公分	1中山斤＝以中山升之容量盛百度表溫度四度時之清水權得之重	范宗熙
擬採用公制惟在過渡時期宜採用「一二三」制以爲市用制	1市尺＝$\frac{1}{3}$公尺 ＝33.3333公分 ＝1.0417營造尺	1市畝＝6000平方市尺 ＝6.667公畝 ＝1.085069營造畝	1市升＝1公升 ＝0.9657營造升	1市斤＝$\frac{1}{2}$公斤 ＝500公分 ＝13.41庫平兩	徐善祥 吳承洛
贊同採用公制在過渡時期用一二三制之議惟市尺名稱宜選稱爲暫用尺以示無永久性實	同上				高夢旦 段育華
贊同採用公制在過渡時期採用輔制之議惟長度與畝制略有變通	1新尺＝$\frac{1}{4}$公尺 ＝25公分	1新畝＝10000平方新尺	1市升＝1公升 ＝0.9657營造升	1市斤＝$\frac{1}{2}$公斤 ＝500公分 ＝13.41庫平兩	吳健 劉蔭茀
擬採用以萬國公制爲整數折合之法並主張新制須較長或較大	1新尺＝40公分	1新畝＝4800平方新尺	1新升＝1公升	1新兩＝40公分 1新斤＝400公分	陳儆庸
反對萬國公制度量衡三種單位制度之確實	長度單位 ＝$\frac{40005423}{100000000}$公尺 （最近測定地球子午線之長） ＝0.40003423公尺 ＝1.25舊部尺	地積單位 ＝10000平方尺 ＝16.00027公畝 ＝2.605舊畝	容量單位＝1立方尺 ＝64.017公升 ＝6.1824舊漕斛	重量單位＝1立方寸純水於4°C時在赤道上真空中所含之重 ＝64.17公分 ＝1.716舊庫平兩	錢理
擬具條陳三種	1尺＝30公分		1升＝1公升	1斤＝500公分	基郁曉 （巴黎萬國權度公會駕辦）
	1尺＝30公分		1升＝$\frac{9}{10}$公升	1斤＝600公分	
	1尺＝35公分		1升＝$\frac{9}{10}$公升	1斤＝600公分	
主張保存中國舊制取法赤道周以在天一度在地二百里計積三百六十度爲計算權度之標準得環球七萬二千里以爲綱十尺爲丈十丈爲引計積十八引成里以爲目					曾厚章

第二七圖　準標制與市用制比較圖

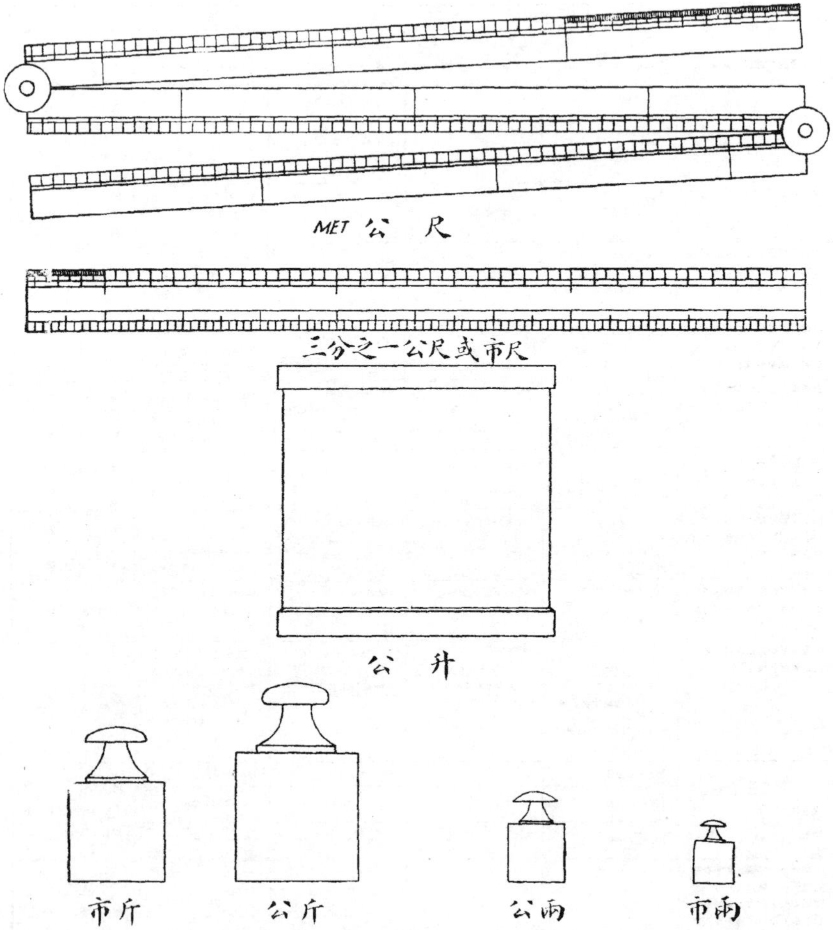

第二八圖　市用制與英制比較圖

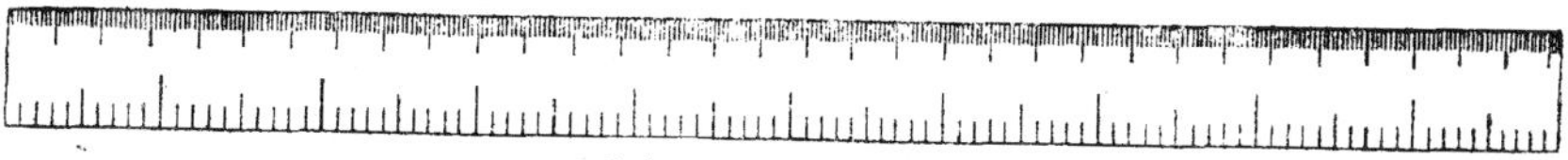

三分之一公尺即市尺

市用制長度單位

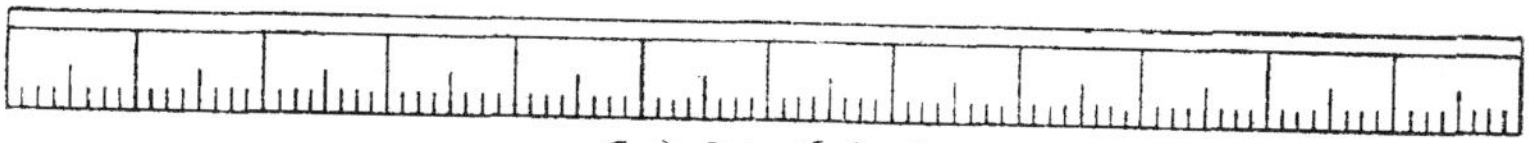

三分之一碼即呎

英制長度單位

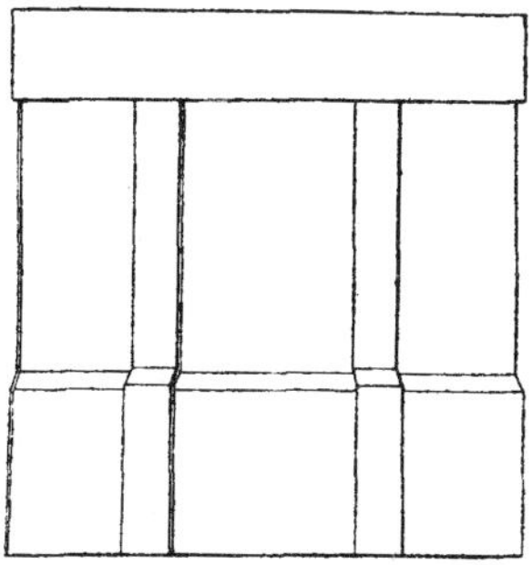

1.000公斤純水所佔容量

市用制容量單位

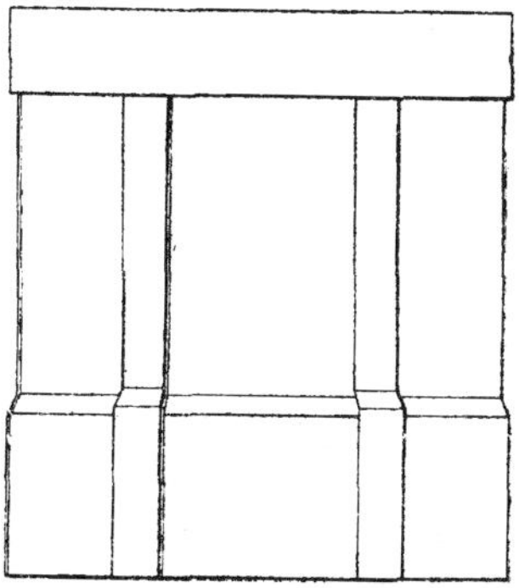

1.136公斤純水所佔容量

英制容量單位

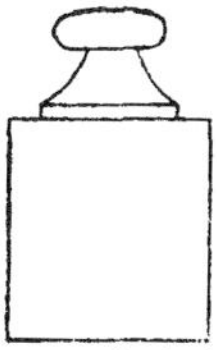

0.5000公升純水重量

市用制重量之單位

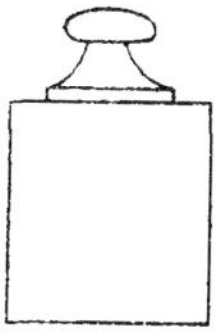

0.4536公升純水重量

英制重量之單位

第三節　萬國公制之歷史及定爲標準之經過

我國度量衡標準制卽萬國公制，爲國際間最通用之度量衡制，我國採用之，倂同時以之爲度量衡市用制之標準，故名之爲「標準制。」

萬國公制創行於法國，其後各國開萬國度量衡會議決定爲世界之標準，公共設立萬國度量衡委員會及萬國度量衡公局以管理之，故稱爲「萬國公制，」公制度量衡自制定之日起，迄今已有一百五十年之歷史。

法國當未革命之前，所用度量衡器參差不一，有如吾國往代之情形，當十八世紀之末有 De Tollgraeand 者，首上書 Assemblee Constituante，詳述舊制之弊病，請定劃一之度法以免紛歧。一七九〇年，法國政府感覺度量衡制劃一之重要，先擬整理度量衡舊制，繼詔請科學院創立新制度以製萬世不易之標準，此爲公制胚胎之始。

科學院既受考定新制度之責任，卽公推 Borda, Lagarange, Laplace, Monge, Condorcet

五人司其事，於時有兩種主張：（一）主張以每擺一秒鐘鐘擺之長爲度之起數。（二）主張以地球子午線之分數爲度之單位。二說相較，自以子午線之周長或可經久而不變；而擺動之遲速以地心吸力爲比例，地心吸力之大小又因地位高下而差池，殊不足以爲法，遂研究報告，擬以地球子午線四分弧之一千萬分之一爲度之單位，稱爲 metre，音譯米突，或密達，或邁當，即計量單位之意。所訂米突單位之長度與當時歐洲各國原有舊制之 ell, yard, braccio 及其他各種長度單位數值較相近，以故認爲不僅可適用於法國，並可適用於世界各國，同時並建議重量之單位（當時尚未用質量），以長度單位立方體積純水之重量定之。

一七九一年法國國會決議採用科學院之建議，並派 Merchain, Delambre 二博士，測量由 Dunkerque 海口至 Barcelone 商埠之距離，而計算子午線之全長。

一七九五年四月，法國政府頒佈採用公制之命令，設定一臨時之公尺長度，至嚴確之公尺長度俟大地測量完竣時定之。

（一）規定法國權度完全用十進制。

（二）規定米突（metre）之長爲經過巴黎自北極至赤道之子午線四千萬分之一。

（三）規定立特（litre）之容量爲一立方公寸之容量。

（四）規定啓羅格蘭姆（kilogramme）之重，等於一立方公寸純水於眞空中秤得之，其所含之溫度，爲百度表之四度。

一七九九年六月，大地測量完竣，遂制定公尺之數值，此新公尺之數值，較原定臨時所定之公尺，短〇・三公釐，依據所規定之新數值，製造純鉑質之公尺公斤各一具，以爲全國之標準原器。

一八四〇年以後，世界各國對於公制之採用日漸增加，一八六九年法政府撥款建設度量衡製造局，預備製造畫分原器及各國應用之副原器，並通告各採用公制國家，派遣代表於次年來巴黎會議進行方策，翌年八月，各國應召派遣代表與會者二十四國，開會未久，普法戰爭爆發，會議遂中止。

一八七二年法政府召集第二次會議，與會國家有二十九國，代表人數五十一人，其中十八國位居歐洲，開會決議以公尺公斤原器應以九鉑一銥合金及特種幾何式樣製造之。

一八七五年復開會議於巴黎，公尺協約正式簽字，組織設立度量衡公局，一八七七年度量衡公局成立，開始工作。

一八八九年度量衡公局製成鉑銥公尺三十一具，鉑銥公斤四十具，遂選定一份作爲國際原器，一份爲副原器，各國各取一份以爲國家原器，各公尺原器相互之差數不逾〇·〇一公釐，大約之差誤數不逾〇·二公忽（micron）；各公斤原器相互之差數不逾一公絲，大約之差誤數不逾〇·〇〇五公絲。以上所述，乃公制度量衡制定及各國採用之經過情形，我國於民元改革度量衡之始，即擬採用公制，惜未經國會決議，致未果行。民四權度法始公佈以公制爲吾國度量衡之乙制。國民政府以吾國度量衡舊制紊亂錯雜，通商以來，外人在華商場勢力偉大，爲謀國家工業之發展，非採用各國通行之公制不爲功，遂規定公制爲吾國度量衡之標準制。

第四節　由歷史演進及民間實況作市用制之觀察

我國古代之度量衡單位，均比後代爲小，周代之尺，約合現今市用六寸上下，遺傳於民間使用者至鮮，但間有魯班尺即木匠用尺係屬此制。其次合現今市用制七寸餘者爲夏制，南北朝及隋代之尺均類此制。再次秦漢之尺，約合現今市用制八寸餘。至合現今市用制九寸餘者爲商制。唐、宋、元、明、清均類同之。前清末年規定營造尺爲合三十二公分，二十餘年來雖未普及民間，而法定標準，自應以爲依據，且調查所得，各地營造木尺採用此種標準者，爲數亦自不少。此項舊定營造尺，實合現今市用尺之九寸六分。此外民間通用之尺，比較略有標準者，如蘇尺杭尺，約合三四·四公分，北方裁尺約合三三·五公分。故現今採定之市用制，以公尺之三分一爲一市尺，其長度實介於舊營造尺與蘇尺之間，且幾等於北方之裁尺，適合於南北各通用尺之平均數，最合民衆之習慣。但南部及西部民間之尺，有比蘇杭裁尺爲更長者，係屬變例。

我國古代量制，有時以升爲單位，有時以斗爲單位，有時以斛爲單位，十升爲一斗，十斗爲一斛，（宋以後五斗爲一斛）古升之容量甚小，與民間量器有所謂斛管者容量相近。清代及民四權度法制定之營造升，等於一·〇三五五公升。現今市用制以一公升爲市升，其容量與舊營造升相差至爲幾微，僅少百分之三·五耳。但北方大斗，比市斗大數倍以至十餘倍，則屬變例。

古代衡制，三代及秦漢以前之斤，比較後代爲小，其後清戶部重訂衡制，始有庫平之標準，庫平一兩合公制三七・三〇一公分重，一斤合五九六・八一六公分重，而民間通用最廣者，厥爲十四兩上下之秤，稱爲漕法秤蘇法秤，漕秤一斤，約合公制五八六・五〇六公分，而現今市用制以公斤二分之一爲一市斤，實合民衆之習慣也。但民間有用七八兩之小秤以至二十餘兩之大秤，則屬變例。

我國度量衡制度，既經採用萬國公制，而在公制推行之後，民間舊習慣一時頗難革除，則採用與舊制相近之輔制，以爲市間通用之度量衡器，殆爲過渡時期必經之程序。民國四年權度法雖屬兩制並用，但以甲乙兩制並無簡單之比例，致未能通行全國。現今通行之市用制則與舊制既屬相近，深合民俗，且與標準制又有簡單之比例，於學術工藝之換算，事半功倍，與世界新制之趨向，異轍同歸，尤稱至便。

第二九圖 長度標準化圖

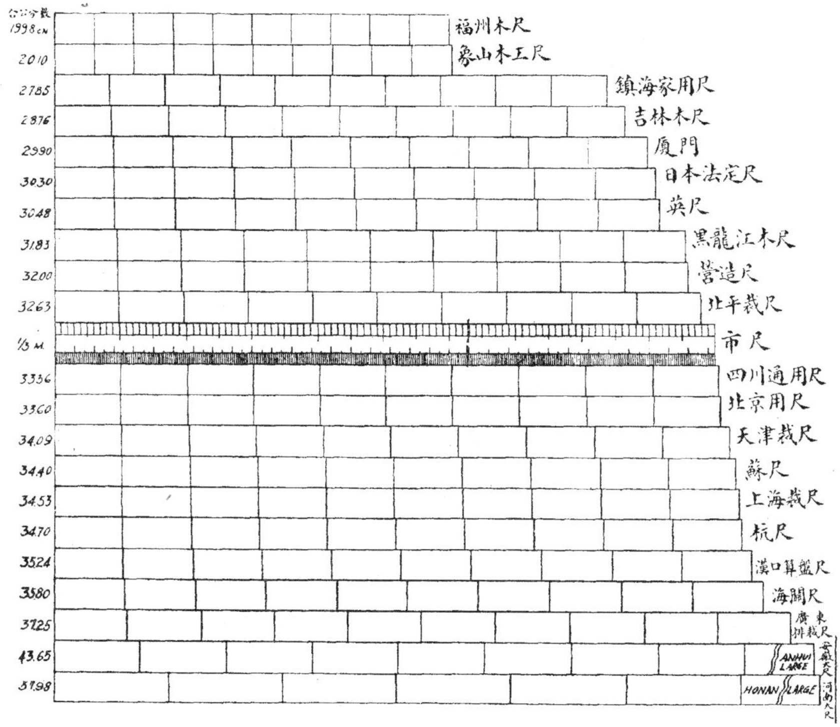

公分數
1998cm
2010
2785
28.76
2990
30.30
30.48
31.83
32.00
3263
1/3 M.
3336
33.60
34.09
34.40
34.53
34.70
35.24
35.80
37.25
43.65
57.98
福州木尺
象山木工尺
鎮海家用尺
吉林木尺
廈門
日本法定尺
英尺
黑龍江木尺
營造尺
北平裁尺
市尺
四川通用尺
北京用尺
天津裁尺
蘇尺
上海裁尺
杭尺
漢口算盤尺
海關尺
廣東排裁尺
ANHUI LARGE
安徽大尺
HONAN LARGE
河南大尺

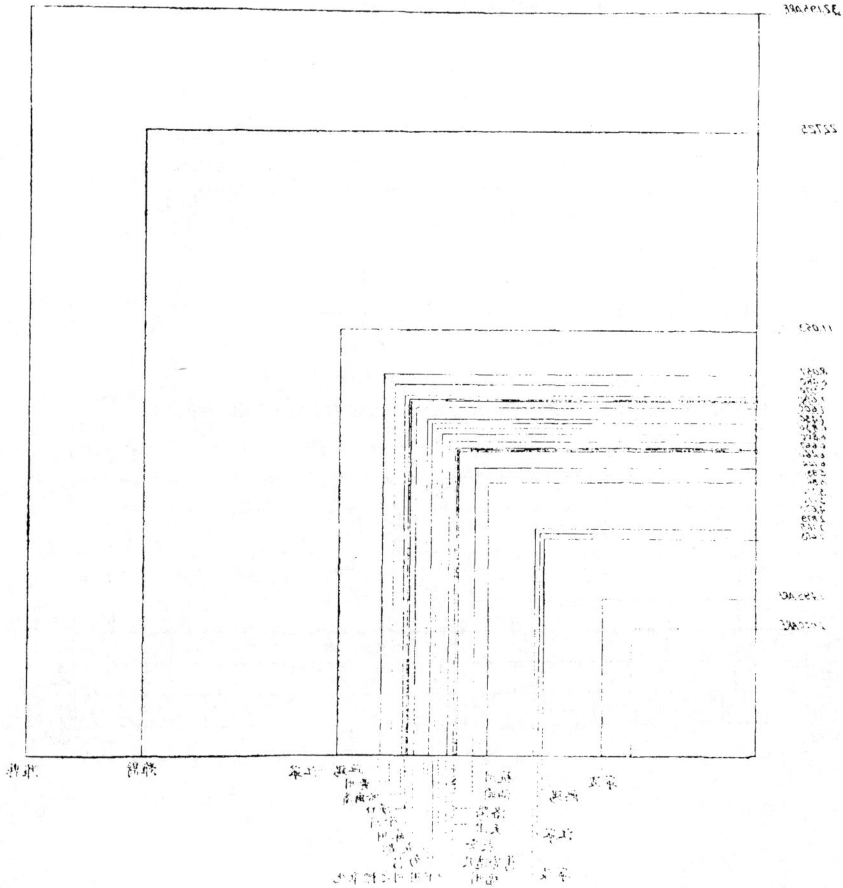

第三一圖　容量標準化圖

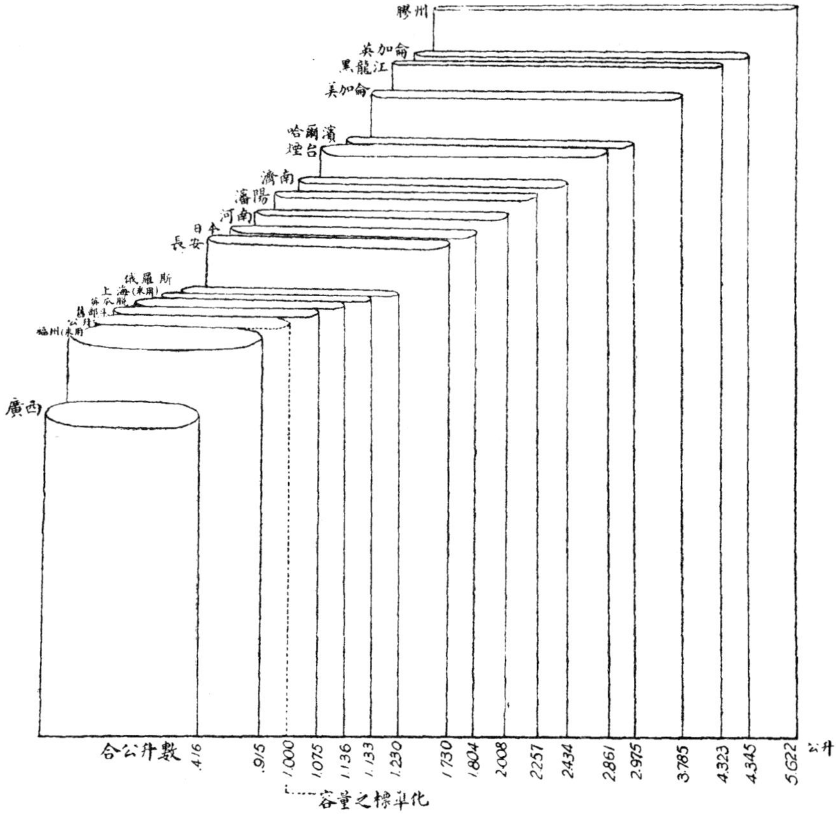

膠州
英加侖
黑龍江
美加侖
哈爾濱
煙台
濟南
瀋陽
河南
日本
長安
俄羅斯
上海(米用)
舊部斗
公升
福州(米用)
廣西
合公升數
.416
.915
1.000
1.075
1.136
1.133
1.230
1.730
1.804
2.008
2.251
2.434
2.861
2.975
3.785
4.323
4.345
5.622
公升
容量之標準化

第三二圖　重量標準化圖

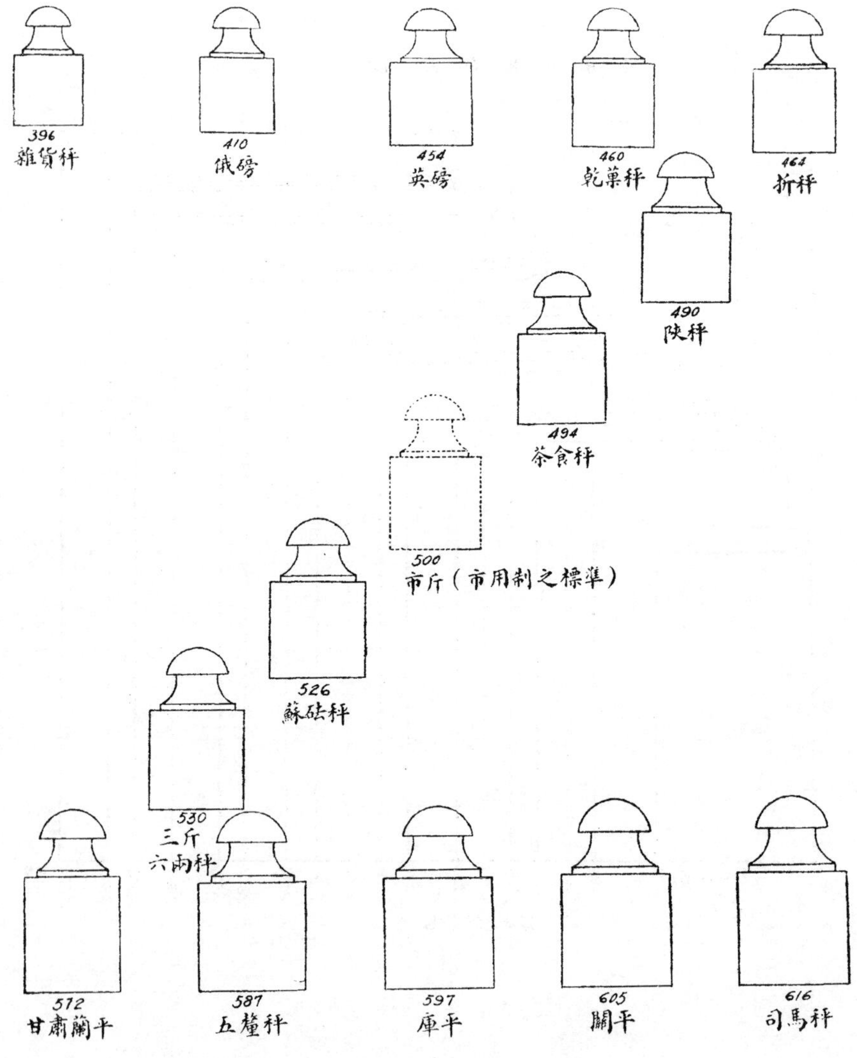
396
雜貨秤
410
俄磅
454
英磅
460
乾菓秤
464
折秤
490
陝秤
494
茶食秤
500
市斤（市用制之標準）
526
蘇砝秤
530
三斤
六兩秤
572
甘肅蘭平
587
五釐秤
597
庫平
605
關平
616
司馬秤

第十三章　劃一度量衡實施辦法之決定

第一節　劃一度量衡之推行辦法

度量衡劃一之法，約可分爲二種：曰速進法，曰漸進法。速進之法，卽全國不分區域同時並舉，在規定年限以內，將通用各種紛雜制度，全數革除，一律改用新制是也。但用速進法其困難之點有三：（一）吾國幅員廣闊，各地人民之程度既甚參差，甚恐鞭長莫及，疑阻橫生；（二）施行區域既廣，則須同時組織多數檢定機關，國家須籌鉅款；（三）全國同時改用新器，承辦新器之廠，能否足敷供給，均須顧及。至於漸進之法，又可分爲三種：曰分器推行，曰分省推行，曰分區推行。國民政府工商部所訂推行計劃，則係兼顧推行辦法。茲將當時所擬劃一程序附錄於左：

全國度量衡劃一程序

自民國十八年二月間，國民政府公布度量衡法後，工商部依照度量衡法第二十一條之規定，以民國十九年一月一日爲度量衡法施行日期，並將全國各區域度量衡完成劃一之先後，依其交通及經濟發展之差異程度，分爲三期：

(一)第一期　江蘇、浙江、江西、安徽、湖北、湖南、福建、廣東、廣西、河北、河南、山東、山西、遼寧、吉林、黑龍江及各特別市，應於民國二十年終以前完成劃一。

(二)第二期　四川、雲南、貴州、陝西、甘肅、寧夏、新疆、熱河、察哈爾、綏遠，應於民國二十一年終以前完成劃一。

(三)第三期　青海、西康、蒙古、西藏，應於民國二十二年終以前完成劃一。

劃一程序既如上述之規定，在中央方面則於度量衡法施行之日，成立全國度量衡局；掌理全國度量衡行政事宜，擴充度量衡製造所，製造標準標本各器以爲檢定仿製及法律公證之用；設立度量衡檢定人員養成所，訓練檢定人員，以爲度量衡之基礎。其各省市則於該省市規定完成劃一期限之前一年半成立度量衡檢定所，專司該省市劃一事宜；並於各縣市政府內成立度量衡檢定分所，專司該縣市劃一事宜，並因訓練專材，各省市考送人員至度量衡檢定人員養成所，受度量衡行政上技術上之訓練，各縣市所需要之度量衡檢定人員，即由各該省檢定所訓練之。

各省市縣於機關已立，專材已備，設備已齊之後，即依照劃一程序之規定，依次進行下列十種工作：

(一)宣傳新制　依照全國度量衡局頒發之新制說明圖表，及其他宣傳辦法，舉行宣傳；

(二)調查舊器　依照度量衡臨時調查規程，舉行調查；

(三)禁止製造舊器　依照度量衡法施行細則之規定，凡以製造度量衡舊制器具為營業者，應於規定完成劃一期限之前一年，令其一律停止製造；

(四)舉行營業登記　凡製造及販賣或修理度量衡器具者，應依照度量衡器具營業條例之規定，呈請登記，並領取許可執照；

(五)指導製造新器　依照度量衡法施行細則，指導製造新制度量衡器具；

(六)指導改製舊器　依照全國度量衡局所規定，改造度量衡舊制器具辦法，指導改造；

(七)禁止販賣舊器　依照度量衡法施行細則之規定，限期禁止販賣舊制度量衡器具；

（八）檢查度量衡器具　依照度量衡器具檢查執行規則之規定，舉行臨時檢查；

（九）廢除舊器　檢查後，凡舊制器具之不能改造者，應一律作廢；

（十）宣布劃一　各省市應於規定劃一期限之內，定期宣布完成劃一。

第二節　度量衡法之頒布

十八年二月十六日國民政府公布度量衡法：

第一條　中華民國度量衡，以萬國權度公會所製定鉑銥公尺公斤原器為標準。

第二條　中華民國度量衡採用「萬國公制」為「標準制」，並暫設輔制，稱曰「市用制。」

第三條　標準制長度以公尺為單位，重量以公斤為單位，容量以公升為單位；一公尺等於公尺原器在百度寒暑表零度時首尾兩標點間之距離，一公斤等於公斤原器之重量，一公升等於一公斤純水在其最高密度七百六十公釐氣壓時之容積，此容積尋常適用卽作爲一立方公寸。

第四條 標準制之名稱及定位法如左：

長度

公釐　等於公尺千分之一　（○·○○一公尺）

公分　等於公尺百分之一卽十公釐　（○·○一公尺）

公寸　等於公尺十分之一卽十公分　（○·一公尺）

公尺　單位卽十公寸

公丈　等於十公尺　（一○公尺）

公引　等於百公尺卽十公丈　（一○公丈）

公里　等於千公尺卽十公引　（一○公引）

地積

公釐　等於公畝百分之一　（○·○一公畝）

公畝　單位即一百平方公尺

公頃　等於一百公畝　（一〇〇公畝）

容量

公撮　等於公升千分之一　（〇・〇〇一公升）

公勺　等於公升百分之一即十公撮　（〇・〇一公升）

公合　等於公升十分之一即十公勺　（〇・一公升）

公升　單位即一立方公寸

公斗　等於十公升　（一〇公升）

公石　等於百公升　（一〇〇公升）

公秉　等於千公升即十公石　（一〇〇〇公升）

重量（注：未列質量，係依照各國法規，取其通俗）

公絲　等於公斤百萬分之一　（〇・〇〇〇〇〇一公斤）

公毫　等於公斤十萬分之一即十公絲（○·○○○○一公斤）

公釐　等於公斤萬分之一即十公毫（○·○○○一公斤）

公分　等於公斤千分之一即十公釐（○·○○一公斤）

公錢　等於公斤百分之一即十公分（○·○一公斤）

公兩　等於公斤十分之一即十公錢（○·一公斤）

公斤　單位即十公兩

公衡　等於十公斤（一○公斤）

公擔　等於百公斤即十公衡（一○○公斤）

公鐓　等於千公斤即十公擔（一○○○公斤）

第五條　市用制長度以公尺三分之一爲市尺（簡作尺），重量以公斤二分之一爲市斤（簡作斤），容量以公升爲市升（簡作升），一斤分爲十六兩，一千五百尺定爲一里，六千平方尺定爲一畝，其餘均以十進，（按後經命令規定市用制各

單位之前必冠市字）

第六條　市用制之名稱及定位法如左：

長度

毫　等於尺萬分之一　（○・○○○一尺）

釐　等於尺千分之一即十毫　（○・○○一尺）

分　等於尺百分之一即十釐　（○・○一尺）

寸　等於尺十分之一即十分　（○・一尺）

尺　單位即十寸

丈　等於十尺　（一○尺）

引　等於百尺　（一○○尺）

里　等於一千五百尺　（一五○○尺）

地積

毫	等於畝千分之一	（〇·〇〇一畝）
釐	等於畝百分之一	（〇·〇一畝）
分	等於畝十分之一	（〇·一畝）
畝	單位即六千平方尺	
頃	等於一百畝	（一〇〇畝）
容量	與萬國公制相等	
撮	等於升千分之一	（〇·〇〇一升）
勺	等於升百分之一即十撮	（〇·〇一升）
合	等於升十分之一即十勺	（〇·一升）
升	單位即十合	
斗	等於十升	（一〇升）
石	等於百升即十斗	（一〇〇升）

重量

絲	等於斤一百六十萬分之一	（〇·〇〇〇〇〇〇六二五斤）
毫	等於斤十六萬分之一即十絲	（〇，〇〇〇〇〇六二五斤）
釐	等於斤一萬六千分之一即十毫	（〇，〇〇〇〇六二五斤）
分	等於斤一千六百分之一即十釐	（〇·〇〇〇六二五斤）
錢	等於斤一百六十分之一即十分	（〇·〇〇六二五斤）
兩	等於斤十六分之一即十錢	（〇·〇六二五斤）
斤	單位即十六兩	
擔	等於百斤	（一〇〇斤）

第七條　中華民國度量衡原器，由工商部保管之。

第八條　工商部依原器製造副原器，分存國民政府各院部會各省政府及各特別市政府。

第九條　工商部依副原器製造地方標準器，經由各省及各特別市頒發各縣市爲地方檢定或製造之用。

第十條　副原器每屆十年，須照原器檢定一次，地方標準器每五年須照副原器檢定一次。

第十一條　凡有關度量衡之事項，除私人買賣交易得暫行市用制外，均應用標準制。

第十二條　劃一度量衡，應由工商部設立全國度量衡局掌理之，各省及各特別市得設度量衡檢定所，各縣及各市得設度量衡檢定分所，處理檢定事務，全國度量衡局度量衡檢定所及分所規程，另定之。

第十三條　度量衡原器及標準器，應由工商部全國度量衡局設立度量衡製造所製造之。度量衡製造所規程另定之

第十四條　度量衡器具之種類、式樣、公差、物質及其使用之限制，由工商部以部令定之。

第十五條　度量衡器具非依法檢定附有印證者，不得販賣使用。度量衡檢定規則，由工商部另定之。

第十六條　全國公私使用之度量衡器具，須受檢查。度量衡檢查執行規則，由工商部另定之。

第十七條　凡以製造販賣及修理度量衡器具爲業者，須得地方主管機關之許可。度量衡器具營業條例另定之。

第十八條　凡經許可製造販賣或修理度量衡器具之營業者有違背本法之行爲時，該管機關，得取消或停止其營業。

第十九條　違反第十五條或第十八條之規定，不受檢定或拒絕檢查者，處三十元以下之罰金。

第二十條　本法施行細則另定之。

第二十一條　本法公布後施行日期，由工商部以部令定之。

第三節　附屬法規之訂定

自度量衡法頒布以後，工商部即於十八年，即有關於推行製造檢定檢查各附屬法規之訂定。茲錄其二十年修正之施行細則於次：

一　製造

(1)度量衡之副原器，以合金製造之。

(2)地方標準器以合金製造之。尋常用器除特種外，以金屬或竹木等質製造之。

(3)度器分爲直尺、曲尺、摺尺、卷尺、鏈尺等種。

(4)量器分爲圓柱形、方柱形、圓錐形、方錐形等種。

(5)衡器爲天平、臺秤、桿秤等種。

(6)砝碼分爲柱形、片形等種。

秤錘分爲圓錐形、方錐形等種。

(7)度器之分度除縮尺外，應依度量衡法第四條第六條長度名稱之倍數或其分數製之。

(8)量器之大小或其分度，應依度量衡法第四條第六條名稱之倍數或其分數製之。

(9)砝碼及衡桿分度所當之重量，應依度量衡法第四條第六條重量名稱之倍數或其分數製之。

(10)度量衡器具之記名，應依度量衡法第四條第六條度量衡名稱記之，但標準制名稱，得用世界通用之符號。

(11)度量衡器具之分度及記名，應明顯不易磨滅。

(12)度量衡器具所用之材料，以不易損傷伸縮者為限，木質應完全乾燥，金屬易起化學變化者，須以油漆類塗之。

(13)度量衡器具上，須留適當地位以便鏨蓋檢定檢查圖印，凡不易鏨印之物質，應附以便於鏨印之金屬。

前項附屬之金屬，須與本體密合，不易脫離。

(14)竹木摺尺每節之長在二公寸或半市尺以下者，其厚應在一・五公釐以上，在三公寸或一市尺以下者，其厚應在二公釐以上。
(15)麻布卷尺之全長在十五市尺或五公尺以上者，其每十五市尺或五公尺之距離，加以重量十八公兩之繃力，其伸張之長不得過一公分。
(16)金屬圓柱形之量器內徑與深應相等，或深倍於徑；但得以一公釐半加減之。
(17)木質圓柱形之量器內徑與深應相等，或深倍於徑；但得三公釐加減之。
(18)木質方柱形之量器，內方邊之長不得過於深之二倍，容量爲一升時，內方邊之長應與其深相等；但均得以三公釐加減之。
(19)木質方錐形之量器，內大方邊之長，不得過於深之二倍；但得四公釐加減之。
(20)木質量器，容量在一升以上者，口邊及四周應依適當方法，附以金屬。
(21)有分度之玻璃窯瓷量器，須用耐熱之物質。
(22)玻璃窯瓷量器，最高分度與底之距離，不得小於其內徑。

(23)概之長度應較所配用量器之口長五公分以上。

(24)衡器之刄及與刄觸及之部分，應使爲適當之堅硬平滑，其材料以鋼鐵玻璃玉石爲限。

(25)衡器之感量，除別有規定外，應依左列之限制：

天平　感量爲秤量千分之一以下；

臺秤　感量爲秤量五百分之一以下；

桿秤　感量爲秤量二百分之一以下。

(26)衡器分度所當之重量，不得小於感量。

(27)天平應於適當地位表明其秤量與感量，臺秤桿秤應於適當地位表明其秤量。

(28)試驗衡器之法，應先驗其秤量，再以感量或最小分度之重量加減之，其所得結果，應合左列之定限：

一、天平及臺秤之有標針者，其標針移動在一・五公釐以上；

二、臺秤　其桿之末端昇降在三公釐以上；

三、桿秤　其桿之末端昇降爲自支點至末端距離之三十分之一以上。

(29)桿秤上支點重點之部分，應用適當堅度之金屬。

(30)桿秤之秤量在三十市斤以下者，其支點及重點部分得用革絲線麻線等物質；其感量不得超過秤量百分之一。

(31)秤紐至多不得過二個，有二個秤紐者，應分置秤桿上下，其懸鉤或懸盤應具移轉反對方向之構造，但三十市斤以下之桿秤，不在此限。

(32)秤錘用鐵製者，應於適當地位留孔塡嵌便於鏨印之金屬，並使便於加減其重量。

(33)木桿秤錘之重量，不得少於秤量三十分之一。

(34)度量衡器具之公差如左：

一、度器公差

名稱	類別	公差
直尺、曲尺、摺尺	分度二分之一公釐及大於二分之一公釐者	長度之二千分之一加二公毫
	分度小於二分之一公釐者及爲縮尺者	長度之四千分之一加一公毫
鏈尺	十公尺以上	長度二千分之三加二公釐
卷尺	非鋼鐵製者	長度之二千分之三加二公釐
	鋼鐵製者	長度之一萬分之三加五公毫

二、量器公差

名稱	種類	公差
全量	二公勺以下	容量之五十分之一
	五公勺至一公合	容量之一百分之一
	二公合至一公升	容量之一百五十分之一
	二公升以上	容量之二百五十分之一

有分度之分量	二公撮以下	容量之二十分之一
	二公勺以下	容量之五十分之一
	一公合以下	容量之百分之一
	大於一公合者	容量之一百五十分之一

二、砝碼公差

重量	公差
五公絲以下	十分之一公絲
二公毫以下	十分之二公絲
五公毫	十分之三公絲
一公釐	十分之四公絲
二公釐	十分之六公絲
五公釐	一公絲
一公分	二公絲

二公分	三公絲
五公分	五公絲

一公分以上，每三個爲一組，重量各以十倍進，公差各以五倍進。

市用器

重量	公差
五毫以下	十分之一毫
二釐以下	十分之二毫
五釐	十分之三毫
一分	十分之四毫
二分	十分之六毫
五分	一毫
一錢	二毫
二錢	三毫
五錢	五毫

一兩以上每三個爲一組重量各以十倍進，公差各以五倍進。

(35)度量衡標準器，及精密度量衡器公差，應在前條所定公差二分之一以內。

二　檢定

(36)各種度量衡器具製造後，應受全國度量衡局或地方度量衡檢定所或分所之檢定。

(37)受檢定之度量衡器具，須具呈請書連同度量衡器具，送請全國度量衡局或地方度量衡檢定所或分所檢定。

(38)度量衡器具檢定合格者，由原檢定之局所鏨印或給予證書。

(39)受檢定之度量衡器具應繳納檢定費，其額數由全國度量衡局擬定呈請實業部以部令公布。

(40)檢定時所用圖印或證書之式樣，由全國度量衡局定之。

三　檢查

(41)檢定合格之度量衡器具，應定期或隨時受全國度量衡局或地方度量衡檢定所或分所之檢查。

(42)度量衡器具經檢查後，有與原檢定不符者，應將原檢定圖印或證書取銷之；除不堪修理者卽行銷燬外，得限期修理送請復查，但尋常用器檢查時之公差或感量，在製造時二倍以內者，不在此限。

(43)依前條覆查之度量衡器具，合格者准用本細則第三十八條之規定，不合格者銷燬之。

(44)檢查時所用圖印，由全國度量衡局定之，並於一定期限內改定一次。

前項期限，由全國度量衡局定之。

(45)檢查時所用檢查器具，其圖樣由全國度量衡局擬定頒發。

前項檢查器具依樣製成後，應由全國度量衡局或度量衡檢定所或分所校準之。

(46)檢查事務，由全國度量衡局或地方度量衡檢定所或分所會同地方商業團體及公安主管機關執行。

四　推行

(47)度量衡法施行前所用之度量衡器具種類名稱，合於度量衡法第四條第六條之規定者，應依本細則第三十七條之規定呈請檢定。

(48)度量衡法施行滿一定期限後，不得製造或販賣不合度量衡法及本細則規定之度量衡器具，但期限未滿前，其原有器具暫得使用。

前項期限，由全國度量衡局就各地方情形分別擬定，呈請實業部核准公布之。

(49)前條暫得使用之度量衡器具，應受本細則第四十一條規定之檢查，全國度量衡局或度量衡檢定所或分所得令其依法改造。

(50)全國度量衡局或度量衡檢定所或分所，應隨時調查度量衡器具使用之狀況，編製統計及新舊制物價折合簡表。

前項調查表格式，由全國度量衡局定之。

(51)中央及地方各機關，就主管事務分別擇定度量衡器具之種類及件數，備價向全國度量衡局領用，並協同推行劃一度量衡事務。

五 附則

（52）度量衡標準制之中西名稱對照如左表：

長度

公釐	Millimetre
公分	Centimetre
公寸	Decimetre
公尺	Metre
公丈	Decametre
公引	Hectometre
公里	Kilometre

地積

公釐	Centiare

公畝　Are

公頃　Hectare

容量

公撮　Millilitre

公勺　Centilitre

公合　Decilitre

公升　Litre

公斗　Decalitre

公石　Hectolitre

公秉　Kilolitre

重量（按經實業部檢定重量或質量之「分」「釐」「毫」於必要時，得加偏旁之爲「份」「俚」「毛」

公絲 Milligramme

公毫 Centigramme

公釐 Decigramme

公分 Gramme

公錢 Decagramme

公兩 Hectogramme

公斤 Kilogramme

公衡 Myriagramme

公擔 Quintal

公噸 Tonne

(53)市用制與標準制之比較如左：

長度

市用制

毫	〇・〇〇〇〇三三三	公尺
釐	〇・〇〇〇三三三	公尺
分	〇・〇〇三三三	公尺
寸	〇・〇三三三	公尺
尺	〇・三三三（即三分之一）	公尺
丈	三・三三三	公尺
引	三三・三三三	公尺
里	五〇〇	公尺

標準制

公釐	〇・〇〇三	市尺
公分	〇・〇三	市尺

公寸	〇・三	市尺
公尺	三	市尺
公丈	三〇	市尺
公引	三〇〇	市尺
公里	三〇〇〇	市尺

地積

市用制

毫	〇・〇〇六六七	公畝
釐	〇・〇六六七	公畝
分	〇・六六七	公畝
畝	六・六六七（即三分之二〇）	公畝
頃	六六六・六六七	公畝

標準制

公釐　○·○○一五市畝

公畝　○·一五（即二十分之三）市畝

公頃　一五市畝

容量

市用制

勺　○·○一公升

合　○·一公升

升　一公升

斗　一○公升

石　一○○公升

標準制

公撮	〇・〇〇一	市升
公勺	〇・〇一	市升
公合	〇・一	市升
公升	一	市升
公斗	一〇	市升
公石	一〇〇	市升
公秉	一〇〇〇	市升

重量

市用制

毫	〇・〇〇〇〇〇三一二五	公斤
釐	〇・〇〇〇〇三一二五	公斤
分	〇・〇〇〇三一二五	公斤

錢	〇·〇〇三一二五	公斤
兩	〇·〇三一二五	公斤
斤	〇·五（即二分之一）	公斤
擔	五〇·〇	公斤

標準制

公絲	〇·〇〇〇〇〇二	市斤
公毫	〇·〇〇〇〇二	市斤
公釐	〇·〇〇〇二	市斤
公分	〇·〇〇二	市斤
公錢	〇·〇二	市斤
公兩	〇·二	市斤
公斤	二	市斤

公衡　二〇　市斤

公擔　二〇〇　市斤

公噸　二〇〇〇　市斤

第四節　推行委員會及全國度量衡會議之召集

關於度量衡標準方案與各種法規，雖已漸次公布，然如無實施辦法，亦未見其能推行盡利。故工商部爲實施度量衡法起見，呈准召集度量衡推行委員會，以中央各部會代表，全國商會聯合會代表等組織之。於十八年九月開會，出席委員二十六人，共計議案二十一件，其中最重要者，爲全國度量衡劃一程序案，及劃一公用度量衡案二案，其次如改正海關度量衡案，請內政部修正土地測量應用尺度章程案，度量衡器具臨時調查規程案，檢定費徵收規程案，蓋印規則案等，均經工商部依照實施。

工商部爲實施度量衡法，經召開推行委員會後，及實施已將一年，並爲籌議全國度量衡劃一事宜，又召集全國度量衡會議，所議範圍更廣，故除中央各院部會代表外，尚有各省市政府代表各一人，並遴聘專家委員若干人組織之。於十九年十一月開會，出席會員九十五人，共計議案一百零八件，其中最重要者，爲請各省市政府依限劃一度量衡辦法案，及完成公用度量衡劃一辦法案二案，其餘凡推行製造檢定各類，均極詳盡，經工商部實業部及全國度量衡局依照實施。

第五節　劃一度量衡六年計劃

國民政府規定訓政時期六年，由中央執行委員第三屆第二次全體會議議決，責成各院部會就主管部分擬訂工作分配年表，於十八年九月呈奉核准，自十九年起施行，至二十四年年底止，完成劃一，錄其年表如左：

第五三表　訓政時期劃一度量衡六年計劃分配表

年度＼項目	進行次第	備考
第一年度（二十年度）		
第二年度（二十一年度）		
第三年度（二十二年度）		
第四年度（二十三年度）		
第五年度（二十四年度）		
第六年度（二十五年度）		

製造度量衡標準器及標本器	除中央各機關各省各特別市政府標準器已經頒發外須第一期各縣市標準器及標本器	咨請各省市政府酌量地方情形籌設官辦度量衡製造廠並指導設立民辦製造廠	設立全國度量衡局進行全國度量衡劃一事宜
繼續上項製造	完成頒發第一期各縣市標準及標本器並頒發第二期各縣市標準及標本器	繼續促進各省籌設官辦度量衡製造廠並指導設立民辦製造廠	繼續進行全國度量衡劃一事宜
完成製造標準器及標本器	完成頒發第二及第三期各縣市標準及標本器		同上
製造副原器及特種標準器與標本器	呈頒中央各機關及各省特別市政府度量衡副原器		同上並製定特種度量衡標準器頒布推行
繼續上項製造	完成頒發上項副原器並頒發特種標準器於特種機關		
製造度量衡特種標準器及其他工業標準器及精細科學儀器	繼續頒發特種標準器於特種機關		

召集第一次度量衡推行委員會	製造全國度量衡劃一程序呈請國府通令全國並咨商各部院會訂定公用度量衡劃一辦法	設立度量衡檢定人員養成所訓練中央及各省各特別市需要檢定人員	促成第一期推行新制各
召集第二次度量衡推行委員會	審核各省區各特別市所制定之各該區度量衡劃一程序	訓練中央及各省各特別市需要檢定人員並促進各省訓練各縣市需要檢定人員	促成第一期推行新制各
召集第三次度量衡推行委員會		同上	促成第二期推行新制各
		同上	促成第三期推行新制各
		同上	完成全國各省區各特別
第一次祗就中央各代表集議以後當仿照外國 Weight and measure Conference 辦法召集各省市負責人員研究推行步驟及排除障礙辦法			

省各特別市度量衡檢定所	依照公用度量衡劃一辦法進行劃一中央並各省各特別市政府直轄各機關公用度量衡
省屬縣市檢定分所並第二期應推行新制各省檢定所	完成劃一公用度量衡並依照全國度量衡劃一程序劃一第一期各省區各特別市度量衡之工作
省屬縣市檢定分所並第三期應推行新制各檢定所	完成劃一第一期各省區度量衡之工作並進行劃一第二期各省區度量衡之工作
省區屬縣市檢定分所	完成劃一第二期各省區度量衡之工作並進行劃一第三期各省區度量衡之工作
市各縣市度量衡檢定所並分所	完成劃一第三期各省區度量衡之工作並宣佈全國度量衡劃一
	公用度量衡應於民國十九年終以前完成劃一民用度量衡劃一第一期爲江蘇浙江江西安徽湖北湖南福建廣東廣西河北河南山東山西遼寧吉林黑龍江及特別市應於廿年終以前完成劃一第二期爲四川雲南貴州陝西甘肅寧夏新疆熱河察哈爾綏遠應於廿一年終以前完成劃一第三期爲青海西康蒙古西藏應於廿二年終以前完成劃一

第十四章　劃一度量衡行政之經過

第一節　全國度量衡局之設立及其任務

各國對於權度行政，均有中央局所之設立，我國各地度量衡至不劃一，尤有設立專局之必要。國民政府於十八年公布全國度量衡局組織條例之後，工商部即着手籌設全國度量衡局，造具經臨預算，呈奉中央財務委員會核准開辦費及經常費，簡任吳承洛爲局長，於十九年十月組織成立，掌理全國度量衡劃一事宜，内分總務、檢定、製造三科，並轄度量衡製造所及檢定人員養成所。其主要之任務，爲督促各省市推行度量衡新制，舉凡度量衡營業之許可事項，製造標準器副原器之工務事項，度量衡製造及修理指導事項，標準器及副原器之檢定查驗及鏨印事項，各省市區及各縣市度量衡檢定之監察事項，全國度量衡檢定人員之養成及訓練事項等均爲其分内之工作。關於度量衡行政機關之系統，全國度量衡局實爲最高機關，各省各特别市度量衡檢定所爲中級機關，各縣各普通市檢定分所為下級機關，各相統屬。惟全國度量衡局，應受主管院部之指揮，各省市檢定所應受省市政府及主管廳局之指揮，而檢定分所應受各縣市政府及主管局之指揮，共策進行。自二十一年來並由局長親赴東南、西南、西北、中部及北部各省市縣視察指導，故全國度量衡局成立迄今，其行政頗能順利進行二十三年起並奉令兼辦工業標準事宜，從此全國度量衡之劃一可觀厥成云。

第二節　檢定人員之訓練

度量衡之劃一，係屬特種行政，而度量衡之檢定，係屬特種技術，所有負此種行政與技術者，自應受有相當訓練，始克勝任。東西各國於推行此項行政之始，均以訓練檢定人員為第一要件，我國以前之失敗，均由檢定專材之缺乏，故此次國家立法規定於全國度量衡局下，附設度量衡檢定人員養成所，訓練全國檢定人員，工商部遵照法律之規定，遂於十九年三月先行組織檢定人員養成所，派吳承洛為所長主辦之，其大旨為：

一、學員資格分高級初級兩等：

高級學員，專收各省市政府所考送國內外大學校或專門學校之理工科卒業生，造就一等檢定員：

初級學員，專收各省市政府所考送高級中學卒業生，造就二等檢定員。

此外我國各縣情形複雜，權度歧異，事煩人重，決非少數檢定人員之力所能肩任。邊僻之地，經濟衰落，高中以上畢業生亦難多得，於是而有三等檢定員之規定，所以補一二等檢定員之不足，其入學資格，規定初中畢業生，准由各省市主管機關招考設班訓練。

二、學科於製造檢定與推行三方面並重：

關於機械之訓練，

關於度量衡器具製造之訓練，

關於度量衡器具檢定及整理之訓練，

關於度量衡器具檢定之訓練，

關於推行度量衡新制之訓練，

關於新舊及中外度量衡制度比較之訓練，

關於行政法規之訓練。

第三節　標準用器之製造及頒發

國民政府頒佈度量衡標準方案以後，工商部認製造標準等器，爲推行上重要工作，統計全國所需標準器，共約二千餘份，當即接辦北平原有之權度製造所，易名爲度量衡製造所，命先製標準器，次製標本器及檢定用或製造用器，並由工商部將標準器之頒發處所，編訂一定號數，規定中央院部會以至各省市縣政府，各備領標準器一份。各省市縣商會團體等可自由購領標準器或標本器，以爲使用之準則。各省市縣檢定所或分所須各備領檢定或製造用器，以爲檢定並製造各種民用度量衡器之用；此外所有各地方檢定用烙印鋼戳，均由全國度量衡局度量衡製造所製造供給，以昭一律。民國二十一年春，全國度量衡局爲指揮便利起見，將北平所設之度量衡製造所，遷移南京，併立於局中加以擴充，計劃各省市縣所需要之器具，製造齊全後，專製關於科學工程上之特種度量衡器具及施行工業標準之各項工具，而所有民用度量衡器具，則劃歸地方度量衡製造及民營工廠辦理。標準器全份，計五十公分長度標準銅尺及市用制銅尺各一支，銅質公升一具，標準制一公斤至一公絲銅砝碼，及市用制五十兩至五毫銅砝碼各一份。

第四節　各省市度量衡檢定機關之設立及工作

各國劃一度量衡之法蓋有兩種：一為專賣制，一為檢定制。論收入則專賣制為宜，論行政則檢定制為便。專賣非先籌鉅資不能舉辦，費用多而管理難，各國行之者甚鮮。我國劃一度量衡所取之辦法，即度量衡之製造，准許人民自由營業，但所謂「自由營業」並非漫無準則，必先由地方政府或檢定機關核發許可執照，並檢定所出成品，是以此種規定，即係檢定制度。又查度量衡之行政，分製造與檢定推行三步進行，欲得器具之供給，必須有製造工作，以開新器之來源；欲察器具之合格與否，必須有檢定工作，以定新器之範圍；欲令器具之暢行無阻，必須有推行工作，以廣新器之使用。

所謂製造也，檢定也，推行也，必須有專一機關以總其成，俾得監督進行，此各省市縣度量衡檢定所與分所設立之緣由也。

第五節　公用度量衡之劃一

公用度量衡係對於民用度量衡而言，即凡政府各機關理應首先將所用度量衡器具劃一，以爲民用度量衡器劃一之倡。在十八年九月間，工商部邀集中央各機關代表開度量衡推行委員會，決定於十九年終以前，將公用度量衡劃一，並由工商部咨請：

一、教育部通令全國教育行政機關，一律改用新制，並將兩制編入教科書，現有課本均一律照改。

一、司法院通飭全國司法機關定期改用新制，凡訴訟等件與度量衡有關者，其判決書均應依照新制折合。

一、軍政部通令全國軍事機關，所用軍械，前以生的或米突稱者，均應照規定名稱改正。

一、交通鐵道兩部，通令所屬各機關一律遵行新制，並將名稱改正。

一、外交部會同財政部酌定相當時期，照會通商各國政府，於某年月日起，從前商約所訂關尺關平等舊制，一律廢止，所有進口稅率貨物等，均依照新制計算，並改定名稱。

一、財政部會同外交部酌定相當時期通令各關署，於某年月日起，一切稅率貨物，均遵照新制計算，不得再用關尺關平等舊制，並飭各造幣廠從某年月日起貨幣重量均照新制折合改正名稱，不得再用庫平等字樣。

自完成公用度量衡劃一辦法案，由工商部行文中央地方各機關查照辦理後，全國各機關無不依據法令積極籌辦，迄於今日，大致均已完成劃一。

各省市方面於公用度量衡，多已提前劃一，卽邊遠省區之尚未籌備民用度量衡劃一者，亦已從事於公用度量衡之劃一。

海關爲國際貿易之總樞紐，吾人欲考查世界對我物質供求之眞象，以定工商事業之趨向者，萬不能不從國際貿易統計入手，若依舊時海關統計册所載數度，往往以各國度量衡雜用其間，如美加倫英加倫以計容量，英尺英碼以計長度，長噸短噸以計重量，全國民衆實不易明瞭，此於工商事業之進展，實有最大之窒礙。我國現已實行採用萬國公制，海關所用度量衡亟應改正，實有充分之理由。實業部及全國度量衡局根據各項理由，實業部及全國度量衡局根據各項理由與財政部及關務署一再磋商結果，各海關度量衡於二十三年二月一日已一律改用新制，此爲公用度量衡之落後改革者。自是以後，劃一度量衡之基礎，更爲鞏固。至鹽務稅務之改用市制，乃能通行全國於各縣市，度量衡之推行，於以普遍。

第六節　全國民用度量衡劃一概況

自中央公布於十九年一月一日起，爲度量衡法施行日期，並於同年三月先行成立檢定人員養成所，即由部咨請各省市考送大學理工科及高中畢業人員，予以訓練，秋間畢業學員回籍，其即於十九年舉辦者，有南京、上海、天津、浙江、山東、福建等省市；次年二十年舉辦者，計有北平、漢口、青島、江蘇、河北、河南、安徽、湖北、湖南、江西、廣東、陝西、寧夏等省市；二十一年舉辦者，有貴州；二十二年舉辦者有威海衛、察哈爾、綏遠、甘肅等省；二十三年舉辦者，有廣西、雲南等省；二十四年舉辦者，有四川、青海。而東北四省如熱河遼寧開辦本在二十一年以前，吉林黑龍江之籌備繼之。惟各省劃一程度，頗有參差，然多數省份，已由城市而達於鄉村。除少數縣份外，只待堅持到底，不難於訓政完成之日，達到全國初步完成。至澈底劃一，則有待各省市縣檢定機關之繼續努力。

第五四表　附中國度量衡史大事紀略

民國紀元前	
四六〇八——四一一六	黃帝命隸首定數，以率其羨，要其會，律度量衡由是而成。
	黃帝命伶倫造律呂，推律歷之數，由是生度量衡。
	黃帝設衡、量、度、畝、數、之五量。
	少昊同度量，調律呂。
	少昊設九工正，利器用，正度量。
	虞帝每歲巡守四嶽，同律度量衡。
四一一六——三六七七	夏置石鈞，存於王府。
	大禹循守會稽，乃審銓衡，平斗斛。

三〇二二	周成王六年，周公朝諸侯，頒度量。
三〇三三—二一六六	周制：內宰出其度量，大行人同度量：（以上指標準器）。
	合方氏壹其度量，司市掌度量：（以上指普通用器）。
	質人平度量。（此爲執行檢定檢查）。
	周制：十有一歲同度量之標準器；
	仲春之月，同度量，鈞衡石，角斗甬，正權槩；
	仲秋之月，同度、量、平權衡，正鈞石，角斗甬。
約二四〇〇	魯班增木工尺標準之長度。
二二六一	秦孝公十二年，商鞅變法，改定度量衡標準。
	變畝制，改百步之制以二百四十方步爲一畝。
	平斗桶權衡丈尺。
二一三二	秦始皇二十六年，一衡石丈尺，製權標準器。
二一三二—二一一八	秦制：仲秋之月，一度量，平權衡，正鈞石，齊斗甬。
二一二〇	秦二世增刻權銘。

二一一七——一九〇四	漢制；廷尉掌度，大司農掌量，鴻臚掌衡。
一九九四	漢昭帝始元四年，左馮翊鞏造谷口銅甬，容十斗重四十鈞。
一九一一——一九〇七	漢平帝命劉歆同律度量衡，變漢制。
一九〇三	新莽始建國元年，鑄五度五量五權標準器，頒之天下。
一八三六——一八二四	漢章帝時奚景得玉律度，相傳爲漢官尺之傳暢。
一八三一	漢章帝建初六年，慮虒縣造銅尺一。
一六四九	劉徽注新莽嘉量與魏斛比較。
一六四九——一六三八	鄭氏注漢書律歷志，劉徽注九章算術商功篇，荀勖較新造律尺，並著新莽嘉量；是爲莽量三度發見於魏晉之間。
一六三九	晉荀勖較後漢至魏尺，長於新莽尺四分有餘，更造新尺。
一六三八	荀勖新尺成，晉武帝以其與漢新莽之制器合，令施用之。
一五九五	東晉元帝後，江東用晉後尺，自此始。
一五九一	前趙劉曜光初四年，鑄渾儀。
一五八七	前趙劉曜光初八年，鑄土圭。渾儀土圭是爲劉曜渾天儀土圭尺。

一五七七	後趙石勒十八年七月，造建德殿得新莽權。
一五三三	前秦苻堅於長安市中，得新莽嘉量。
一五一四	後魏道武帝天興元年八月，詔有司，平五權，較五量，定五度。
一四一七	後魏孝文帝太和十九年六月，詔改長尺大斗，頒之天下，（長尺係詔以一黍之廣，用成分體，九十之黍，黃鐘之長，以定銅尺：是即爲東後魏尺。大斗係二倍於莽量者）。
一四〇九	後魏宣武帝景明四年，得新莽權，詔付公孫崇，以爲鐘律之準。（先是大樂令公孫崇，依漢志先修稱尺，及見此權，乃詔付崇）。
一四〇四　一四〇一	後魏宣武帝永平中，公孫崇更造新尺，以一黍之長，累爲寸法。劉芳受詔修樂，以秬黍中者一黍之廣，即爲一分；元匡以一黍之廣，度黍二縫，以取一分。
一三七八	東後魏有司奏從太和十九年之詔，定尺。
一三五五　一三五一	北周明帝遣蘇綽造鐵尺。
一三五一	北周武帝保定元年五月，得古玉斗。
一三四七	北周武帝保定五年十月，詔改度量衡制。

一三四六	北周武帝天和元年，帝依玉斗造律度量衡，頒於天下。
一三四五	北周武帝天和二年正月，校銅斗，移地官府爲式。
一三三五	北周武帝建德六年，以鐵尺同律度量，頒於天下。
一三三一	隋文帝開皇初，著以北周市尺爲官尺。
一三二三	隋文帝開皇九年，廢北周玉尺，頒用鐵尺調律。
一三二二	隋文帝開皇十年，萬寶常造水尺。
一三〇五	隋煬帝大業三年四月，改度量權衡，並依古式。
一二九四	唐行大斗大兩大尺之制，自此始。
一二九一	唐高祖武德四年，鑄開元通寶錢，命十錢爲一兩之始。
一一九一	唐玄宗開元九年，敕定調鐘律，測晷景，合湯藥及冠冕之制，皆用小制，其餘內外官私悉用大制。
一一九四——一〇〇六	唐制：每年八月，校斛斗秤度。
九六一——九五三	後周王朴累黍造尺，爲王朴律準尺，在此年間。
九五二	宋太祖建隆元年八月，詔有司，按前代舊式，作新權衡，以頒天下禁私造者。

	宋既平定四方，凡新邦悉頒度量於其境，其僞俗尺度踰於法度者，去之。
	太祖受禪詔有司，精考古式，作爲嘉量，以頒天下，凡四方斗斛不中用者，皆
	去之。
九四九——九四五	宋太祖乾德中，又禁民間造者。
	乾德中，和峴依司臺影表銅臬下石尺定度，上令依古法以造新尺，爲和峴景表
	石尺。
九二〇	宋太宗淳化三年三月三日，詔令詳定稱法，著爲通規。
九〇八——九〇五	宋眞宗景德中，劉承珪考定，從其大樂之尺，就成二術，因度尺而求釐，自積
	黍而取絫，以絫造一錢半及一兩等二稱。
八七八——八七七	宋仁宗景祐中，阮逸胡瑗奏請橫絫百黍爲尺。鄧保信奏請縱絫百黍成尺。
八七七	宋仁宗景祐二年九月十二日，依新黍定律尺，每十黍爲一寸。
八七六	宋仁宗景祐三年，丁度等議以取黍校驗不齊，詔罷新黍律尺。
八六三——八五九	宋仁宗皇祐中，詔累黍定尺，高若訥以莽泉寸，依隋志定尺十五種上之，藏於
	太府寺。

八二六—八一九	宋哲宗元祐中，魏漢津定大晟樂尺。
七八〇	南宋高宗紹興二年十月，頒度量權衡於諸路，禁私造者。
約六五〇	賈似道改截頂方錐形之小口斛式。
六三六	元世祖取江南，命輸米者，止用宋斗斛，以宋一石當元七斗。
六二九	元世祖至元二十年，崔彧言宜頒宋小口斛，遂頒行之。
五四四	明太祖洪武元年，令鑄造鐵斛斗升，仍降其式於天下。
五四三	明太祖洪武二年，令凡斛斗稱尺，依原降鐵斗升較定則樣，製發各省府州縣，民用斛斗稱尺，與官降相同，許令行使。
五一九	明太祖洪武二十六年，定凡斛斗稱尺，各式成造，較勘相同印烙發行。
四八〇	明宣宗宣德七年，令重鑄鐵斛。
四七六	明英宗正統元年，令依舊式鑄造鐵斛斗升，凡斛斗稱尺，依原式較勘相同，將式樣懸掛街市，聽令比較。
四六一	明代宗景泰二年，令造等稱天平。
四四六	明憲宗成化二年，題准私造斛斗稱尺行使者，依律問罪。

四四三	明憲宗成化五年，令依洪武年間鐵斛式樣，重新鑄造，並造木斛，較勘印烙給發。
四三三	明憲宗成化十五年，令鑄鐵斛、較造木斛，印烙收用。
四〇六	明武宗正德元年，准製造銅法子。
三九八	明武宗正德九年，准選吏役，專管坐撥糧斛。
三八九	明世宗嘉靖二年，將鐵鑄樣斛，較勘修改相同，火印烙記，以後新斛，俱依鐵
	斛較樣成造。
三八三	明世宗嘉靖八年，准製天平法馬。
	令將官較秤斛印烙，凡解戶到部，會同照樣較收，以革姦弊。
	令各式鑄造大小銅法子。
三六四	明世宗嘉靖二十七年，准依原降鐵斛，置造斛斗，仍置官秤，較量平準，烙記
	發用。
	私造斛秤，通商作弊，該管不察，一體究罪。
	往時收用市斛，放用倉斛，合則查革，以後收放，俱以倉斛爲準。
三四六	明世宗嘉靖四十五年，准用庫斛斗升稱等，撥匠科造三千八百七十六副。

二六〇	清世祖五年頒定斛式令工部造鐵斛。
二五四	清世祖十五年定各關秤尺各關量船秤貨不得任意輕重長短。
二〇八	清聖祖四十三年議定斛式停用金斗關東斗。
一九九	清聖祖五十二年製律呂正義，以累黍定黃鐘之制，並製數理精蘊定度量衡表。
一七〇	清高宗七年製律呂正義後編定權量表。
一六八	清高宗九年仿造嘉量方圓各一，範銅塗金，列之殿後。
九——五	清德宗二十九年重訂度量衡劃一辦法。
民國二年	擬採用萬國公制編訂通行名稱，並派員赴國外調查。
四年	公布權度法以營造尺庫平制爲甲制，萬國權度通制爲乙制。
六年	推行新制於北京。
八年	山西省推行新制度量衡。
十七年	國民政府公布權度標準方案，定萬國公制爲標準制，以與標準制有最簡單之比
	率而與民間習慣相近者爲市用制。
十八年	國民政府公布度量衡法。

十九年	全國度量衡局組織成立，並設度量衡檢定人員養成所。各省市相繼設立檢定所舉辦推行。
二十一年	全國度量衡局吳局長開始視察全國度量衡。
二十六年	全國各省市度量衡視察完成劃一。

中華民國二十六年二月初版

(35603·10)

中國文化史叢書 中國度量衡史一冊

每冊實價國幣貳元肆角

外埠酌加運費匯費

著作者 吳承洛

主編者 王雲五 傅緯平

發行人 王雲五 上海河南路

印刷所 商務印書館 上海河南路

發行所 商務印書館 上海及各埠

大